加热卷烟
烟草原料筛选与评价

窦玉青　汪　旭　谭家能　著

中国农业科学技术出版社

图书在版编目(CIP)数据

加热卷烟烟草原料筛选与评价 / 窦玉青，汪旭，谭家能著. 北京：中国农业科学技术出版社，2025.7. --ISBN 978-7-5116-7382-4

Ⅰ. TS42

中国国家版本馆 CIP 数据核字第 2025DP1064 号

责任编辑	陶　莲
责任校对	王　彦
责任印制	姜义伟　王思文

出 版 者	中国农业科学技术出版社
	北京市中关村南大街 12 号　　邮编：100081
电　　话	（010）82109705（编辑室）　　（010）82106624（发行部）
	（010）82109709（读者服务部）
网　　址	https://castp.caas.cn
经 销 者	各地新华书店
印 刷 者	北京建宏印刷有限公司
开　　本	185 mm×260 mm　1/16
印　　张	15.5
字　　数	400 千字
版　　次	2025 年 7 月第 1 版　2025 年 7 月第 1 次印刷
定　　价	128.00 元

版权所有·翻印必究

《加热卷烟烟草原料筛选与评价》
编委会

主任委员：杨征宇　张忠锋

主　　著：窦玉青　汪　旭　谭家能

副 主 著：王　超　赵文涛　杨　菁　刘艳华　付秋娟

参著人员（以姓氏笔画排序）：

王　超　王　彤　王　军　牛纪军　付秋娟
任　杰　刘艳华　刘新民　刘仕民　刘天择
刘钻福　刘佩佩　孙婷婷　安承荣　闫　鼎
李　冉　李　娜　杨　菁　汪　旭　张义志
张书铭　吴　雪　吴国贺　宗钊辉　孟　霖
陈天才　胡棕棂　费　婷　侯小东　姜洪甲
首安发　赵文涛　赵伟才　赵　璐　郭忠诚
徐天养　涂译然　顾毓敏　殷红慧　韩　璐
窦玉青　谭家能　戴　魁

前　　言

目前，国内加热卷烟处于关键发展阶段，可供借鉴的诸如原料评价、传质传热机理等基础性研究相对较少。由于原料与配方属于产品设计的关键核心技术，所以目前主流产品所使用的烟草原料是传统卷烟所使用的烟叶原料还是针对性开发的烟叶原料并不明确。国内有工业企业在开展加热卷烟烟叶原料筛选研究，但并未真正形成共识。加热卷烟与传统卷烟气溶胶生成机制的差异导致了相同烟叶原料在两种体系下的质量表现大不相同，对烟叶原料在加热体系下的质量表现缺乏较为系统全面的认知，严重制约了国内加热卷烟特色产品的发展和行业在国际新型烟草制品市场的拓展。

为此，著者首先建立了相对完善的加热卷烟烟叶原料质量评价体系，广泛收集国内烤烟、晒黄烟、晒红烟、雪茄烟、白肋烟、香料烟6个烟草类型的烟叶原料，通过理化特征分析和感官质量评价，摸索了烟叶调制方式对加热卷烟烟叶原料质量的影响，探索了加热体系下烟叶化学成分-烟气化学成分-感官质量的关系，研究了雾化剂对加热卷烟香气成分释放的影响，初步探究了以香韵为导向的不同类型烟叶原料风格特征，初步明确了国内6大类型烟草原料的加热卷烟适用性。总之，本书系统梳理了加热卷烟烟叶原料领域的研究结果，可为加热卷烟烟叶原料的开发、使用和配方设计提供理论参考与实践指导。

著　者

2025年6月

目 录

1 加热卷烟概述 ······1
- 1.1 新型烟草制品 ······1
- 1.2 加热卷烟的起源与发展 ······2
- 1.3 加热卷烟烟叶原料研究现状与趋势 ······4
- 1.4 加热卷烟烟气 ······6

2 基于加热卷烟再造烟叶需求的感官质量剖析 ······17
- 2.1 加热卷烟产品感官质量剖析 ······17
- 2.2 加热卷烟产品烟气释放物分析 ······19
- 2.3 国内加热卷烟再造烟叶质量需求 ······27

3 加热卷烟烟叶原料质量评价体系构建 ······28
- 3.1 加热卷烟烟气分析方法研究 ······28
- 3.2 标准样品校正方法研究 ······36

4 不同类型烟草原料加热卷烟适用性研究 ······39
- 4.1 国内不同类型烟草原料加热卷烟适用性研究 ······39
- 4.2 烤烟原料加热卷烟适用性研究 ······65
- 4.3 等级对烤烟原料加热卷烟适用性的影响 ······73

5 加热体系下烟叶化学成分、烟气化学成分及感官质量的关系研究 ······76
- 5.1 影响加热卷烟感官质量的关键烟气香味成分研究 ······76
- 5.2 影响加热卷烟感官质量的关键化学成分研究 ······83
- 5.3 小结 ······91

6 烤烟原料理化特性与加热卷烟感官质量的关系研究 ······92
- 6.1 材料与方法 ······93
- 6.2 不同等级烤烟理化特性 ······95
- 6.3 不同等级烤烟理化特性与加热卷烟感官质量相关性分析 ······99
- 6.4 结论 ······103

7 加热卷烟原料热失重特性研究 ······105
- 7.1 加热卷烟原料热失重特性研究 ······105
- 7.2 雾化剂对加热卷烟原料热失重的影响 ······116
- 7.3 低共熔溶剂对加热卷烟原料热失重的影响 ······124

1

8 烤烟烟叶热裂解成分释放规律研究 ······ 130
8.1 低温下烤烟原料热裂解成分释放研究 ······ 130
8.2 不同等级烤烟热解产物及其与加热卷烟感官指标的相关性分析 ······ 138
8.3 雾化剂对加热卷烟热裂解成分释放的影响 ······ 158
8.4 低共熔溶剂对烟叶热裂解成分释放的影响 ······ 163

9 调制方式对加热卷烟烟叶原料质量的影响 ······ 169
9.1 加热卷烟烤烟原料不同烘烤工艺研究 ······ 169
9.2 不同调制方式对加热卷烟质量的影响 ······ 184
9.3 适合加热卷烟烤烟原料的调制工艺筛选研究 ······ 196

10 以香韵为导向的不同类型卷烟原料风格特征初探 ······ 207
10.1 传统卷烟品质风格剖析 ······ 207
10.2 不同类型烟草烟气香味成分的香韵特征 ······ 208
10.3 不同类型烟草原料在加热卷烟中呈现的香韵 ······ 213

11 加热卷烟烟叶原料差异化功能构架 ······ 214
11.1 不同类型烟叶原料的感官质量特征研究 ······ 214
11.2 不同烟叶原料集的风格特征探索 ······ 221
11.3 不同原料集的化学成分和香味成分特征 ······ 225
11.4 基于感官质量和风格特征的加热卷烟原料差异化功能构架 ······ 227

参考文献 ······ 229

1 加热卷烟概述

1.1 新型烟草制品

世界控烟形势日趋严峻，对烟草的监管立法愈加严格，传统烟草产业在寻求变革的同时也推动和加速了新型烟草产品的研发，尤其是加热卷烟产品正在快速兴起。加热卷烟主要通过加热烟草基质而产生可吸入气溶胶，能有效避免传统卷烟因燃烧发生的高温裂解现象，从而降低烟气中有害成分的释放量（李奕蓉等，2023）。同时加热卷烟又是与传统卷烟相仿程度最高的新型烟草制品，在减害性与尼古丁满足、烟草口感之间取得了新平衡，并融合了电子技术，迎合了当今消费者追求新鲜事物的需求，对部分国家的烟草市场形成了一定的"分化效应"。由于其产能布局与烟草企业契合度更佳，加热卷烟也是各跨国烟草公司发展的重点品类（吴超，2021）。

近年来，以菲利普莫里斯国际（PMI）为代表的跨国烟草公司致力推动以"无烟气（smoke-free）"战略取代世界卫生组织和烟草控制非政府组织意图实现的"无烟（tobacco-free）"最终目标，从而统筹实现开辟新增长点与规避烟草控制合规风险的目标。菲莫国际2014年在日本名古屋和意大利米兰试销IQOS并大获成功后，2016年正式提出"创造无烟气未来"愿景，公开宣布从传统烟草公司转变为聚焦"降低风险产品"公司的战略，宣称将用加热卷烟等为新型烟草制品替代传统卷烟（蒋捷媛，2023）。全球各大烟草企业纷纷跟进，发布加热卷烟相关品牌与产品。2016年，英美烟草（BAT）推出了Glo，日本烟草（JTI）推出Ploom Tech，2017年，韩国烟草（KT&G）推出了Lil。

在国内，国家烟草专卖局大力推进新型烟草制品研究工作，行业各企业积极响应，陆续开展新型烟草相关领域的研发和生产布局，加紧加热卷烟相关专利技术及设备产品的储备，多家企业的加热卷烟产品进入海外市场上市销售。加热卷烟技术研究成为国内新型烟草制品研究的重要方向之一。

目前市场上的加热卷烟产品主要以再造烟叶或烟丝为发烟材料，而发烟材料的烟草原料和配方设计在很大程度上决定了加热卷烟的感官质量。烟叶原料与配方属于加热卷烟产品设计开发的关键核心技术，且国内加热卷烟研究尚处于起步阶段，相关公开文献研究报道较少，而加热卷烟与传统卷烟气溶胶生成机制的差异导致了烟叶原料在两种体系下的质量表现大不相同，传统卷烟的原料使用经验和配方设计经验不能简单直接迁移到加热卷烟体系中，这导致了加热卷烟产品开发过程中可供配方人员借鉴的经验较少，对传统烟叶原料在加热体系下的质量表现缺乏较为系统全面的认知，严重制约了国内加热卷烟特色产品的发展和行业在国际新型烟草制品市场的拓展。因此，深入开展加热卷烟原料研究与调制技术研究显得尤为迫切。

1.2 加热卷烟的起源与发展

1.2.1 加热卷烟的起源

加热卷烟是新型烟草制品的一类重要分支，其特征是不直接燃烧烟支而是通过外部热源来加热烟草材料（陈超英，2017）。该类产品起源于20世纪80年代，从产品面世至今已有40多年的历史。这类产品产生的烟气与传统卷烟较为接近，而且侧流烟气和部分有害成分明显减少，具有一定的市场潜力，相关技术已成为国外烟草公司研究的热点。近些年来，随着控烟力度的不断加大，国外烟草公司将加热卷烟作为传统卷烟的替代性产品，不断加大其研发力度，并开始向公共健康部门和世界范围内的消费者推广，这也引起了国际烟草领域对加热卷烟的广泛关注。

加热卷烟诞生之初便开启了电加热和炭加热两大技术路线，之后跨国烟草公司在加热方式和加热介质等方面不断改进和迭代，逐渐解决了口感和烟雾量不佳的产品痛点。1988年，雷诺烟草（RJR）推出第一个加热烟草产品Premier（图1-1），是加热不燃烧烟草的第一次尝试，轻量化烟支大小的铝管，两端分别填充木炭和过滤嘴，中间为烟草段，通过加热产生供使用者抽吸的气溶胶。这种"无烟"香烟的提出是为了减少抽烟时有害物质的产生，但消费者认为其难以使用且味道不好。

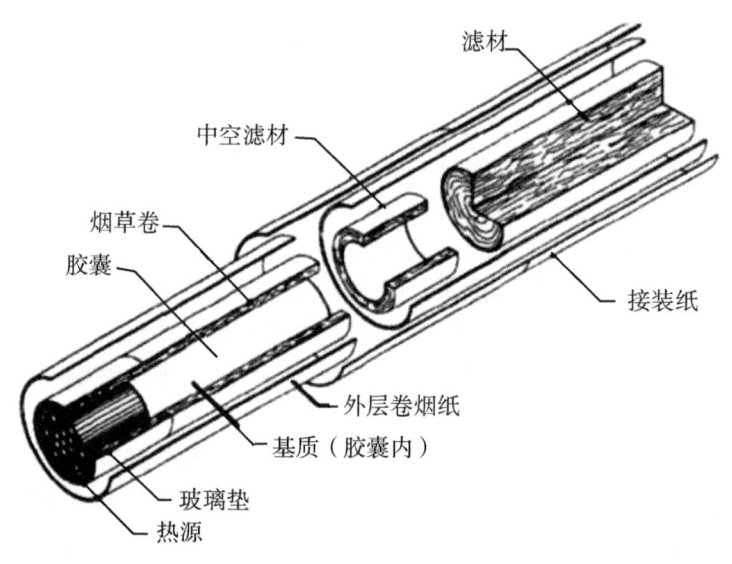

图1-1 雷诺公司Premier结构图

虽然第一代炭加热烟草制品Premier遭遇完败，但这个创意始终在闪光，雷诺烟草在1996年又推出了Eclipse，并在2003年于美国全国销售，原理跟Premier类似，但不同的是里面的烟草使用丙二醇进行湿润，从而改善了口感和烟雾量，虽然并未大获成功，但这款产品在美国市场一直在销售。与此同时，菲莫国际（PMI）尝试了不同的方法，1998年在美国弗吉尼亚试销Accord加热不燃烧产品。Accord通过使用内置的电子加热件加热烟弹，烟弹比常规的烟支稍短。Accord能够鉴别烟支适配性，如果是普通卷烟则无法使用，同时还设置了童锁等人性化的功能，但也许是未能达到天时地利人和，最终并未成功，这款产品于2006年退出市场。菲莫国际历时10年开发电加热不燃烧烟草产品IQOS，研发投入约20亿美元，于2014年在日本名古屋及意大利米兰上市，深受用户喜爱随后迅速席卷全球市场。2022年菲莫国际加热卷烟销量突破218.3万箱，同比增长14.9%，截至2022年底，IQOS全球用户数量达到2490万人，其中约有1780万人完全转化为了IQOS消费者。

1.2.2 加热卷烟的发展

　　加热烟草产品最初于1988年首次上市，但当年没有在商业上取得成功，其后在以菲莫国际公司为主的几大跨国烟草公司全力推动下，2014年加热卷烟正式进入市场并快速发展，对世界烟草产业格局产生了或许是百年以来最为重大的影响。从加热卷烟这一被跨国烟草公司普遍看好的新型烟草产品来看，主要有三大趋势性变化：一是跨国烟草公司全力发展加热卷烟，各大跨国烟草公司明确提出要把加热卷烟作为支撑未来发展的战略性新型烟草品类，不遗余力推动实现从可燃卷烟向加热卷烟的深度转移；二是日本、韩国等国加热卷烟对可燃烟草的市场替代快速推进，从日本、韩国市场情况看，加热卷烟对可燃卷烟的替代率每年高达6%左右，烟草市场出现了前所未有的"颠覆式变化"；三是全球加热卷烟市场规模快速扩张，各大跨国烟草公司调查数据显示，加热卷烟用户在快速增加，在消费需求持续增长和烟草企业供给力度不断加大的双重作用下，近年来全球加热卷烟市场规模快速扩张。

　　国外烟草企业对加热卷烟的技术研究较早，并根据加热源的不同产生了"电加热型烟草制品""燃料加热型烟草制品"和"理化反应加热型烟草制品"等几大类型产品。目前，国际企业针对不同类型加热卷烟已创新大量核心技术并获得专利。根据刘亚丽等（2014）对国家知识产权局1985—2012年公开（公告）的113件国外新型烟草制品专利技术的分析，菲莫国际、雷诺烟草公司、日本烟草公司、英美烟草公司等大型跨国烟草企业均把加热卷烟作为技术研究的重点，并申请了大量专利，在菲莫国际授权或公开的26件有效专利中，有21件电加热型烟草制品，占该领域专利总数的77.78%，可见电加热型烟草制品专利技术是其保护的重点。从国外烟草企业在我国申请技术专利的现象可以看出，其抢占我国新型卷烟市场的意图明显，应值得引起我国烟草行业的重视。

　　国家高度重视新型烟草制品的发展，按照"高起点、超常规、跨越式"的发展目标进行了战略布局，积极推进研发、政策、法律三方面的准备。行业各企业加速技术布局，并积极开展研发工作，国内烟草行业在加热卷烟技术研究领域取得了巨大进步，1985—2016年国家知识产权局共公开972件加热卷烟专利，各中烟公司专利在总量上远超国外烟草公司和其他专利申请人，成为国内加热卷烟领域专利技术研发的主体。湖北中烟、云南中烟、贵州中烟、四川中烟等公司相继推出加热卷烟产品，由于国内市场尚未开放，目前只供海外出口（朱桂华，2022）。相比传统卷烟，加热卷烟问世时间较短，有潜力成为一种降低风险的烟草制品，但仍处在发展的初级阶段，尤其是在提供高香气量上还需集体攻关与发力。

作为一种全新的吸食尼古丁的方式，加热卷烟在某种程度具有低危害性，从这个角度看，加热卷烟在未来烟草市场更具发展潜力。

1.3 加热卷烟烟叶原料研究现状与趋势

在加热卷烟产品的初期发展阶段，研究主要集中在产品设计、功能技术抢占领域。然而随着产品进入大市场，以后将更加依赖品牌打造。作为一种以烟叶原料为主的产品，未来的技术布局核心就是烟叶原料本身。

1.3.1 加热卷烟烟芯材料

加热卷烟烟芯是烟气释放的基本单元，对烟气品质特征及感官品质具有重要影响。目前加热卷烟的烟芯材料主要有颗粒型（或块状）、传统烟丝型和再造烟叶型三种。颗粒型（或块状）的烟芯材料主要有两种制备方法：一种是将烟草原料超微粉碎（一般在60~300目），通过一定工艺制备成颗粒型（褚国海等，2017）或者块状（朱东来等，2014）的烟芯材料；另一种是将烟草原料用乙醇溶液或其他溶液提取、浓缩、干燥得到烟草固体提取物，将固体烟草提取物和具有阻燃作用的金属氢氧化物颗粒混合后，进行干燥，制备成颗粒状或片状的烟芯材料；但由于颗粒或片状的烟芯材料吸阻较大，对烟气的稳定性有一定影响，因此如何提升其抽吸的稳定性是目前急需解决的问题。传统烟丝作为加热卷烟烟芯材料的研究也有相关报道（郭小义等，2014），但由于烟丝负载发烟剂的能力不高，在低温加热状态下香气及烟碱释放效果不理想（吴佳等，2016），因此一般采用传统烟丝与再造烟叶混合作为加热卷烟烟芯材料（刘华臣等，2018），或者是对传统烟丝进行特殊处理以提升其感官品质及发烟效果后作为烟芯材料。针对传统烟丝直接作为加热卷烟烟芯材料存在的不足，目前有公开的报道是把传统烟丝直接或者经过特殊处理载香后作为加热卷烟烟支降温段的材料，以期在降温的同时具有增香、增加烟气烟碱和赋香的功能。与颗粒状、传统烟丝作为烟芯材料相比，再造烟叶在保持自然烟叶有效成分的同时，具有可塑性较强、均质化及可调控水平较高的特点，因此是目前加热卷烟的主要烟芯材料之一，如菲莫国际开发的"IQOS"烟支中采用的是有序排列的稠浆法再造烟叶（尼科尔斯等，2018），雷诺烟草公司开发的"E-clipse"烟支中采用的是造纸法再造烟叶（巴恩斯等，2018），英美烟草公司开发的"Glo"烟支中采用的是无序排列的造纸法再造烟叶。

目前用于加热卷烟烟芯的再造烟叶主要有造纸法、干法、稠浆法和辊压法四种类型。用于传统卷烟的造纸法再造烟叶生产工艺的发展经历了一步、分步、精细加工的历程，现在已经逐步做到烟末和烟梗分别浸提或用不同的溶剂萃取工艺，浸提后的烟梗经解纤后与烟末混合、制浆抄造成基片，而烟梗、烟末提取液分别处理或合并后进行精细化处理制备成涂布液，然后采用涂布到基片上。加热卷烟用造纸法再造烟叶与传统造纸法再造烟叶的品质特点主要区别在于加热卷烟用再造烟叶的抗张强度、定量以及总植物碱含量高于传统卷烟用再造烟叶，且含有大量的发烟剂，而传统造纸法再造烟叶厚度、松厚度较高。干法再造烟叶是借鉴干法造纸技术发展起来的一种新型再造烟叶，与造纸法再造烟叶相比，其最主要的特点是以净化空气代替水作为分散、输送纤维的介质，由于其在生产过程中（主要是上网成型过程中）几乎不使用水资源，所以称为干法再造烟叶。总体上来看，以传统干法再造烟叶生产工艺为基础，集成创新了涂布液的制备工艺、多级涂布工艺、多级干燥工艺、压光工艺等关键工艺，形成了专用的干法再造烟叶的生产工艺，以此来适应、满足加热卷烟专用干法再造烟叶的生产。加热卷烟用稠浆法再造烟叶是将烟草粉末、发烟剂、胶黏剂、纤维等混合形成浆料后延涂形成片材，均质化程度高，生产工序简单、生产速度快。辊压法再造烟叶最早出现于日本，它是利用烟梗、烟秆和烟末等卷烟工业废料，经粉碎成80~120目的烟粉并加入适量黏结剂用压辊压制而成。辊压法生产工艺具有设备紧凑、工艺简单、能耗低等优点，为了解决烟草薄片强度差的问题，通常要加入木浆纤维作为薄片增强剂。自20世纪70年代，我国烟草科技工作者根据国内的具体条件成功研制开发出辊压法再造烟叶，并逐步在烟草行业推广应用（张彩云等，2001）。

1.3.2　加热卷烟烟芯原料

从针对加热卷烟烟芯材料的研究可以看出，加热卷烟烟芯材料的形态多样、类型各异，但绝大部分仍是以烟叶原料为主要组分制备而成，并在外部可控热源加热的条件下释放烟气，烟叶原料的低温热解是加热卷烟烟气释放和感官品质呈现的物质基础。因此，加热卷烟原料的选择与配方设计是加热卷烟产品开发的核心关键。

目前公开报道的专利或文献主要涉及不同形式烟草原料的组合方式以及相应的产品结构设计方式，对不同烟草原料的选择方法与依据、混配方法、处理方法等方面的具体技术研究内容可能由于技术保密的原因较少公开。杨菁等（2020）对加热卷烟原料烟丝结构及热性能进行了分析，表明辊压法、稠浆法制作的再造烟叶在填充量、节约加热器能量等方面优于干法和湿法再造烟叶。李奕蓉等（2023）采用扫描电镜、热重和热重-傅里叶红外光谱-气相色谱/质谱联用技术比较了加热卷烟再造烟叶的结构以及热行为，结果表明，3种新型工艺加热卷烟再造烟叶结构紧密程度为新型辊压法>新型涂布造纸法>造纸稠浆复合法，热解过程主要逸出物为甘油、烟碱和少量特征香味成分，且3种再造烟叶均适合作为烟芯材料应用于加热卷烟。卢乐华等（2023）对干法、造纸法、稠浆法和辊压法再造烟叶进行了主要成分释放性能研究，结果显示结构疏松的再造烟叶加热时组分释放效率较高，但释放速度快，逐口释放稳定性较差，结构致密的辊压法再造烟叶组分逐口释放稳定性更佳，合适的再造烟叶含水率及甘油含量以及相匹配的最佳温度设计能使加热卷烟再造烟叶在组分利用率和逐口释放稳定性方面达到较好的平衡，从而提高加热卷烟的抽吸感官体验。刘达岸等（2018）系统研究了造纸法、稠浆法和辊压法再造烟叶材料的微观结构、纤维形态、抗张性能、化学组分及感官质量，发现辊压法和稠浆法再造烟叶主要是由烟草颗粒结聚形成不平整的表面结构；同时，这两种工艺再造烟叶的感官质量也优于造纸法再造烟叶。杨继等（2015）对市场上两种典型的电加热和炭加热产品烟草材料进行了热分析研究，确定了热失重温度及主要裂解组分。龚淑果等（2019）考察了内芯和外围加热卷烟市售产品烟气主要组分的逐口释放行为，发现内芯加热卷烟和外围加热卷烟在甘油、烟碱和水分的逐口释放规律方面存在一定差异。

目前国内在加热卷烟原料类型、品种筛选方面已有少量报道。赵璐等（2020）通过感官质量评价和烟叶化学成分及香味物质检测考察了云南现有烤烟品种（系）作为加热卷烟原料的工业适用性，筛选出2个适宜作为加热卷烟原料的候选品种（系），这是面向加热卷烟原料品种筛选的较早探索。司晓喜等（2021）通过选取代表性类型烟叶为原料，制成稠浆法再造烟叶并卷制成加热卷烟，研究了原料类型对加热卷烟气溶胶释放特性的影响，发现原料类型、烤烟香型和烟叶部位均会影响香气成分释放量，表明通过原料的选用可以改变加热卷烟气溶胶香气成分释放量。刘天择等（2023）以湖南郴州不同部位烤烟国标仿制样品为材料，对其热解产物与感官质量的关系进行了分析，认为中部叶和下部叶较适合作为加热卷烟原料，使用上部烟叶可有效提高加热卷烟劲头。欧阳一鸣等（2023）分析了烟叶主要化学成分与加热卷烟感官质量的关系，探索了不同类型烟叶在加热卷烟中的利用价值，为加热卷烟原料选用提供了一定参考。

赵国豪等（2021）比较了不同类型烟叶原料加热卷烟香味成分释放差异。结果表明，不同类型烟叶烟气香味成分释放量的差异主要表现在醛酮类、低级脂肪酸、高级脂肪酸、呋喃吡喃类成分的差异，烤烟、晒黄烟、香料烟释放量均较高，而毛烟、白肋烟和晒红烟释放量均较低。向本富（2021）比较了不同类型加热卷烟原料对香气物质的释放量影响。白肋烟为原料热裂解产生的茄尼酮、生物碱、吡嗪和吡啶类氮杂环物质较多，晒黄烟为原料的样品产生的醛类如5-羟甲基糠醛和糠醛、糠醇、愈创木酚及生物碱类物质较多，而糠醛、多酚类物质是影响加热卷烟质量关键成分。窦玉青等（2024）比较了5种烟草类型的71份烟叶样品的香气成分含量，结果表明，烤烟、晒黄烟的热解气溶胶中的香气成分含量相近，属于香气成分较高的烟草类型，香料烟组次之，雪茄烟、晒红烟组最低，晒黄烟是香气种类丰富且含量较高的一类烟草类型。

刘佩佩等（2024）对不同地区晒黄烟样品产生的35种热解化合物进行了比较，其中呋喃类9种、醛酮类8种、有机酸类3种、酚类6种、生物碱类4种以及剩余归于其他类化合物共5种，其中烟碱含量最高，呋喃类化合物最多。热解产物与加热卷烟感官指标呈正相关的有：糠醛、5-甲基糠醛、麦芽酚、5-羟甲基糠醛，2,3-二氢-3,5-二羟基-6-甲基-4H-吡喃-4酮、乙酸、邻苯二酚和新植二烯；呈负相关的有：1-羟基-2-丙酮、乙酸、2,3-联吡啶、2,3-二氢-3,5-二羟基-6-甲基-4H-吡喃-4酮和5-羟甲基糠醛，感官质量评价中初步认为南雄晒黄烟感官质量最优。

1.4 加热卷烟烟气

1.4.1 加热卷烟烟气概况

传统卷烟的常规烟气释放物中焦油含量最高，而加热不燃烧制品的常规烟气释放物中水分含量最高；加热卷烟制品烟气中的水分含量较传统卷烟有所提升，最高含量约为 10 mg 传统卷烟的 1.79 倍；加热不燃烧制品由于发烟段材料区别于传统卷烟的叶组，因此加热不燃烧样品的烟气烟碱含量低于 10 mg 传统卷烟，其中对照样品的常规烟气中烟碱占比为 4.73%，而 C-1 和 M-1 烟碱占比分别为 2.53% 和 2.90%，均低于 10 mg 传统卷烟；加热不燃烧制品的焦油释放量低于 10 mg 传统卷烟，其中 C-1 和 M-1 样品的焦油含量分别约为 10 mg 传统卷烟的 20.00% 和 60.83%；低温烟草制品的危害性指数降低明显，其中 C-1 和 M-1 的危害指数分别为对照的 17.09% 和 17.23%；加热不燃烧卷烟的 5 种重金属离子含量均明显低于 10 mg 传统卷烟；加热不燃烧卷烟与传统卷烟的感官抽吸主要区别于烟气量和烟香丰富性。

如表 1-1 所示，在不同的空气流条件下一共鉴定出 103 种致香物质，空气流经过发烟材料烟弹的致香成分比空气流不经过发烟材料烟弹的要少，而且含量有明显的差异，两者共有的致香成分物质为 87 种，在两者共同含有的致香成分中，不经过空气流的发烟材料烟弹的含量明显高于空气流经过发烟材料烟弹的。空气流经过发烟材料和空气流不经过发烟材料的总离子图轮廓大概一致，但从峰值来看，空气流不经过发烟材料的总离子图峰值明显高于空气流经过发烟材料的总离子图。加热不燃烧卷烟与传统卷烟不一样，加热不燃烧卷烟是经过加热器对烟弹进行加热，达到释放烟雾、香气和生理强度，消费者直观的感受是烟雾量及其生理强度和大小主要与发烟剂有关。发烟剂主要成分是丙三醇，空气流经过发烟材料的含量为 8.72%，空气流不经过发烟材料的含量为 15.29%，是空气流经过发烟材料的 1.75 倍，发烟量明显高于空气流经过发烟材料的。生理强度与烟气中的烟碱含量有关，在烟气成分中空气流经过发烟材料的明显少于空气流不经过发烟材料，生理强度稍弱。

表 1-1 不同空气流烟气致香成分分析

序号	保留时间/min	化合物名称	峰面积归一化百分含量/%	
			空气流经过发烟材料	空气流不经过发烟材料
1	2.21	巴豆醛	0.05	0.03
2	2.28	1-羟基-2-丙酮	0.23	0.32
3	2.95	N,N-二甲基乙醇胺	0.02	0.02
4	3.03	1,2-丙二醇	0.11	0.16
5	3.17	吡啶	0.05	0.03
6	3.25	2-甲基呋喃	0.05	ND
7	3.30	吡咯	0.12	0.09
8	3.44	乙酰胺	0.05	0.03
9	3.78	3-甲基-2-丁烯醛	0.02	0.01

(续表)

序号	保留时间/min	化合物名称	峰面积归一化百分含量/%	
			空气流经过发烟材料	空气流不经过发烟材料
10	4.50	甲基-吡嗪	0.04	0.06
11	4.71	糠醛	2.02	2.16
12	5.18	糠醇	0.50	0.71
13	5.30	丙烯酰胺	0.03	0.05
14	5.34	2-甲基-吡啶	0.06	0.06
15	5.52	1-(乙酰氧基)-2-丙酮	0.10	0.12
16	5.90	4-环戊烯-1,3-二酮	0.82	1.25
17	6.59	1-(2-呋喃基)-乙酮	0.07	0.08
18	6.64	2(5H)-呋喃酮	0.22	0.35
19	6.88	2-羟基-2-环戊烯-1-酮	ND	0.07
20	7.26	3-氯-1,2-丙二醇	0.02	0.03
21	7.68	3-甲基-戊酸	ND	0.05
22	7.76	5-甲基-2-呋喃甲醇	ND	0.02
23	7.93	苯甲醛	0.11	0.08
24	8.01	5-甲基-2-糠醛	1.08	1.32
25	8.38	糠酸甲酯	0.05	0.04
26	8.50	苯酚	0.63	1.00
27	9.00	烟醛	0.12	0.12
28	9.27	1H-吡咯-2-甲醛	0.17	0.35
29	9.37	(E,E)-2,4-庚二烯醛	0.19	0.16
30	9.77~12.31	丙三醇	8.72	15.29
31	9.80	3-甲基-1,2-环戊二酮	0.06	0.13
32	10.05	苯甲醇	0.19	0.34
33	10.35	苯乙醛	0.45	0.65
34	10.81	1-(1H-吡咯-2-基)-乙酮	0.59	0.55
35	11.32	4-甲基-苯酚	1.33	2.06

(续表)

序号	保留时间/min	化合物名称	峰面积归一化百分含量/%	
			空气流经过发烟材料	空气流不经过发烟材料
36	11.70	2-甲氧基-苯酚	0.83	1.59
37	11.85	乙酸甘油酯	4.37	2.38
38	12.33	麦芽酚	0.09	0.10
39	12.63	3-吡啶醇	0.51	0.49
40	12.81	5-乙酰基二氢-2（3H）-呋喃酮	0.05	0.05
41	13.00	2,5-吡咯烷二酮	0.05	0.05
42	13.29	2,3-二氢-3,5-二羟基-6-甲基-4H-吡喃-4-酮	0.30	0.60
43	13.78	6-乙基-5,6-二氢-2H-吡喃-2-酮	0.07	0.09
44	14.49	1-（4-甲基苯基）-乙酮	0.30	0.30
45	15.16	1,2-苯二酚	0.41	0.98
46	15.59	2,3-二氢-苯并呋喃	0.32	0.26
47	15.82	5-羟甲基-糠醛	0.47	0.69
48	15.90	3-乙基-4-甲基-1H-吡咯-2,5-二酮	0.07	0.07
49	16.09	3,7-二甲基-2,6-辛二烯醛	0.07	0.05
50	16.34	二乙酸甘油酯	0.23	0.25
51	16.90	α-柠檬醛	0.21	0.11
52	16.98	4-甲基-1,2-苯二酚	ND	0.08
53	17.07	2-乙酰氧基-3-羟基苯乙酮	ND	0.10
54	17.15	4-乙基-2-甲氧基-苯酚	0.05	0.09
55	17.30	壬酸	0.05	ND
56	17.45	氢醌	0.06	0.07
57	17.56	吲哚	0.16	0.16
58	18.14	2-甲氧基-4-乙烯基苯酚	0.44	0.42
59	18.23	4-羟基-苯甲醛	ND	0.06
60	19.04	烟碱	16.23	19.20

(续表)

序号	保留时间/min	化合物名称	峰面积归一化百分含量/%	
			空气流经过发烟材料	空气流不经过发烟材料
61	19.26	（E）-2-甲氧基-4-（1-丙烯基）苯酚	0.06	0.07
62	19.48	茄酮	0.50	0.21
63	19.90	4-乙基-1,3-苯二醇	0.07	0.06
64	19.99	4-甲基-1H-吲哚	0.13	0.09
65	20.23	1,2-二氢-1,5,8-三甲基-萘	0.13	ND
66	20.33	香兰素	0.07	0.07
67	20.48	6,10-二甲基-2-十一酮	0.07	ND
68	20.64	（E）-1-（2,3,6-三甲基苯基）丁-1,3-二烯	0.09	0.04
69	20.99	麦斯明	0.26	0.28
70	21.73	（z）-2-甲氧基-4-（1-丙烯基）-苯酚	0.16	0.15
71	21.79	香叶基丙酮	0.45	0.22
72	22.00	3-苯基-吡啶	ND	0.11
73	22.08	1,5,8-p-薄荷三烯	0.27	0.18
74	22.53	烟碱烯	0.97	1.32
75	23.19	丁基化羟基甲苯	0.18	0.10
76	23.51	2,3'-二吡啶	0.42	0.23
77	24.14	巨豆三烯酮	3.57	3.25
78	24.69	邻苯二甲酸二乙酯	ND	0.27
79	24.79	愈创醇	0.22	0.15
80	24.96	(4,5,5-三甲基-1,3-环戊二烯-1-基)-苯	0.46	0.10
81	25.51	3-氧-α-紫罗兰醇	0.46	0.33
82	25.88	[3S-（3α,3Aβ,5α）]-1,2,3,3A,4,5,6,7-八氢化-α,α-3,8-四甲基-5-奥甲醇	0.29	0.23

(续表)

序号	保留时间/min	化合物名称	峰面积归一化百分含量/%	
			空气流经过发烟材料	空气流不经过发烟材料
83	26.34	4-（3-羟基丁基）-3,5,5-三甲基-2-环己烯-1-酮	0.13	0.18
84	26.43	十六醛	0.38	0.25
85	26.49	香叶基香叶醇	0.53	0.39
86	26.85	（E,E）-3,7,11-三甲基-2,6,10-十二碳三烯醛	0.82	0.57
87	27.16	2,3,6-三甲基-1,4-萘二酮	0.44	0.37
88	27.23	1,4,4a,5,6,7,8,8a-八氢化-2,5,5,8a-四甲基-1-萘甲醇	0.17	0.10
89	27.71	螺岩兰草酮	0.40	0.30
90	28.02	新植二烯	9.78	9.89
91	28.07	6,10,14-三甲基-2-十五酮	0.47	0.46
92	28.38	邻苯二甲酸二异丁酯	1.35	1.21
93	28.71	硬尾醇氧化物	0.32	ND
94	28.92	6,10,14-三甲基-5,9,13-十五碳三烯-2-酮	0.80	0.73
95	29.21	3,7,11-三甲基-1,3,6,10-环十四碳四烯	0.81	0.29
96	29.30	十六酸	ND	0.2
97	29.43	3-（4,8,12-三甲基十三烷基）呋喃		0.22
98	29.60	角鲨烯	0.26	0.17
99	29.66	十六酸乙酯	0.49	0.41
100	30.75	亚麻酸甲酯	ND	0.17
101	31.31	亚油酸乙脂	0.20	0.11
102	31.37	亚麻酸乙酯	0.38	0.24
103	31.59	十八酸乙酯	0.07	ND
合计			93.00	96.00

注：ND 表示未发现，下同。

1.4.2 影响加热卷烟烟气释放的因素

1.4.2.1 加热卷烟专用再造烟叶工艺对烟气释放的影响

加热卷烟专用再造烟叶工艺主要有干法、造纸法、稠浆法和辊压法等。不同制造工艺的再造烟叶，其成型方式、产品结构均有所差异，导致不同工艺再造烟叶在加热卷烟中的应用性能不同。杨菁等（2020）通过光学表面形貌分析、热分析、红外分析和热裂解分析等手段考察了不同类型加热卷烟再造烟叶的性能差异，发现稠浆法和辊压法再造烟叶结构更为致密，在再造烟叶填充量和加热能量方面具有优势。卢乐华等（2023）采用管式炉作为加热装置，考察干法、造纸法、稠浆法和辊压法再造烟叶在加热状态下的释放性能，研究再造烟叶类型、含水率、甘油质量分数以及加热温度对再造烟叶主要烟气组分[气溶胶捕集物（aerosol collected matter，ACM）、烟碱、甘油、水分]的释放量、释放率、捕集率以及逐口释放稳定性等释放性能参数的影响（图1-2）。

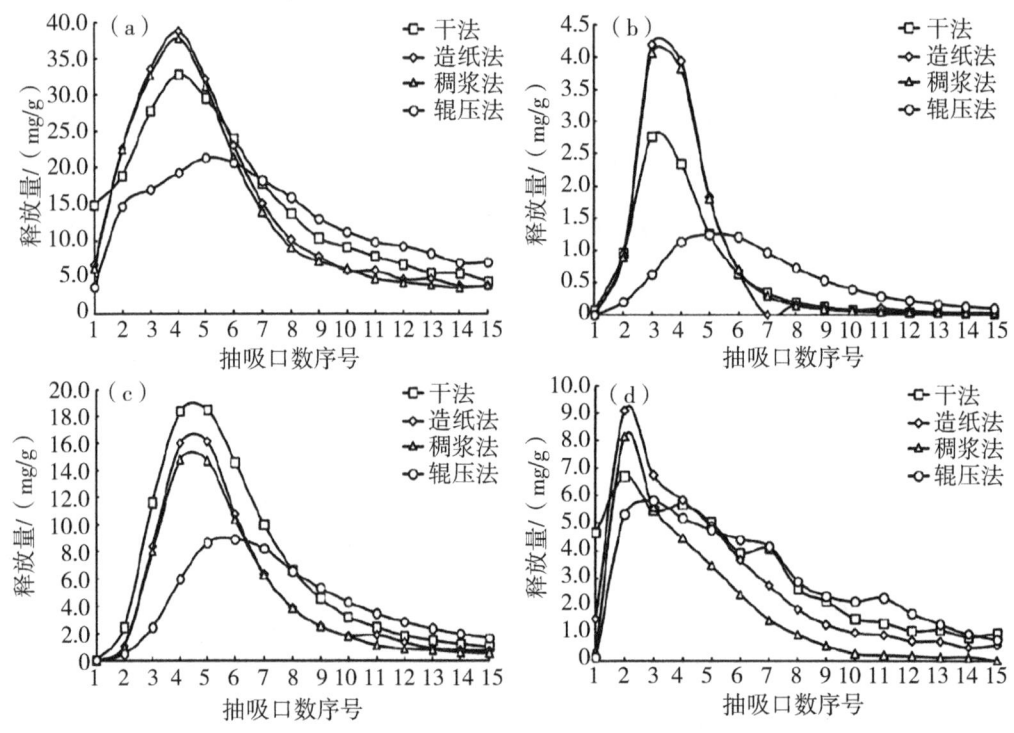

图1-2 再造烟叶样品主要烟气组分的逐口释放量
(a) 气溶胶捕集物（ACM）；(b) 烟碱；(c) 甘油；(d) 水分

加热温度220 ℃时，主要组分的释放率均较高，甘油释放率均在70%以上，其中，干法和造纸法再造烟叶达到90%以上；烟碱释放率均在90%以上，其中，干法和造纸法再造烟叶高达98%以上；水分则完全释放。因此，从组分差异来看，挥发性越强的组分，释放率越高。但不同工艺再造烟叶中相同组分的释放率并不一致，由于干法和造纸法再造烟叶使用涂布液喷涂工艺在片基上施加烟草提取物及发烟剂，组分附着于片基表层，加热时更容易挥发释放。在 15 口抽吸中，ACM 和甘油的释放规律基本一致，均呈先上升后下降的趋势，不同再造烟叶均在第 4 口至第 5 口达到释放量的峰值。烟碱释放基本在第 3 口至第 4 口达到峰值，不同再造烟叶中烟碱最大释放量对应的抽吸口数序号早于甘油，烟碱挥发性较强，优先于甘油释放。水分在第 2 口达到释放峰值后持续下降。组分最大释放量对应的抽吸口数序号为水分<烟碱<甘油。辊压法的释放稳定性明显优于其他再造烟叶，在释放峰值之后整体释放比较均匀、缓慢；而其他工艺再造烟叶前几口的释放较为集中，逐口释放的稳定性较差。这可能与其工艺特点有关，辊压法再造烟叶以烟草粉末与其他物料高速均匀混合，辊压法再造烟叶有更为均匀、致密的微观结构，组分主要来自再造烟叶原料本身，随着再造烟叶被不断加热而缓慢释放。其他 3 种再造烟叶均以表层涂布方式添加涂布液，且结构更为疏松，导致在加热时更快速、集中地释放，稳定性较差。

1.4.2.2 不同加热方式对加热卷烟烟气释放的影响

加热不燃烧卷烟产品已经经历了数次改良，目前主要有两种形式：炭加热型和电加热型。目前，炭加热卷烟产品主要有 Premier、Eclipse 和 REVO。电加热卷烟（electrically heated cigarette smoking system，EHCSS）最早由菲莫烟草公司研发推出，以 Accord、Heatbar 和 IQOS 为代表。

Debethizy 等（1990）考察了标准抽吸模式下炭加热型卷烟 Premier 及参考烟 1R4F 主流烟气总粒相物（TPM）、焦油（Tar）、水、烟碱、甘油和有害和 HPHCs 的释放。结果表明，Premier 气溶胶主要由水、甘油和丙二醇组成。与 1R4F 主流烟气相比，Premier 气溶胶中大部分烟气成分降低了 90% 以上，烟碱降低了 58.6%，烟草特有亚硝胺降低了 93%~98%；酚类化合物降低了 83%~99%，其中苯酚和邻二苯酚降低了 99%；其他成分也降低了许多，如氰化氢 99%、氮氧化物 97%、乙醛 95%、苯 93%、甲苯 96%、苯乙烯 93%。1R4F 主流烟气和 Premier 气溶胶中甲醛含量较为接近，水和甘油含量显著高于 1R4F，分别为 406% 和 374%。Brown 等（1998）在 FTC 标准抽吸模式下使用剑桥滤片捕集炭加热卷烟 Eclipse 气溶胶及 1R4F 主流烟气 TPM，并对 TPM 中 Tar、烟碱、甘油、水和 HPHCs 进行化学成分分析。与 1R4F 主流烟气相比，Eclipse 气溶胶中烟碱降低了 76.2%，而甘油和水比例显著增加，分别为 146.5% 和 37.1%。与 1R4F 主流烟气相比，Eclipse 气溶胶中挥发性成分降低了 85.4%~97.5%；烟草特有亚硝胺降低了 82.1%~87.8%；酚类化合物降低了 97.3%~99.0%。其他成分也降低明显，如一氧化碳 33.2%、氢氰酸 96.1%、氮氧化物（NOx）86.9%、氨 71.2%、苯并芘（B［a］P）88.6%。

Roemer 等（2008）在国际标准组织（International Organization for Standardization，ISO）3308 标准抽吸模式下得到 Accord 气溶胶和 1R4F 主流烟气，并对其中 69 种烟气成分（脂肪烃类、醛类、脂肪族含氮化合物、芳香胺、卤素化合物、无机化合物、单环芳烃、烟草特有亚硝胺、酚类、多元氮杂环芳烃、多环芳烃化合物及金属元素）进行化学分析。在 Accord 和 1R4F 中，大部分烟气成分存在较大差异，然而 5 种成分（水、甘油、甲醛、2-硝基丙烷和六亚甲基四胺）在 Accord 气溶胶中的含量显著高于 1R4F，其中 Accord 气溶胶中甲醛含量比 1R4F 高 2.4 倍。与 1R4F 相比，Accord 气溶胶中 41 种成分含量比 1R4F 平均低 80%，其中芳香胺、氰化氢、镉、苯酚、甲酚、单环芳烃和多环芳烃含量降低 95% 以上；砷和气相成分丙烯腈、1,3-丁二烯、一氧化碳和氮氧化物降低 90%~95%；二羟基酚类化合物、异戊二烯和烟草特有亚硝胺含量降低 80%~90%；醛类（甲醛除外）、烟碱和焦油释放量降低 70%~80%。

张丽等（2019）使用两种加热模式的烟具研究不同加热卷烟烟草材料、气溶胶及滤嘴中 1,2-丙二醇、甘油、烟碱及部分香味成分的含量及转移情况，发现不同加热卷烟中各物质转移率的差异较大。任举等（2022）考察不同加热模式下薄荷型加热卷烟烟气中主要成分释放量及转移率变化情况以 3 种不同加热模式的烟具 HTP1（内芯刀片加热）、HTP2（外围加热）、HTP3、HTP4、HTP5（内芯针式加热）和 10 款对应的薄荷型加热卷烟为研究对象，分析烟支中薄荷醇、烟碱和甘油的含量分布和在加拿大深度抽吸（HCI）模式下烟气中薄荷醇、烟碱和甘油的转移率和逐口释放量变化。薄荷醇转移率与烟具加热温度、加热模式及烟支中薄荷醇添加位置等因素有关，内芯刀片式加热卷烟、外围加热卷烟、内芯针式加热卷烟的薄荷醇转移率分别为 27.45%~30.27%、15.81%~17.48% 和 13.39%~26.36%，内芯刀片加热烟的薄荷醇转移率高于其他样品。

1.4.2.3 不同加热温度对加热卷烟烟气释放的影响

加热温度对加热卷烟热解、气溶胶释放产生影响。当加热温度<150 ℃时，烟草的吸附水和低沸点化合物蒸馏挥发；150~210 ℃时，中等挥发性化合物蒸馏挥发和还原糖热降解；210~350 ℃时，碳水化合物分解、高沸点化合物和结合态水蒸馏挥发；350~550 ℃，残留物进一步裂解和炭化。郑绪东等（2018）通过电加热卷烟模拟装置研究表明，随加热温度升高，烟碱释放量在低于 260 ℃时明显增加，260~320 ℃时丙三醇和丙二醇的释放量明显增加，350~470 ℃时粒相物质量明显增加。Schwanz 等（2020）定量测定了烟草加热系统（THPs）在 100~290 ℃加热条件下产生气溶胶中的 123 种香味化合物，其释放量随加热温度的升高而增加。司晓喜等（2022）系统研究了加热温度对气溶胶化学成分释放的影响。根据化合物随加热温度增加释放量的变化，中心加热方式按照温度可区分为 200~250 ℃、300~350 ℃、380 ℃ 3 个区间。丙二醇、丙三醇、烟碱及其他氮杂环化合物随温度升高释放量呈指数增。少量挥发性酮类成分的释放量则随加热温度的增加变化不大，如中心加热条件下产生的 4-甲氧基苯乙酮、香叶基丙酮，以及周向加热条件下产生的 β-大马酮。5-羟甲基糠醛是一种重要的呋喃类热解产物，中心加热条件下在高于 250 ℃时才生成并被检测到，其释放量呈指数型快速增长。邓其馨等（2022）研究了温度对加热卷烟烟气酸性成分释放的影响。研究表明，甲酸、乙酸、乳酸在加热卷烟主流烟气酸性成分中所占比例较大，当加热温度为 200~300 ℃时，其释放量和迁移量快速增加，在 300 ℃之后增幅减缓。在 200~350 ℃时，棕榈酸释放量和迁移量快速增加，在 350 ℃之后增幅减缓。加热卷烟游离态有机酸的迁移率与其沸点相关，沸点越高，迁移率越低。王奕等（2018）研究了温度对烟丝、再造烟叶、膨胀烟丝和梗丝等烟草基体在加热不燃烧状态下烟气释放量的影响，发现随加热温度升高，不同烟草基体其烟气释放量增加的表现不同，其中烟丝烟气总粒相物（TPM）增加量最大，梗丝烟气烟碱增加量最大，各烟草基体 CO 增加量接近，再造烟叶甲醛增加量最大，不同烟草基体加热不燃烧状态下的烟气释放量与温度呈显著线性

相关。

1.4.2.4 不同原料对加热卷烟烟气释放的影响

新型烟草香气物质释放与传统卷烟不同，传统卷烟燃烧温度是以热裂解为主，部分热蒸馏，而新型烟草是以热蒸馏为主，部分热裂解，加之新型烟草燃烧方式（炭加热、电加热）不一致，导致香气物质释放规律（量与时间）不一致，因此，在烟叶类型选取、调制方式上应该进行调整，让烟叶原料香气物质释放规律与新型烟草燃烧方式进行合理搭配。

司晓喜（2021）系统研究了不同原料稠浆法再造烟叶加热卷烟的气溶胶释放特性。通过选取代表性类型烟叶为原料，制成稠浆法再造烟叶并卷制成加热卷烟，比较加热条件下释放的气溶胶粒数浓度、粒数中值直径（CMD）、烟雾量和香气成分的差异。不同类型的上部烟叶，粒数浓度为烤烟和晒黄烟高，CMD 为晒黄烟、烤烟和香料烟最高，烟雾量为晒黄烟和烤烟大。不同类型烟叶原料再造烟叶热解释放的香气成分差异明显，白肋烟为原料的样品产生的茄尼酮、6-甲基-5-庚烯-2-酮、生物碱代谢物麦斯明和可替宁、吡嗪和吡啶类氮杂环物质多；晒黄烟为原料的样品产生的 5-羟甲基糠醛和糠醛等醛类、4-羟基-2,5-二甲基-3（2H）-呋喃酮等酮类、糠醇、愈创木酚、麦斯明、可替宁多；晒红烟为原料的样品产生的吡嗪类、生物碱代谢物多；香料烟为原料的样品产生的苯乙醛多；烤烟为原料的样品产生的香气成分大多处于居中水平，且受烤烟香型和烟叶部位的影响（图1-3）。

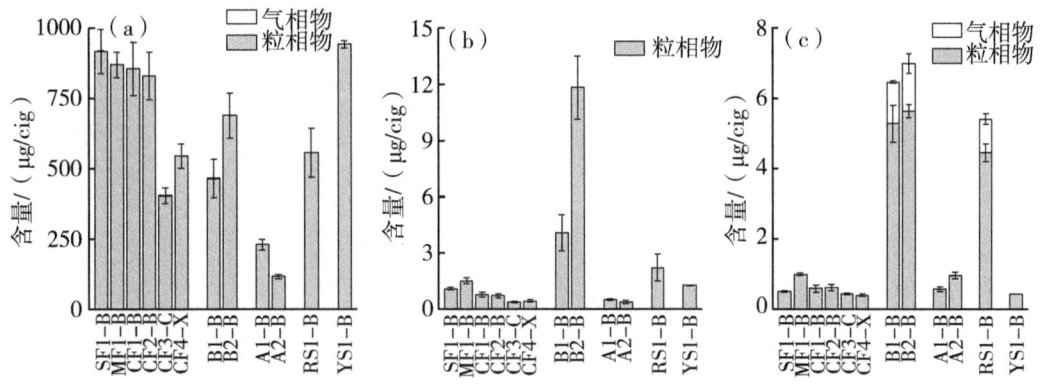

图1-3 不同烟叶原料加热条件下产生气溶胶中氮杂环类成分

（a）烟碱；（b）麦斯明；（c）2-甲基吡嗪

赵国豪等（2021）比较了不同烟叶原料加热卷烟香味成分释放差异。加热卷烟烟气香味成分释放量在不同类型烟叶样品间差异显著，不同产地烤烟间存在一定差异，烤烟不同部位间差异较小（表1-2）。不同类型烟叶烟气香味成分释放量的差异主要表现在醛酮类、低级脂肪酸、高级脂肪酸、呋喃吡喃类成分的差异，烤烟、晒黄烟、香料烟释放量均较高，而毛烟、白肋烟和晒红烟释放量均较低。不同产地烤烟烟气香味成分释放量的差异主要表现在低级脂肪酸和呋喃吡喃类成分，许昌烤烟明显低于其余五产地。

表 1-2　不同类型加热卷烟烟叶样品烟气香味成分释放量　　　单位：μg/g

烟叶类型	醛酮类	低级脂肪酸	高级脂肪酸	呋喃吡喃类	含氮化合物
烤烟	42.0	84.6	2.77	14.5	1.92
香料烟	43.4	96.3	3.71	12.8	1.54
晒黄烟	44.8	77.3	3.29	14.5	2.07
白肋烟	16.9	28.9	1.62	4.4	2.18
晒红烟	10.1	18.6	2.27	3.2	2.02
毛烟	6.4	11.5	2.76	3.2	2.56
CV/%	66	71	27	65	16

1.4.2.5　烟芯水分含量对加热卷烟烟气释放的影响

向本富（2021）研究发现，60%水分含量的烟芯香气成分的释放明显小于其他含量，可能是由于部分热能被自由水蒸发利用，在30%~40%的水分含量时，气溶胶释放的醛类和酮类香气成分较高，在40%~50%，醇类、酚类和烟碱释放较高。烟气水分释放量、烟气粒相物重量与烟支含水量成正比，粒相物水分含量为53.33%~65.89%。

2 基于加热卷烟再造烟叶需求的感官质量剖析

烟草是我国的重要经济作物之一，种植面积和产量均居世界第一位，同时，我国也是世界烟叶消耗量最多的国家和烟叶出口量较多的国家之一。烟叶是产业发展的基础，烟叶稳则行业稳，其质量的好坏对产品的品质起着举足轻重的作用。在传统卷烟中，烟叶质量是消费者对烟叶燃吸过程中所产生的香气、劲头、吃味、刺激性等几个主要因素的综合反映和吸烟安全性的综合评价，是反映和体现烟叶必要性状均衡情况的综合性概念。烟叶质量是一个综合性和动态性概念，它的内涵与外延很广，受多种因素影响，随时间、地点、人们消费习惯的改变而不断变化。随着经济增长方式的转变、产品结构的调整，以及烟叶不同用途的需求的不断，烟叶质量的内涵在不断发展、演变和完善。20世纪70年代以前，"黄、鲜、净"成为优质烟叶的代名词。近年来，对国际优质烟叶质量标准的深入认识和中式卷烟的需要，则强调生产颜色橘黄、成熟度好、结构疏松的烟叶，并开始重视烟叶在工业上的"可用性"。当前，随着加热卷烟产品的兴起，加热卷烟烟叶原料的质量成为配方人员关注的热点。原料是产品配方和风格形成的基础，并以产品需求为导向，因此，要明确加热卷烟产品对原料的感官质量需求，首先要明确加热卷烟产品的感官质量需求。本章通过文献调研和样品检测对加热卷烟产品感官质量进行剖析，明确加热卷烟产品感官质量的需求，进而明确加热卷烟产品对原料的感官质量需求。

2.1 加热卷烟产品感官质量剖析

谈到加热卷烟产品感官质量，不得不提到传统卷烟，由于加热卷烟属于后起之秀，而目前加热卷烟的主流用户大多从传统卷烟转化而来，因此无论是消费者，还是研发人员，在抽吸加热卷烟时潜意识里难免会与传统卷烟进行对比。

2.1.1 气溶胶生成方式

传统卷烟产品的感官质量是指烟支在燃吸过程中产生的主流烟气对人体感官产生的综合感受，如香气的质和量、口感的舒适程度等，此外还包括一些代表产品风格特征的因素，如香气类型和风格、烟气浓度和劲头大小等。同样，加热卷烟产品的感官质量也是消费者对加热卷烟气溶胶的综合感受的体现。因此，气溶胶的生成方式是影响产品感官质量的重要因素。

加热卷烟气溶胶是利用外部热源在低温下加热烟草材料形成，其主要成分为水、丙二醇、丙三醇、烟碱和香味物质。而传统卷烟烟气是通过烟丝在高温条件下剧烈燃烧热解反应产生大量烟气。传统卷烟的燃烧锥温度最高可达950 ℃，卷烟烟丝可通过蒸馏、裂解和燃烧等复杂的反应途径形成几千种产物，而对于加热卷烟，消费者使用时烟草材料所处温度一般低于500 ℃，主要通过烟草材料的热解和蒸馏反应产生气溶胶。温度的巨大差异是二者气溶胶生成方式的最主要差异。加热卷烟的加热温度较低，具有焦油和有害成分释放量低的优势，且不产生侧流烟气，但受低温条件限制，其所产生的香气成分的种类与释放量较传统卷烟也大幅下降，这使得消费者对二者存在较明显的直观感受差异。朱浩等（2017）考察了加热卷烟产品气溶胶中烟熏香成分的释放特征，发现3种加热卷烟产品中烟熏香成分的种类与释放量均低于传统卷烟，认为加热卷烟产品的烟熏香韵相对较弱。杨继等（2024）通过顶空-GC/MS分析，在80~200 ℃对比了加热卷烟烟草材料和传统卷烟烟丝的挥发性化学成分，结果表明加热卷烟烟草材料气溶胶中甘油、丙二醇的释放量远远高于传统卷烟，传统卷烟烟气中的挥发性吡嗪类和呋喃酮类的质量分数较高。王颖等（2017）比较了加热卷烟与传统卷烟香味成分的差异，测定了5款传统卷烟主流烟气粒相物中的典型香味成分并与3款加热卷烟产品进行对比，发现测定的3款加热卷烟气溶胶中愈创木酚类化合物、生物碱类化合物以及氮杂环类化合物的种类与释放量均远低于传统卷烟，认为加热卷烟在传统烤烟型卷烟的特征香韵方面比较薄弱。霍现宽等（2017）研究发现，烟叶原料在加热状态下的烟气感官特征与传统卷烟差异明显，尤其是对于烤烟，在低温加热状态下，烟气香韵中焦甜香和烘烤香较为突出，但缺乏传统卷烟具有的烟熏香，在高温加热状态下，烟气的焦甜香和烘烤香减弱，烟熏香凸显。

2.1.2 雾化剂（发烟剂）

目前加热卷烟的烟芯材料形式主要以再造烟叶为主，主要是将烟草粉碎后添加发烟剂、胶黏剂、香精香料以及纤维等成型。其中发烟剂的添加是加热卷烟烟芯材料与传统卷烟最为明显的差异，甘油在传统卷烟中通常作为保润剂使用，占干重含量为3%~5%，而在加热卷烟中主要作为雾化剂，添加量为10%~20%。甘油经加热汽化后容易重新冷凝吸湿变成小液滴形成浓的"烟雾"，起到"发烟"的效果，因此在新型烟草领域，尤其是加热卷烟再造烟叶中一直作为重要的发烟剂而被大量使用。甘油的存在会对烟草的热解过程产生一定的影响，加热卷烟中的甘油可以提高气溶胶总粒相物的释放量，并可在气溶胶中帮助携带烟碱和香味物质。此外，甘油还可能与烟草原料相互作用，影响气溶胶的成分。Varhegyi等（1988）采集得到了不同甘油添加（5%、10%、15%）烟草热转化过程中产生的主流烟气中含有的气相产物及颗粒物，并对其进行了成分分析，发现甘油具有稀释烟气、增加水分的作用，10%及15%甘油添加条件下烟气丙烯醛含量增加，而烟碱、乙醛、丙醛、芳香胺、亚硝胺、苯酚等物质降低。Gomez-Siurana等（2011）对甘油与烟草混合物及MCM-41催化下进行热解行为研究，提出甘油和烟草间可能存在相互作用从而影响所产生的气体成分组成。郭春生等（2023）研究认为，施加15%含量的甘油可在一定程度上促进烟叶在低温加热状态下香味成分的释放。朱龙杰等（2022）研究发现，当再造烟叶选择10%~18%的甘油添加比例时，加热卷烟的烟碱和甘油具有较高的转移率。甘油能促进再造烟叶中烟碱、新植二烯、5-羟甲基糠醛等高沸点化合物的释放。戴玉洁（2022）探究了甘油添加量对烟草热解规律的影响，认为甘油有助于烟草挥发成分的生成并增加烟草热解炭产率。

2.2 加热卷烟产品烟气释放物分析

选取卷烟或加热卷烟产品可以分为三大类：一是以"中华""万宝路""555"等为代表的传统卷烟，二是以"IQOS""Glo"等为代表的跨国烟草公司加热卷烟竞品，三是以"FIRAVO""MOK"等为代表的国产加热卷烟产品。为进一步明晰三类产品感官质量差异形成的原因，从三类产品中选取代表性样品进行了烟气释放物分析。

2.2.1 材料与方法

2.2.1.1 材料

选取了7个样品进行分析，包括传统卷烟和加热卷烟，样品详细信息如表2-1所示。

表2-1 样品信息表

序号	样品名称	备注
1	中华（软，RZH）	烤烟
2	万宝路（Marb）	混合型卷烟
3	555	混合型卷烟
4	IQOS	加热卷烟
5	FIRAVO	加热卷烟
6	MOK	加热卷烟
7	Glo	加热卷烟

2.2.1.2 方法

7个样品烟气用中心切割二维色谱进行半定量分析，样品烟气释放物中的成分通过NIST与Wiely谱库进行检索，确认化合物名称，按照化合物类别进行分类，烟气释放物成分大致可分为烟草生物碱、酚类、醛酮类、氮杂环类、有机酸类、呋喃类、醇类、内酯、酯类、酰胺及亚胺类共11大类。

2.2.2 结果与讨论

2.2.2.1 半定量结果

烟气释放物中致香成分按照化合物分类，7个样品各成分半定量结果见表2-2。从表2-2中可以看出，中华、万宝路、555三种传统卷烟的烟气释放物种类较加热卷烟多。加热卷烟中，IQOS烟气释放物种类较其他三种多。

表 2-2 烟气释放物中各物质半定量结果

单位：μg/g

化合物分类	化合物名称	中华	万宝路	555	IQOS	FIRAVO	MOK	Glo
生物碱	尼古丁	4636	3816	4894	6737	2347	3136	1835
	麦思明	8.57	40.09	38.66	8.34	1.44	1.10	2.15
	二烯烟碱	18.40	15.32	22.81	4.32	1.66	2.06	2.11
酚类	苯酚	62.84	81.74	151.81	9.16	9.14	5.77	1.03
	丁香酚	2.60	ND	1.10	ND	ND	ND	ND
	异丁香酚	1.82	14.71	22.82	ND	ND	ND	ND
	对甲基苯酚	2.83	46.44	48.28	ND	ND	ND	ND
	愈创木酚	18.24	29.30	66.30	23.73	4.45	2.37	2.18
	4-乙基愈创木酚	4.06	7.05	12.35	6.69	ND	ND	2.88
	麦芽酚	3.56	2.15	6.73	ND	ND	ND	ND
	5-羟基-5,6-二氢甲基麦芽酚（DDMP）	91.97	41.99	62.84	8.26	10.61	11.02	7.01
	香兰素	7.76	7.68	12.62	1.55	ND	ND	ND
	邻苯二酚	152.93	55.40	184.23	ND	ND	ND	ND
	3-乙基苯酚	3.69	7.05	6.34	ND	ND	ND	ND
	4-乙基苯酚	28.70	37.38	60.59	ND	ND	6.31	ND
	对苯二酚	198.91	175.55	253.88	23.43	4.89	ND	ND
	2-甲氧基-4-乙烯基苯酚	24.73	28.81	71.82	1.14	1.43	ND	ND

(续表)

化合物分类	化合物名称	中华	万宝路	555	IQOS	FIRAVO	MOK	Glo
	3-羟基-β-大马酮	6.87	7.43	7.24	ND	1.44	ND	0.46
	巨豆三烯酮	43.73	27.21	52.94	13.92	3.84	0.91	4.34
	β-大马酮	ND	ND	ND	1.98	ND	ND	ND
	茄酮	16.51	37.79	39.30	28.52	9.70	5.54	6.43
	降茄二酮	9.91	17.91	21.11	ND	ND	ND	ND
	六氢法尼基丙酮	8.13	17.26	19.32	5.84	1.37	1.43	1.33
	法尼基丙酮	5.25	9.77	13.38	6.20	2.36	1.71	1.52
醛酮类	茴香醛	88.89	55.66	67.32	43.27	13.85	42.93	37.07
	苯甲醛	2.91	3.42	4.92	ND	ND	ND	ND
	苯乙酮	3.27	3.61	8.35	ND	ND	ND	ND
	羟丙酮	10.90	2.67	5.34	53.65	37.10	45.53	20.67
	环戊烯酮	9.48	3.85	5.07	3.66	1.78	0.98	ND
	MCP（2-羟基-3-甲基环戊烯酮）	32.81	32.63	54.38	6.99	6.14	5.17	2.43
	3,4-二甲基-2-羟基环戊烯酮	5.70	5.57	10.41	ND	0.86	ND	ND
	3-甲基环戊烯酮	5.61	6.22	5.65	ND	ND	ND	ND
	3-乙基-2-羟基环戊烯酮	8.36	12.02	22.38	0.72	0.56	ND	0.83
	3-乙基环戊烯酮	2.96	3.86	7.07	ND	ND	ND	ND
	吡喃酮（6-乙基-5,6-二氢-2-吡喃酮）	24.49	25.03	43.68	28.52	5.55	3.71	6.61

(续表)

化合物分类	化合物名称	中华	万宝路	555	IQOS	FIRAVO	MOK	Glo
氮杂环类	2,3'-联吡啶	33.26	41.27	60.48	18.17	4.30	2.28	8.11
	3-吡啶酚（3-羟基吡啶）	75.88	95.54	148.47	46.27	13.08	8.36	34.99
	乙烯基吡啶	10.64	10.32	15.63	ND	ND	ND	ND
	2-甲基吡啶	3.01	3.60	4.56	ND	ND	ND	ND
	3-甲基吡啶	6.76	6.69	5.06	ND	0.91	ND	ND
	2-乙基吡啶	1.79	1.51	1.76	ND	ND	ND	ND
	3-乙基吡啶	3.40	4.28	6.15	ND	ND	ND	ND
	喹啉	2.49	3.20	4.91	ND	ND	ND	ND
	2-吡咯烷酮	10.77	13.48	23.29	4.24	1.34	0.65	0.87
有机酸	乙酸	20.21	3.46	10.50	ND	ND	ND	ND
	丙酸	2.45	ND	ND	ND	ND	ND	ND
	丁酸	1.47	ND	ND	5.50	ND	ND	ND
	异戊酸	6.54	24.72	24.37	16.62	ND	9.20	ND
	3-甲基戊酸	ND	27.83	21.78	ND	ND	ND	ND
	十四酸	6.91	28.78	48.27	ND	ND	ND	ND
	十五酸	8.72	17.35	19.60	ND	ND	ND	ND
	棕榈酸	416.86	325.39	428.86	75.70	59.16	37.81	ND
	亚麻酸	200.12	64.81	146.53	ND	ND	ND	ND
	亚油酸	66.40	42.98	98.71	ND	ND	ND	ND
	硬脂酸	51.81	45.20	94.95	ND	ND	ND	ND
	油酸	43.94	42.48	73.68	ND	ND	ND	ND

(续表)

化合物分类	化合物名称	中华	万宝路	555	IQOS	FIRAVO	MOK	Glo
	糠醇	28.21	13.46	25.79	71.73	63.29	72.46	27.30
	糠醛	13.52	0.39	7.69	8.54	8.54	7.71	6.52
	5-甲基糠醛	17.81	6.90	16.70	9.80	9.12	7.68	7.96
	5-甲基糠醇	4.12	6.50	6.91	3.93	1.88	2.35	ND
呋喃类	5-羟甲基糠醛	397.54	46.42	89.01	16.48	14.12	19.35	11.64
	菠萝呋喃酮	1.05	3.63	5.16	4.14	3.31	1.44	1.50
	2(5H)-呋喃酮	3.14	2.05	4.26	4.38	3.01	2.93	1.36
	植物呋喃	ND	6.02	5.15	3.57	ND	ND	ND
	5-羟甲基二氢呋喃-2-酮	31.79	26.53	41.09	10.53	2.19	3.09	2.71
	D-柠檬烯	140.43	67.44	109.88	2.79	ND	ND	ND
	新植二烯	361.58	294.85	460.40	551.76	156.71	159.73	149.86
	苯乙烯	10.67	ND	4.87	ND	ND	ND	ND
	罗勒烯	4.01	ND	2.73	ND	ND	ND	ND
	别罗勒烯	6.02	1.03	2.42	ND	ND	ND	ND
烯类	顺-β-金合欢烯	2.53	ND	5.06	ND	ND	ND	ND
	α-可巴烯	ND	4.20	8.73	6.17	2.06	5.37	5.81
	异石竹烯	ND	6.01	14.54	6.50	1.91	5.78	6.10
	β-石竹烯	ND	2.79	ND	8.03	3.33	13.90	13.17
	长叶烯	ND	7.66	9.60	9.58	2.75	8.03	8.43

(续表)

化合物分类	化合物名称	中华	万宝路	555	IQOS	FIRAVO	MOK	Glo
醇类	3-氧代-α-紫罗兰醇	39.89	22.11	48.89	16.46	4.25	4.18	6.36
	3-氧代-7,8-二氢紫罗兰醇	30.64	33.21	36.92	7.70	ND	ND	3.39
	苯甲醇	4.79	5.00	35.25	2.50	1.50	1.51	1.21
	苯乙醇	2.44	3.95	8.04	1.60	0.62	ND	ND
	4-甲基-2-戊醇	495.84	ND	ND	ND	ND	ND	ND
	2,6-二甲基-1-庚醇	27.81	ND	ND	1.12	1.19	1.04	0.89
	2-乙基-1-己醇	27.28	24.71	41.31	ND	ND	ND	ND
	松柏醇	19.07	11.89	21.22	ND	ND	ND	ND
	西柏三烯二醇	17.87	ND	ND	17.48	2.68	ND	6.05
	植醇	ND	ND	ND	1.67	0.65	1.55	11.75
	薄荷醇	ND	ND	ND	1.89	ND	ND	ND
	芳樟醇	1.44	1.59	2.23	4.29	4.80	4.93	2.81
内酯	γ-丁内酯	1.01	ND	ND	ND	ND	ND	ND
	γ-戊内酯	2.00	0.53	2.24	0.75	0.61	0.93	ND
	3-甲基-2(5H)-呋喃酮 (α-甲基-γ-巴豆酰内酯)	1.01	0.91	1.71	1.33	1.12	ND	ND
	β-当归内酯	8.37	7.04	11.76	5.44	ND	ND	ND
	2-羟基-γ-丁内酯	4.62	3.80	6.58	0.81	0.80	ND	0.95
	二氢猕猴桃内酯	69.05	79.00	62.45	ND	42.44	ND	ND
	茛苕亭							

（续表）

化合物分类	化合物名称	中华	万宝路	555	IQOS	FIRAVO	MOK	Glo
内酯	棕榈酸甲酯	416.82	5.60	20.25	27.27	13.92	12.15	ND
	棕榈酸乙酯	6.95	ND	ND	ND	ND	2.42	ND
	硬脂酸甲酯	11.08	2.89	6.13	ND	4.06	2.79	ND
酰胺及亚胺类	2-乙酰基吡咯	2.72	4.61	7.99	1.54	1.17	0.88	0.87
	丁二酰亚胺	8.95	16.23	21.73	2.15	ND	ND	ND
	戊二酰亚胺	5.17	6.84	7.75	ND	ND	ND	ND

2.2.2.2 传统卷烟、加热卷烟国际竞品与国产加热卷烟烟气释放物差异

(1) 挥发性有机酸类

挥发性酸是烟叶中重要的一类香气成分，一般质量好、香气量大的烟叶其挥发性酸含量较高。传统卷烟烟气释放物中有机酸含量与种类均高于加热型卷烟，中华烟气释放物中发现乙酸、丙酸、丁酸，而加热卷烟烟气释放物中未检出。混合型卷烟（万宝路、555、IQOS、MOK）中发现3-甲基戊酸。

(2) 高级脂肪酸类

高级脂肪酸对烟气香味没有明显的直接作用，但可以调节烟草的酸碱度，使吸味醇和，增加烟气浓度，因而间接影响烟气的香气。传统卷烟烟气中高级脂肪酸的含量和种类高于加热卷烟，传统卷烟烟气中发现十四酸、十五酸、棕榈酸、油酸、亚油酸、亚麻酸、硬脂酸，加热型卷烟IQOS、FIRAVO、MOK烟气释放物中发现棕榈酸，含量远低于传统卷烟。

(3) 醛酮类

烟叶成熟调制过程中，类胡萝卜素、西柏三烯萜醇等大分子化合物碳链氧化断裂，进一步转化成醛、酮、酸类挥发性成分。传统卷烟释放物中的3-羟基-β-大马酮、巨豆三烯酮等大多数醛酮高于加热卷烟，IQOS在4款加热卷烟中含量最高。IQOS烟气释放物中巨豆三烯酮含量大约是中华含量的1/3，高于其他3个加热卷烟；IQOS烟气释放物中茄酮的含量高于中华，IQOS烟气释放物中β-大马酮含量在7个样品中最高；传统卷烟（中华、万宝路、555）释放物中发现降茄二酮，加热卷烟（IQOS、FIRAVO、MOK、Glo）中未发现。羟丙酮在加热烟草释放物中含量高于传统卷烟，IQOS含量最高。

(4) 环戊烯酮类与氮杂环类

烟叶和烟气中的氮杂环类一是来自生物碱的热解和转化，二是来自烟叶调制和陈化过程中糖和氨基酸非酶棕化反应性成分糖-氨基酸缩合物的进一步转化降解。传统卷烟烟气释放物中环戊烯酮类与氮杂环类含量与种类高于、多于加热卷烟。IQOS烟气释放物中吡喃酮的含量与中华释放物中接近，且IQOS烟气释放物中环戊烯酮、2-羟基-3-甲基环戊烯酮、吡喃酮、2,3'-联吡啶、3-吡啶酚都高于其他3个加热卷烟。

(5) 呋喃类

加热卷烟（IQOS、FIRAVO、MOK）烟气释放物中糠醇含量高于传统卷烟（中华、万宝路、555），IQOS释放物中糠醇的含量大约是中华的2.5倍。中华烟气释放物中5-羟甲基糠醛含量远高于其他6个样品，其含量大概是IQOS的24倍。

(6) 酚类和醇类

IQOS烟气释放物中愈创木酚、4-乙基愈创木酚含量与中华接近，其他三款加热卷烟（FIRAVO、MOK、Glo）含量均低于传统卷烟。且中华烟气释放物中发现更多种类的醇类，如4-甲基-2-戊醇、2,6-二甲基-1-庚醇。IQOS烟气释放物中的3-氧代-α-紫罗兰醇含量高于其他三款加热卷烟（Glo、FIRAVO、MOK）。

(7) 烯类

新植二烯既是叶绿素的降解产物，又是低分子量香气成分的前体物。IQOS烟气释放物中的新植二烯含量最高，高于传统卷烟，高于其他三款加热卷烟。

（8）内酯及酯类

传统卷烟烟气中二氢猕猴桃内酯含量高于加热卷烟；FIRAVO 烟气释放物中莨菪亭含量低于传统卷烟，但含量在同一数量级，IQOS 中未发现莨菪亭。

从 7 个样品的烟气分析结果可以看出，对于三类样品而言，加热卷烟烟气成分种类和含量较传统卷烟显著减少，这主要是由于加热温度的差异导致的，在加热卷烟样品中，国产加热卷烟烟气成分在种类上与加热卷烟国际竞品差异不大，但在生物碱类、部分酚类（如愈创木酚）、醛酮类、氮杂环类成分的含量上显著低于国际竞品。这种差异的形成可能有两方面的原因，一是二者在原料配方上的差异，以跨国烟草公司传统卷烟风格推测，国际竞品原料组成以晾晒烟为主，烤烟使用占比显著低于国产加热卷烟；二是加香因素，根据前期研究，IQOS 的部分烟气成分如羟丙酮不仅显著高于国产加热卷烟，更远高于传统卷烟，推测其并非单纯来源于原料配方中晾晒烟的大量使用，可能通过外加香方式对特定烟气成分进行了增强。

2.3 国内加热卷烟再造烟叶质量需求

通过上述研究综述和相关试验分析，发现目前加热卷烟普遍存在香气量不足、香韵不够丰富的问题。并据市场调研发现，从传统卷烟转向加热卷烟的消费者普遍反映加热卷烟似传统卷烟的"烟感"不强，以上因素均影响了消费者对加热卷烟的接受度。因此，针对目前加热卷烟产品感官质量方面亟待解决的问题，提出了"提香气、增香韵、强烟感"的加热卷烟原料感官质量需求，力图通过原料筛选与调制技术研究从加热卷烟的原料端精准匹配加热卷烟产品的需求，提升加热卷烟产品的质量。

3 加热卷烟烟叶原料质量评价体系构建

本章从烟气分析方法、感官评价方法、适用性评价方法建立了加热卷烟原料质量评价体系，形成了客观与主观相结合、可量化的加热卷烟原料质量评价手段，为加热卷烟原料筛选、评价与开发奠定了方法基础。

3.1 加热卷烟烟气分析方法研究

热裂解-气质联用仪（PY-GC/MS）由热裂解部分和气相色谱质谱两部分构成，裂解装置可通过设定仪器程序（初始温度、升温速率、加热温度、裂解氛围）加热或者燃烧样品，裂解器中的裂解产物经载气导入气相色谱质谱系统进行在线检测。热裂解-气质联用仪（PY-GC/MS）作为一种有效的分析手段，常常用于生物质能源以及化学分析领域（Gonzalez 等，2019）。

20 世纪 70 年代，该项技术开始用于烟草领域的化学分析。Baker 等（2005）探究出了能够用热裂解-气质联用仪来模拟卷烟燃烧的最适试验条件，并用此方法探究了烟草中挥发性、半挥发性以及难挥发性成分的热裂解规律。既 Baker 的研究之后，PY-GC/MS 被广泛地应用于烟草相关的研究。Torikai 等（2004）利用 PY-GC/MS 研究了温度、氛围、pH 对烟草 29 种有害成分的释放量的影响。Senneca 等（2007）利用 PY-GC/MS 研究了烟叶在惰性和有氧氛围下的裂解释放物差异。王保会等（2013）用热裂解-气质联用仪在惰性气体氛围中探究了烤烟烟叶在不同温度下的热裂解产物。董宁宁等（2003）也探究了不同温度下烟叶热裂解的差异。Thomas 等（2009）利用 PY-GC/MS 研究了低温条件下烟叶裂解产物中酚类化合物形成的机理。

以上试验所用的热裂解器均为美国 CDS 系列裂解器，而本研究所用为日本 Frontier 公司生产的 EGA-3030D 型号的热裂解器，二者在仪器参数的设置上差异较大，无法借鉴美国 CDS 系列裂解器的裂解方法。本研究在确定加热温度为 350 ℃ 的基础上，需要确定升温速率以及加热温度保持时间的参数。因此，本章以裂解器仪器参数（升温速率、终温度保持时间）为基础，探究了 EGA-3030D 热裂解器低温裂解烤烟烟叶的方法，为在低温状态下研究烤烟烟叶原料香气释放规律提供方法参考。

3.1.1 材料与方法

3.1.1.1 试验材料

选取烤烟烟叶云 87（C3F，云南临沧），于 2018 年 10 月取于华环国际烟草有限公司。将所得烟叶材料置于 40 ℃ 烘箱中烘 2 h，去梗并将烟叶磨碎得到粒径为 0.25 mm

的烟末样品。

3.1.1.2 仪器

EGA/PY-3030D 热裂解器（日本，Frontier 公司）、7890A/5975C 气相色谱质谱联用仪（美国，Agilent 公司）。热裂解-气质联用仪（PY-GC/MS）装置图如图 3-1 所示。此装置由裂解器和 GC/MS 系统两部分构成，裂解器最大温度以及最大升温速率分别可设置为 1050 ℃和 600 ℃/min，仪器配有不锈钢样品杯、陶瓷加热片以及冷阱，并且有惰性气体和空气两种可供选择的裂解氛围（图 3-1）。

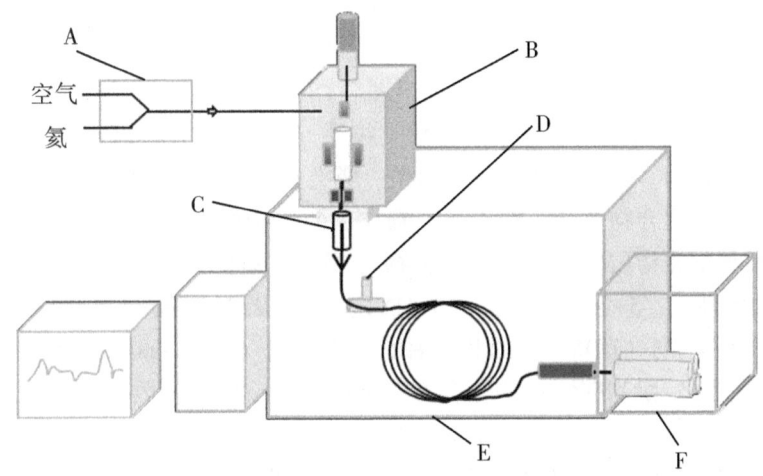

A. 载气选择器；B. 热解炉；C. 选择进样器；D. 冷阱；E. 气相色谱系统；F. 质谱检测系统

图 3-1　热裂解-气质联用仪装置示意图

3.1.1.3 试验设计

称取 0.1 mg 烟末样品于样品杯中，并在烟末样品上铺两层石英棉。选择空气氛围，冷阱在-176 ℃条件下进行捕集。

（1）设定裂解初始温度 30 ℃，最终加热温度为 350 ℃，350 ℃保持 5 min，升温速率分别设为 400 ℃/min、500 ℃/min 和 600 ℃/min。通过此试验探究不同升温速率对烤烟烟叶香气释放的影响，并确定升温速率参数。

（2）设定裂解初始温度 30 ℃，升温速率为 600 ℃/min，最终加热温度为 350 ℃，350 ℃分别保持 2 min、4 min 和 6 min。通过此试验探究加热温度不同保持时间对烤烟烟叶香气释放的影响，并确定加热温度保持时间参数。

（3）通过以上三个试验得出 EGA/PY-3030D 热裂解器的裂解方法，用此方法裂解烤烟云 87 烟叶（C3F，云南临沧），做三次平行试验，若几种主要香气成分含量相对偏差均<10%，则认为方法可用。

3.1.1.4 气相色谱质谱方法

柱子类型为：DB-5MS（60 m×0.32 mm×1 μm）毛细管柱。分流比：20:1；进样口温度：300 ℃；氦气流速：1.5 mL/min；升温程序：起始温度为 40 ℃，保持 5 min，

以 5 ℃/min 的速率升到 300 ℃，保持 25 min，总运行时间为 82 min。GC-MS 接口（AUX）温度：280 ℃；电子轰击（EI）：70 eV。离子源温度：230 ℃；四级杆温度：150 ℃；质量扫描范围：30~500 m/z。香气成分的定性采用 NIST 谱库检定性并参考烟草或烟气中已存在香气化合物进行筛选，采用相对面积法进行半定量。

3.1.2 不同升温速率条件下香气释放的差异

香气化合物在不同升温速率条件下的释放情况见表 3-1。三种升温速率条件下检测到香气化合物的种类相同。有 28 种香气化合物在三种升温速率条件下都能被检测到，将这 28 种化合物进行分类，具体分类情况见表 3-2。结合云 87 在 400 ℃/min、500 ℃/min、600 ℃/min 裂解产物气相色谱图（图 3-2、图 3-3、图 3-4）可知，检测到的醇类（西柏三烯二醇、叶绿醇）和酸类物质（棕榈酸、肉豆蔻酸、十五酸）均为分子量较大的化合物。酮类、酯类、呋喃类、醛类物质所包含的化合物分子量较小。从各类物质所包含的化合物来看，呋喃类、酮类这两类物质涵盖了 50% 以上的香气化合物。将呋喃类和酮类物质中几种主要化合物（相对含量>1%）的释放量进行比较，在 500 ℃/min 的条件下，5-羟甲基糠醛（5-HMF）以及 2,3-二氢-3,5-二羟基-6-甲基-4（4H）-吡喃-4-酮（DDMP）的相对释放量均低于 600 ℃/min 而高于 400 ℃/min。羟基丙酮、糠醛、5-甲基糠醛这些化合物在 500 ℃/min 释放量最高，而 1,3-二酮环戊烯、糠醇、2-呋喃酮的相对释放量在 400 ℃/min 升温速率条件下最高。

各类化合物的释放总量如图 3-5 所示。对于烤烟烟叶释放出来的香气物质总量，呋喃类>酮类>醇类>酸类>醛类>酯类。在香气释放量上，呋喃类、酯类、醛类、酮类、酸类以及醇类在不同升温速率的条件下稍有差异。在三个升温速率条件下，烤烟烟叶云 87 释放出来呋喃类物质的相对含量（>50%）几乎是酮类物质相对含量的 2 倍。呋喃类物质在 600 ℃/min 条件下的相对含量为 54.7%，稍高于 400 ℃/min（52.9%）和 500 ℃/min（52.4%）。在不同升温速率条件下，烤烟烟叶云 87 释放出来酮类物质与呋喃类物质均为 600 ℃/min 高于 500 ℃/min、400 ℃/min。醇类物质在 400 ℃/min 的条件下释放量最高，醛类、酯类不同升温速率条件下释放量无差异。

呋喃类和酮类物质不仅包含了裂解产物中 50% 以上的香气化合物，而且二者的释放总量最高。作为主要的香气物质，呋喃类和酮类物质的相对释放总量均在 600 ℃/min 最高，将 600 ℃/min 设定为升温速率。

表 3-1 不同升温速率条件下香气成分的释放

保留时间/min	化合物英文名称	化合物中文名称	相对含量/%		
			400/(℃/min)	500/(℃/min)	600/(℃/min)
10.0	1-Hydroxy-2-propanone	羟基丙酮	3.7	3.8	3.3
11.1	2,3-Pentanedione	2,3-乙酰基丙酮	0.2	0.1	0.3

(续表)

保留时间/min	化合物英文名称	化合物中文名称	相对含量/%		
			400/(℃/min)	500/(℃/min)	600/(℃/min)
11.2	Pentanal	戊醛	0.2	0.2	0.1
13.7	1-Penten-3-one	1-戊烯-3酮	0.6	0.4	0.5
15.0	Methyl pyruvate	丙酮酸甲酯	0.2	0.2	0.3
17.0	Furfural	糠醛	9.5	9.6	9.3
17.2	4-Cyclopentene-1,3-dione	1,3-二酮环戊烯	2.9	2.1	2.9
17.8	2-Furanmethanol	糠醇	4.8	3.3	3.8
18.4	5-Methyl-2-furanone	5-甲基-2-呋喃酮	0.7	0.1	0.3
20.1	2-Furanone	2-呋喃酮	1.3	1.6	2.0
20.2	Butyrolactone	丁内酯	0.8	0.4	0.6
20.7	1,2-Cyclopentanedione	1,2-环戊二酮	2.9	2.1	2.9
21.2	Dihydro-3-methylene-2,5-furandione	3-亚甲基-2,5-呋喃二酮	0.1	0.1	0.1
22.1	5-Methyl-2-furancarboxaldehyde	5-甲基糠醛	2.1	2.5	2.1
22.4	Benzaldehyde	苯甲醛	0.5	0.4	0.5
23.6	Octanal	辛醛	0.2	0.2	0.1
26.3	2,5-Furandicarboxaldehyde	2,5-二甲基呋喃醛	2.0	2.3	2.6
27.1	Nonanal	壬醛	2.6	2.4	2.7
27.5	Maltol	麦芽酚	0.5	0.6	0.6
28.8	Pyranone	2,3-二氢-3,5-二羟基-6-甲基-4(4H)-吡喃-4-酮	14.1	16.3	18.4
30.9	5-Hydroxymethylfurfural	5-羟甲基糠醛	31.1	32.6	33.9
44.7	Tetradecanoic acid	肉豆蔻酸	0.3	1.0	0.3
45.9	Phytol	叶绿醇	6.9	6.4	3.2
46.9	Pentadecanoic acid	十五酸	0.3	0.4	0.2

(续表)

保留时间/min	化合物英文名称	化合物中文名称	相对含量/% 400/(℃/min)	500/(℃/min)	600/(℃/min)
49.9	Scopoletin	香豆素	1.8	1.7	2.8
49.0	n-Hexadecanoic acid	棕榈酸	3.1	5.1	3.6
51.5	Duvatrienediol-1	西柏三烯二醇-1	1.8	1.4	1.3
51.9	Duvatrienediol-2	西柏三烯二醇-2	1.6	1.6	1.7
52.2	Duvatrienediol-3	西柏三烯二醇-3	2.9	1.9	1.3

表3-2 香气化合物分类

化合物分类	所属化合物名称
呋喃类	糠醛、糠醇、5-甲基糠醛、麦芽酚、2,5-二甲基呋喃醛、3-亚甲基-2,5-呋喃二酮、2-呋喃酮、5-甲基-2-呋喃酮
酮类	羟基丙酮、2,3-乙酰基丙酮、1-戊烯-3-酮、1,3-二酮环戊烯、1,2-环戊二酮、2,3-二氢-3,5-二羟基-6-甲基-4(4H)-吡喃-4-酮、2,3-二氢吡喃酮、茄酮、2,3,6-三甲基-1,4-萘二酮
醇类	叶绿醇、西柏三烯二醇-1、西柏三烯二醇-2、西柏三烯二醇-3
酸类	葵酸、肉豆蔻酸、十五酸、棕榈酸
醛类	戊醛、苯甲醛、辛醛、壬醛
酯类	丙酮酸甲酯、丁内酯、香豆素

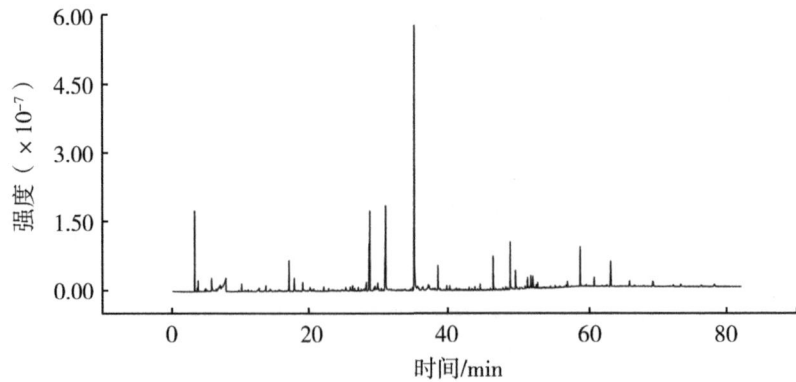

图3-2 400 ℃/min 云87裂解产物气相色谱图

3 加热卷烟烟叶原料质量评价体系构建

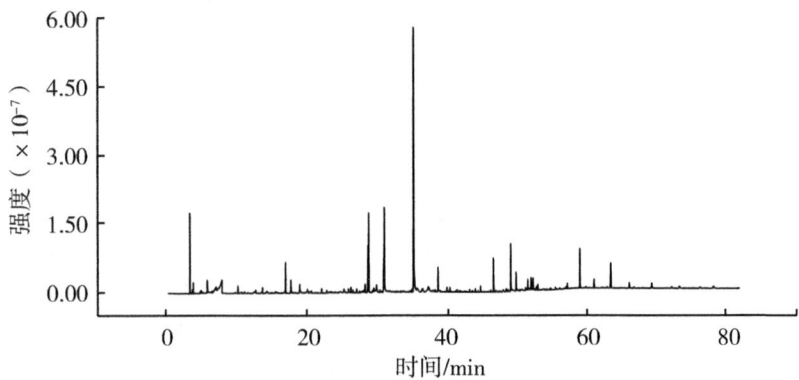

图 3-3　500 ℃/min 云 87 裂解产物气相色谱图

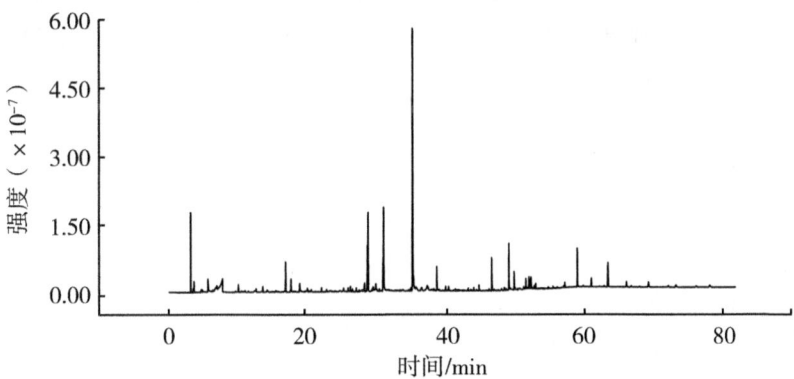

图 3-4　600 ℃/min 云 87 裂解产物气相色谱图

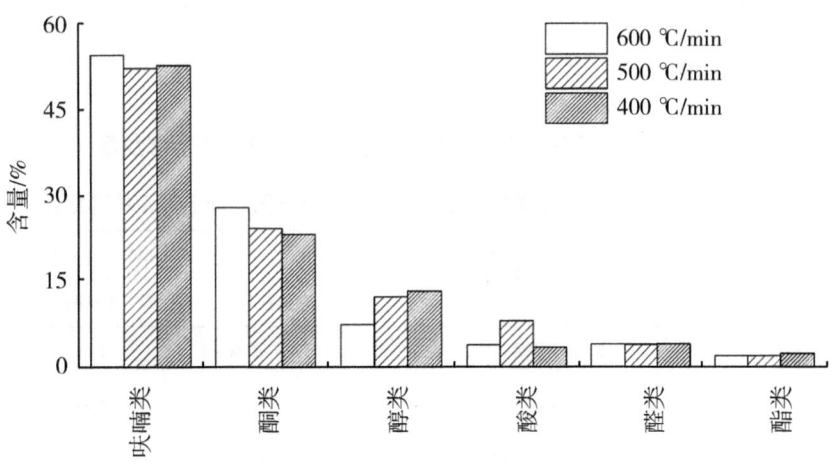

图 3-5　各类香气物质在不同温度条件下的释放量

3.1.3 不同加热时间条件下香气释放的差异

加热温度保持时间为 2 min、4 min、6 min 的条件下,检测到化合物的种类没有差异。各类香气物质的释放量如图 3-6 所示。加热温度保持 4 min 的条件下,烤烟烟叶呋喃类物质释放量高于加热温度保持 2 min 的条件。终温度保持 4 min 和 6 min 的条件下,呋喃类物质相对释放量差异不大。在加热温度保持不同时间的条件下,酮类物质的释放量几乎无差异。酸类、醛类物质的释放量在加热温度保持 2 min 的条件下高于 4 min、6 min。加热温度保持时间不同对醇类物质的释放量无影响。

呋喃类、酮类物质中主要的化合物(相对含量>1%)见表 3-3。5-HMF 在加热温度保持时间为 4 min 和 6 min 条件下,其相对含量分别为 33.34% 和 34.06%,而在终温度保持时间为 2 min 的条件下最低为 24.69%。其他呋喃和酮类化合物的相对含量在不同保持时间的条件下几乎没有差异。根据呋喃类物质的在终温度不同保持时间条件下释放规律,终温度保持时间这项参数设定为 4 min。作为主要的香气物质,呋喃类和酮类物质的相对释放总量在加热温度保持 4 min 的条件下最高,将 4 min 设定为加热温度不同保持时间。

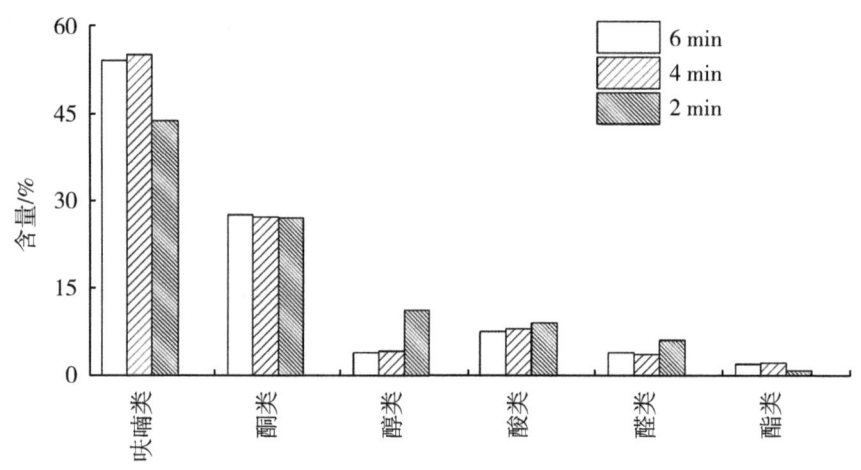

图 3-6　各类香气物质在 350 ℃保持不同时间条件下的释放量

表 3-3　呋喃类和酮类主要化合物在 350 ℃保持不同时间条件下的释放量

保留时间/min	化合物名称	相对含量/%		
		6 min	4 min	2 min
10.0	羟基丙酮	4.3	4.4	4.2
17.2	1,3-二酮环戊烯	2.9	3.0	2.8
28.6	2,3-二氢-3,5-二羟基-6-甲基-4(4H)-吡喃-4-酮	18.7	19.0	18.2

(续表)

保留时间/min	化合物名称	相对含量/%		
		6 min	4 min	2 min
16.9	糠醛	9.4	10.0	9.2
17.6	糠醇	3.9	4.0	4.1
20.0	2-呋喃酮	1.7	1.7	1.7
22.0	5-甲基糠醛	2.1	2.2	1.7
30.9	5-羟甲基糠醛	33.3	34.1	24.7

3.1.4 PY-GC/MS 低温热裂解方法可用性评价

根据以上关于仪器方法的探究试验结果，将裂解器的仪器参数即初始温度 30 ℃，升温速率设定为 600 ℃/min，终止温度设定为 350 ℃，终止温度保持时间为 4 min。以云烟 87 为材料用此方法做三次平行试验，计算呋喃类和酮类物质中 8 种主要化合物的相对标准偏差（表 3-4），8 种化合物的相对标准偏差均<10%，证明该方法可用。

表 3-4 呋喃和酮类主要化合物在优化方法条件下香气释放量

保留时间/min	化合物名称	相对含量/%			
		1	2	3	RSD
10.0	羟基丙酮	5.0	5.2	5.0	2.0
17.2	1,3-二酮环戊烯	3.2	3.3	3.0	5.0
28.6	2,3-二氢-3,5-二羟基-6-甲基-4（4H）-吡喃-4-酮	22.3	21.2	22.0	2.5
16.9	糠醛	9.3	10.2	9.4	5.2
17.6	糠醇	5.5	6.0	5.5	5.7
20.0	2-呋喃酮	2.1	2.4	2.1	7.9
22.0	5-甲基糠醛	2.2	2.0	2.1	4.9
30.9	5-羟甲基糠醛	37.3	32.1	38.7	9.6

在进行加热不燃烧卷烟烟气中化合物的研究时，多采用自制吸烟机即抽吸捕集烟气后进行化学分析（赵光飞等，2019）。此方法无论是样品前处理过程还是化学分析过程都较复杂。在样品前处理过程中需要将烟叶切丝再卷制成烟支，在化学分析过程中需要用二氯甲烷多次萃取剑桥滤片上捕集到的烟气。另外，吸烟机在抽吸过程中产生的烟气会溢散到周围空气中，损失量较大，对于一种烟叶材料往往需要多次捕集。吸烟机抽吸

捕集烟气虽比较接近烟支抽吸状态，但操作过程烦琐，不能满足快速、便捷测定烟叶原料释放物的要求。热裂解-气质联用仪（PY-GC/MS）样品前处理简单，只需加烟叶去梗磨碎制成烟末即可。将烟末样品放入热裂解器的样品杯中，设定裂解程序和GC-MS程序即可完成检测。因此，本研究以PY-GC/MS为基础，以加热不燃烧卷烟加热温度及仪器参数设定为切入点，旨在探究出用EGA-3030D热裂解器在低温（350℃）条件下快速裂解烤烟烟叶的方法。

利用PY/GC-MS技术探究了云87烤烟烟叶（云南临沧，C3F）在不同升温速率、350℃不同保持时间条件下，热裂解产物中香气物质的释放差异。通过研究确定了用EGA-3030D热裂解器低温裂解烤烟烟叶原料的方法：称取0.1 mg烟末样品于样品杯中，并在烟末样品上铺两层石英棉。选择空气氛围，冷肼在-176℃条件下进行捕集。设定裂解程序为：初始温度30℃，升温速率设定为600℃/min，终止温度设定为350℃，保持4 min。

3.2 标准样品校正方法研究

加热卷烟感官质量是烟支利用电子装置加热烟草发挥出烟气，从而对人体感官产生的综合感觉，是加热卷烟产品质量的重要组成部分，是产品质量的基础和核心。对于加热卷烟感官质量的评价，不能使用检测仪器，只能通过有经验的加热卷烟感官质量评委进行评价，由于感官评吸委员专业水平和评吸技能等方面存在较大的差异，评吸水平高低也不尽相同。不同评吸人员评吸水平的高低主要体现在评吸结果的准确性和稳定性两个方面。对于每位评吸人员来说，若其评吸结果的准确性和稳定性好，则表明其评吸水平高。所以，在加热卷烟样品评吸时，需通过对市场上已有的烟弹（标准样品）在加热条件下的质量特征进行研究，全面分析现有烟叶原料的评价体系缺陷，进行应用效果校正评价与验证。

3.2.1 试验材料

选择市场主流6种不同品牌的原味加热卷烟样品，具体信息见表3-5。

表3-5 加热卷烟品牌样品信息

产品名称	型号说明	数量
Kent/dunhill-浓原味	万宝路浓原味 REGULAR	3
Kent/dunhill-原味	HEETS韩版新款琥珀 AMBER SELECTION	3
万宝路-balanced regular 口味，菲莫公司	淡原味 BALANCED REGULAR	3
Fiit-change 香味，KT&G	Fiit-change 香味，KT&G	3
HHET-浓原味 菲莫国际	HHET-浓原味 菲莫国际	3
白肋百乐门-原味 菲莫国际	白肋百乐门-原味 菲莫国际	3

3.2.2 方法

3.2.2.1 评吸员评吸水平的测试

为准确评价每位评吸员综合评吸水平,首先应根据卷烟感官质量评价标准体系的相关要求,组织全体拟被评价的评吸员进行评吸水平测试,以获取用于评价其综合评吸水平的基础数据。原则上应采用卷烟感官标样烟作为评吸水平的评吸样品,但是加热卷烟烟叶评吸有着特殊性,因此,本次样品校正试验是由上海新型烟草、中国农业科学院烟草研究所、上海烟草集团、湖北中烟、云南中烟以及湖北新业烟草薄片六家单位的评吸专家组成。

3.2.2.2 评吸评分的准确性评价

评吸评分的准确性是指评吸人员在不同时间评吸标准样品时,单项指标的评吸评分相对标准样品标准分值的误差绝对值的大小。

表征方法:首先计算同一时间同一样品的各单项指标的评吸评分相对于标准分值的误差绝对值;然后计算不同时间误差绝对值的平均值即评吸评分的准确性评价指数。评吸评分的误差绝对值:

$$\varepsilon_{ij} | X_{ij} - \mu_i |$$

式中:ε_{ij} 为单项指标 i 第 j 次评吸评分的误差绝对值;X_{ij} 为单项指标 i 第 j 次评吸评分;μ_i 为单项指标 i 的标准分值。

评吸评分的准确性评价指数,即:单项指标评吸评分的误差绝对值的平均值:

$$\overline{\varepsilon} = \frac{1}{n} \sum_{j=1}^{n} \varepsilon_{ij}$$

式中:$\overline{\varepsilon}$ 单项指标 i 的 n 次评吸评分的误差绝对值的平均值。

3.2.2.3 评吸评分的稳定性评价

评吸评分的稳定性是指评吸人员在不同时间评吸标准样品时,对同一单项指标的评吸评分相对于标准样品标准分值的误差绝对值的大小。

表征方法:首先计算同一时间同一样品的各单项指标的评吸评分相对于标准分值的误差绝对值;然后计算不同时间评分误差绝对值的标准偏差即评吸评分的稳定性评价指数。评吸评分的稳定性评价指数,即:单项指标评吸评分的误差绝对值的标准偏差:

$$s_i = \sqrt{\frac{\sum_{j=1}^{n} (\varepsilon_{ij} - \overline{\varepsilon_{ij}})^2}{n-1}}$$

式中:s_i 单项指标 i 的 n 次评吸评分误差绝对值的标准偏差。

3.2.2.4 评吸结果

5位评审专家的评吸结果见表3-6。不同品牌的加热卷烟烟弹校正标准得分分别为香气特性——香气质9分、香气特性——香气量9分、香气特性——杂气9分、生理强度——劲头9分、口感表现——干燥感9分、口感表现——苦涩感9分、口感表现——残留9分、稳定性9分。

表 3-6 加热卷烟原料标准样品打分表

编号	香气特性						生理强度			口感表现									稳定性			总分
	香气质			香气量			杂气			劲头			干燥感			苦涩感			残留			
	A	B	C	A	B	C	A	B	C	A	B	C	A	B	C	A	B	C	A	B	C	
	9	6	3	9	6	3	9	6	3	9	6	3	9	6	3	9	6	3	9	6	3	

3.2.2.5 小结

（1）同一评吸员对不同评吸指标评分的误差绝对值存在较大差异，不同评吸员对同一评吸指标评分的误差绝对值同样存在显著差异。评价评吸员评吸评分的准确性应综合考虑各单项评吸指标评分的准确性。对评吸评分结果进行综合评价时应赋予不同评吸员不同权重，能更真实地表征卷烟产品的感官评吸质量。

（2）评吸评分的准确性评价指数可以较为准确地表征每位评吸员在一定时期内评吸评分的准确性。对于每位评吸员，各项指标评分相对标准分的误差绝对值的平均值越小，则表明该评吸员评吸评分的准确性越高。

（3）评吸评分的稳定性评价指数可以较为准确地表征每位评吸员在一定时期内评吸评分的稳定性。对于每位评吸员，各项指标相对标准分的误差绝对值的标准偏差越小，则表明该评吸员评吸评分的稳定性越高。

（4）评吸员评分的准确性与稳定性存在较强的相关性。对于一个评吸员而言，若其评分的准确性高，则往往其评分的稳定性也会较高。评吸员评分的稳定性略好于其评分的准确性。

综上所述，以不同品牌加热卷烟制品感官质量评价数据为导向，通过多次稳定和准确的评吸，明确了加热卷烟校正样品的分值，提出了一种加热卷烟标准样品校正方法，为后续科学评吸加热卷烟烟叶原料分值校正提供了试验基础。

4 不同类型烟草原料加热卷烟适用性研究

本章分别考察了国内 6 种类型烟草原料、湖南郴州 13 个主要等级烤烟国标仿制样品对加热卷烟的适用性，评价结果显示，烤烟、晒黄烟、香料烟总体在香气特性和口感表现上各有所长，对于加热卷烟的适用性较高，适合互相搭配后应用于加热卷烟中；晒红烟、雪茄烟香气特性尚可，但口感表现不佳，适用性中等，可着重利用其香气特性较好的优势，并对其口感表现进行修饰；白肋烟香气特性、口感表现均不佳，对于加热卷烟适用性不高；C2F、C3F 等级烤烟烟叶加工的加热卷烟感官质量最优且香气、口感、刺激性指标得分较高；使用 B3F、B4F 等级烟叶制作的加热卷烟整体感官质量较差；B1F、B2F、B3F 等级烟叶制作的加热卷烟劲头指标得分显著高于其他等级烟叶。

4.1 国内不同类型烟草原料加热卷烟适用性研究

目前，国内外对加热卷烟核心原料的研究较少，缺乏针对不同类型烟叶原料在加热体系下的质量特征表现的系统研究，限制了加热卷烟原料的开发与利用。本章以收集的烤烟、晒黄烟、晒红烟、雪茄烟、白肋烟、香料烟烟叶为原料，系统开展质量评价，以期获得不同类型烟草原料在加热体系下的质量特征，为加热卷烟原料的使用价值明确和质量优化提升提供理论依据和技术支撑。

4.1.1 材料与方法

4.1.1.1 试验材料

试验材料为 2019—2020 年收集的 75 份不同类型烟叶原料样品，包括烤烟、晒黄、晒红、香料、雪茄、白肋 6 种类型，样品具体信息如表 4-1 所示。

表 4-1 收集的 75 份烟叶样品信息

类型	数量	产地
烤烟	36	云南、贵州、湖南、山东、辽宁、吉林、四川
晒黄	8	广东、广西
晒红	21	吉林、辽宁、湖北、山东、云南、四川、湖南
香料	3	云南
雪茄	5	四川
白肋	2	湖北
合计	75	

4.1.1.2 试验方法

（1）样品预处理

原烟样品去梗、干燥、粉碎、过筛至200~300目烟草粉末。

（2）常规化学成分检测

按照YC/T 159—2002《烟草及烟草制品水溶性糖的测定》、YC/T 160—2002《烟草及烟草制品总植物碱的测定》、YC/T 162—2011《烟草及烟草制品氯的测定》、YC/T 161—2002《烟草及烟草制品总氮的测定》、YC/T 217—2007《烟草及烟草制品钾的测定》等行业标准分别进行总植物碱、总糖、还原糖、总氮、钾、氯含量测定。

（3）烟草粉末香味成分检测

①有机酸

检测指标：乳酸、草酸、丙二酸、苹果酸、棕榈酸、硬脂酸、柠檬酸、油酸、亚油酸。

准确称取100 mg烟末置于15 mL试管中，加入2 mL 10%硫酸-甲醇溶液和100 μL己二酸内标溶液（2.000 g己二酸用甲醇溶解后定容至100 mL），密封，振荡5 min，室温放置过夜，进行甲酯化反应。然后加入5 mL去离子水，5 mL二氯甲烷，旋紧旋盖，振荡萃取后离心（3000转/分钟，离心5 min）取下层清液进GC分析。

②多酚

检测指标：绿原酸、芸香苷、莨菪亭。

按照YC/T 202—2006《烟草及烟草制品多酚类化合物绿原酸、莨菪亭和芸香苷的测定 高效液相色谱法》测定。

③类胡萝卜素

检测指标：叶黄素、胡萝卜素。

按照YC/T 382—2010《烟草及烟草制品中类胡萝卜素的测定 高效液相色谱法》测定。

④中性香味成分

检测指标：茄酮、降茄二酮、香叶基丙酮、β-紫罗兰酮、氧化紫罗兰酮、巨豆三烯酮、3-羟基-β-二氢大马酮、3-氧代-α-紫罗兰醇、二氢猕猴桃内酯、新植二烯。

⑤烟气香味成分检测

采用中心切割二维气相色谱-质谱法，分析测定加热卷烟烟气粒相物香味成分，具体步骤如下：每张剑桥滤片捕集4支烟的烟气粒相物，每2张滤片置于锥形瓶中，加入10 mL甲基叔丁基醚溶剂和100 μL混标溶液，密封振荡30 min后取上层清液至色谱瓶，上机继续分析。

分析条件：一维柱：DB-5MS色谱柱，恒流1.9 mL/min；二维柱：DB-WAX色谱柱，恒流1.9 mL/min；进样口温度：250 ℃；进样量：3 μL；进样模式：不分流进样；不分流时间：1 min；吹扫流量：50 mL/min；中心切割时间：切割1（5.1~10.0 min），切割2（10.0~16.6 min），切割3（16.6~23.5 min），切割4（23.5~30.5 min）。一维升温程序：4段切割初温皆为45 ℃（保持2 min），并以6 ℃/min的速率升温，切割1升至93 ℃，切割2升至132.6 ℃，切割3升至174 ℃，切割4升至216 ℃，然后快速降温至 60 ℃（切割 1、切割 2）或 80 ℃（切割 3、切割 4）。二维升温程序：切割 1 以 4 ℃/min 的速率升至 180 ℃，后以 10 ℃/min 的速率升至 230 ℃（20 min）；切割 2、切割 3 皆以 4 ℃/min 的速率升至 230 ℃（20 min）；切割 4 以 4 ℃/min 的速率升至 230 ℃（30 min）。GC/MS 接口温度：240 ℃；电子能量：70 eV；EI 源温度：230 ℃；四级杆温度：150 ℃；质量扫描范围：33～400 m/z；采用提取离子法积分峰面积。

⑥感官质量评价

将不同烟叶样品粉末、超纯水、丙三醇、羧甲基纤维素钠以 40∶29∶10∶1 的质量比均匀混合后利用辊压法制得厚度约 0.15 mm 的再造烟叶，切割成宽约 1 mm 烟丝后填充于加热卷烟烟管中制成加热卷烟烟支。对制成的加热卷烟烟支进行感官质量评价（9 分制），评价指标包括香气质、香气量、杂气、劲头、刺激性、干燥感、苦涩感、残留、稳定性，感官质量总分为除劲头和稳定性外其余 7 项之和。评分细则如表 4-2 所示。

表 4-2 加热卷烟原料感官质量评价标准

分值	香气质	香气量	杂气	劲头	刺激性	干燥感	苦涩感	残留	稳定性
7～9	较好至好	较充足至充足	无至微有	较大至大	无至微有	无至弱	无至弱	较净较舒适至纯净舒适	较稳定至稳定
4～6	稍好至尚好	稍有至尚足	稍有至有	中等至稍大	稍有至有	稍有至有	稍有至有	稍净稍舒适至尚净尚舒适	稍稳定至尚稳定
1～3	差至较差	少至微有	较重至重	小至较小	较大至大	较强至强	较强至强	不净不舒适至欠净欠舒适	不稳定至欠稳定

4.1.2 不同类型烟叶常规化学成分差异分析

目前，常规化学成分检测主要有烟碱、总糖、还原糖、总氮、钾、氯等，并以此计算出两糖比、氮碱比、糖碱比、钾氯比、糖氮比等衍生指标来评判烟叶的化学成分及其协调性。由图 4-1、图 4-2 可以得出：

（1）在烟碱方面，白肋烟和晒红烟烟碱较高，香料烟烟碱最低，不同类型烟叶烟碱含量排序为白肋烟>晒红烟>晒黄烟>烤烟>雪茄烟>香料烟；

（2）在总糖方面，烤烟总糖最高，其次为晒黄烟和香料烟，雪茄烟总糖较低，白肋烟总糖最低，几乎为 0，不同类型烟叶总糖含量排序为烤烟>晒黄烟>香料烟>晒红烟>雪茄烟>白肋烟；

（3）不同类型烟叶总钾含量排序为白肋烟>雪茄烟>香料烟>晒红烟>晒黄烟≈烤烟；

（4）不同类型烟叶总氯含量排序为雪茄烟>香料烟>白肋烟>晒红烟>烤烟>晒黄烟；

（5）两糖比排序为香料烟>晒黄烟≈烤烟>雪茄烟≈晒红烟>白肋烟；

（6）氮碱比排序为香料烟>雪茄烟>白肋烟≈晒红烟>烤烟>晒黄烟；

（7）糖碱比排序为香料烟>烤烟>晒黄烟>晒红烟>雪茄烟>白肋烟；

（8）钾氯比排序为晒黄烟>烤烟>白肋烟>晒红烟>香料烟>雪茄烟；

（9）糖氮比排序为烤烟>晒黄烟>香料烟>晒红烟>雪茄烟>白肋烟。

从不同类型烟叶常规化学成分结果来看不同类型烟叶常规化学成分差异较大，晒黄烟与烤烟常规化学成分最为相似。

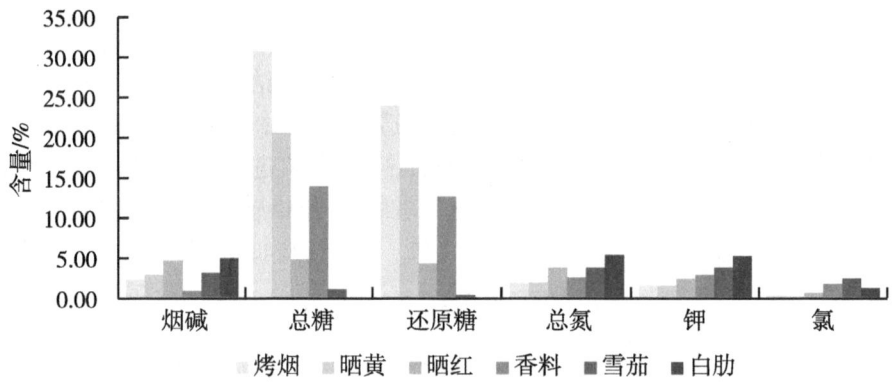

图 4-1 不同类型烟叶常规化学成分含量

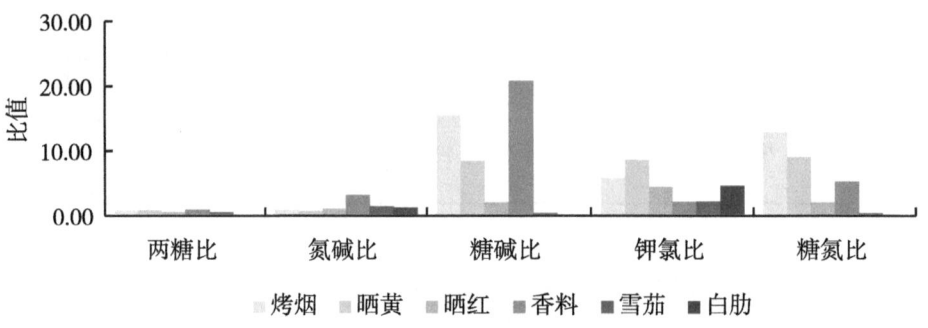

图 4-2 不同类型烟叶常规化学成分比值

4.1.2.1 方差分析

不同类型烟叶常规化学成分方差分析结果如表 4-3 所示。从表中可以看出，不同类型烟叶在各项常规化学成分及其衍生指标上均存在显著差异。在主要常规化学成分方面，白肋烟、晒红烟烟碱含量较高，烤烟、晒黄烟、雪茄烟次之，香料烟烟碱含量最低；烤烟总糖和还原糖含量最高，晒黄烟、香料烟次之，晒红烟、雪茄烟总糖和还原糖含量较低，白肋烟总糖和还原糖含量极低，几乎为 0。

表 4-3 不同类型烟叶常规化学成分方差分析　　　　　　　　　　　　　单位：%

类型	烟碱	总糖	还原糖	总氮	钾	氯	两糖比	氮碱比	糖碱比	钾氯比	糖氮比
烤烟	2.35b	30.76a	23.98a	1.95d	1.63c	0.36c	0.78a	0.90c	15.52a	5.78b	12.93a
晒黄	2.92ab	20.55b	16.22b	1.90d	1.58c	0.23c	0.80a	0.71c	8.41b	8.55a	9.03b
晒红	4.29a	4.76c	3.90c	3.72b	2.28b	1.15b	0.44b	1.23bc	2.20a	4.00bc	1.86c
香料	0.88b	13.92b	12.62b	2.56cd	2.90b	1.80ab	0.91a	3.16a	20.76a	2.15bc	5.25bc

（续表）

类型	烟碱	总糖	还原糖	总氮	钾	氯	两糖比	氮碱比	糖碱比	钾氯比	糖氮比
雪茄	2.16b	1.13c	0.57c	3.65bc	4.16a	3.29a	0.49ab	1.74b	0.56c	1.30c	0.17c
白肋	4.97a	0c	0c	5.35a	5.25a	1.27b	0b	1.26bc	0c	4.59bc	0c

注：同列不同小写字母表示差异达5%显著水平。

4.1.2.2 相关分析

对常规化学成分各项指标进行简单相关分析表明（表4-4），各指标之间存在相关性，烟碱与总氮呈极显著正相关，总糖与还原糖呈极显著正相关，总氮与总糖或还原糖均呈极显著负相关，与传统认知经验保持一致，表明取样具有代表性。

表4-4 常规化学成分简单相关分析

	烟碱	总糖	还原糖	总氮	总钾	总氯
烟碱		-0.504**	-0.482**	0.581**	0.042	-0.224
总糖			0.981**	-0.855**	-0.539**	-0.442**
还原糖				-0.859**	-0.533**	-0.466**
总氮					0.618**	0.259
总钾						0.189
总氯						

注：* 表示相关性达到显著水平（$P<0.05$）；** 表示相关性达到极显著水平（$P<0.01$）。

4.1.2.3 主成分分析

不同类型烟草常规化学成分指标主成分分析结果如图4-3所示。从图中可以看出，

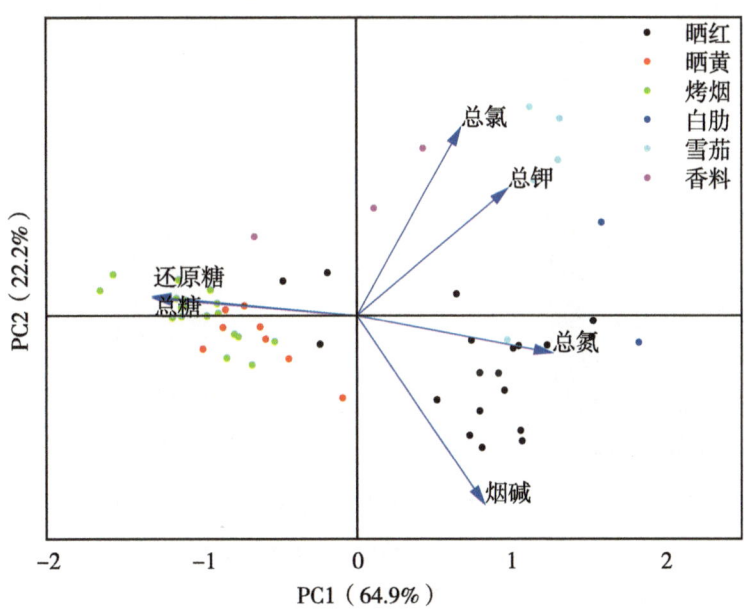

图4-3 不同类型烟叶常规化学成分主成分分析

烤烟、晒黄烟总糖和还原糖含量较高，雪茄烟总钾和总氯含量较高，晒红烟总氮和烟碱含量较高，各类型烟草在常规化学成分指标上呈现显著差异。从常规化学成分分布上可以看出，晒黄烟与烤烟较为相似，其他类型分布各异。

4.1.3 不同类型烟叶粉末香味成分差异分析

4.1.3.1 描述统计

烟草粉末香味成分检测主要包括有机酸、多酚、类胡萝卜素和中性致香成分（表4-5）。

表4-5 不同类型烟草粉末香味成分

类型	有机酸/(μg/g)	多酚/(μg/g)	类胡萝卜素/(μg/g)	中性致香成分/%
烤烟	60.35	25.70	63.87	36.06
晒黄	66.71	13.89	71.66	24.93
晒红	103.82	2.77	70.32	38.55
香料	93.06	16.83	78.09	25.41
雪茄	98.89	0.35	91.02	45.94
白肋	145.33	0.35	80.12	47.17

不同类型烟草粉末香味成分含量各异，烟草粉末香味成分中以有机酸和类胡萝卜素含量较高，多酚含量较低（图4-4），其中，

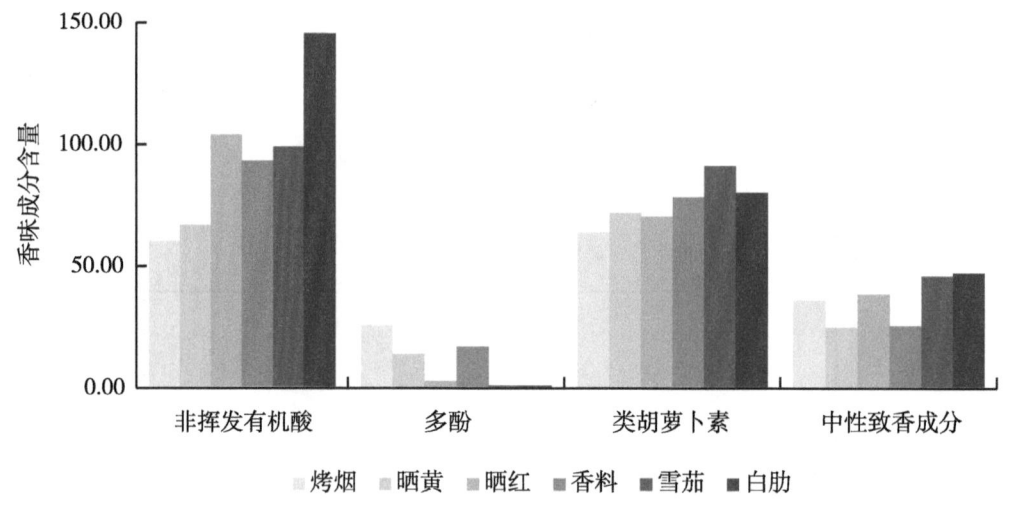

图4-4 不同类型烟草粉末香味成分

注：非挥发有机酸单位为μg/g；多酚单位为mg/g；类胡萝卜素单位为μg/g；中性致香成分单位为%。

①有机酸含量,白肋烟较高,晒红烟、雪茄烟和香料烟次之,烤烟和晒黄烟较低;
②多酚含量,烤烟最高,香料烟和晒黄烟次之,晒红烟和白肋烟最低;
③类胡萝卜素含量,雪茄烟最高,烤烟最低;
④中性致香成分含量,白肋烟和雪茄烟最高,烤烟和晒红烟次之,晒黄烟和雪茄烟最低。

(1) 有机酸

烟草粉末香味成分中的非挥发性有机酸主要包括多元酸(苹果酸、草酸、柠檬酸、丙二酸、乳酸)、饱和脂肪酸(棕榈酸、硬脂酸)和不饱和脂肪酸(油酸、亚油酸)(表4-6)。

表4-6 不同类型烟草粉末中的有机酸 单位:μg/g

类型	苹果酸	草酸	柠檬酸	丙二酸	乳酸	棕榈酸	硬脂酸	油酸	亚油酸	有机酸总量
烤烟	40.34	9.54	4.70	2.28	0.34	1.57	0.27	0.51	0.80	60.35
晒黄	40.70	13.75	6.61	2.44	0.23	1.67	0.28	0.27	0.76	66.71
晒红	41.57	20.52	36.91	3.09	0.14	0.80	0.13	0.26	0.40	103.82
香料	68.68	9.94	8.89	1.81	0.43	1.76	0.25	0.45	0.85	93.06
雪茄	49.36	17.09	27.77	2.40	0.42	0.90	0.08	0.33	0.54	98.89
白肋	40.61	17.08	84.57	1.83	0.15	0.59	0.09	0.20	0.21	145.33

不同类型烟草粉末中的多元酸含量各异,多元酸以苹果酸、草酸、柠檬酸含量较高,丙二酸和乳酸含量较低(图4-5、图4-6),其中,
①苹果酸含量排序为香料烟>雪茄烟>晒红烟≈晒黄烟≈白肋烟≈烤烟;
②草酸含量排序为晒红烟>雪茄烟≈白肋烟>晒黄烟>香料烟>烤烟;

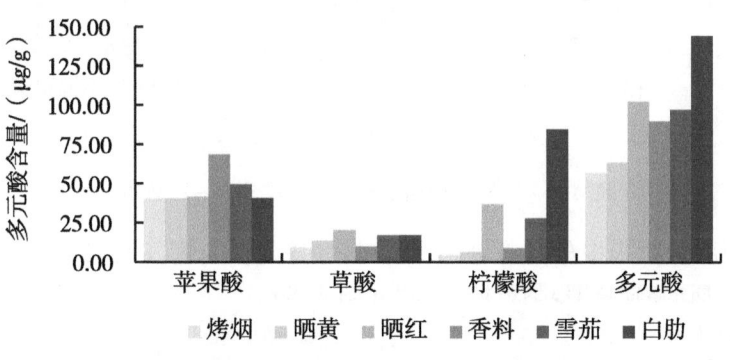

图4-5 不同类型烟草粉末香味成分——多元酸(1)

③柠檬酸含量排序为白肋烟≫晒红烟>雪茄烟>香料烟>晒黄烟>烤烟;
④丙二酸含量排序为晒红烟>晒黄烟≈雪茄烟≈烤烟>白肋烟≈香料烟;
⑤乳酸含量排序为香料烟≈雪茄烟>烤烟>晒黄烟>白肋烟≈晒红烟;

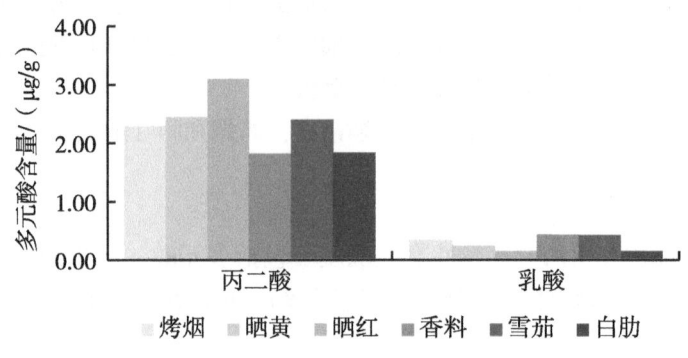

图 4-6 不同类型烟草粉末香味成分——多元酸（2）

⑥多元酸总量排序为白肋烟>晒红烟>雪茄烟>香料烟>晒黄烟≈烤烟。

不同类型烟草粉末中的饱和脂肪酸与不饱和脂肪酸含量各异（图 4-7），其中，
①棕榈酸含量排序为香料烟≈晒黄烟≈烤烟>雪茄烟≈晒红烟≈白肋烟；
②硬脂酸含量排序为晒黄烟≈烤烟≈香料烟>晒红烟≈白肋烟≈雪茄烟；
③饱和脂肪酸含量排序为香料烟≈晒黄烟≈烤烟>雪茄烟≈晒红烟≈白肋烟；
④油酸含量排序为烤烟≈香料烟>雪茄烟>晒黄烟≈晒红烟>白肋烟；
⑤亚油酸含量排序为香料烟≈烤烟>晒黄烟>雪茄烟>晒红烟>白肋烟；
⑥不饱和脂肪酸含量排序为香料烟≈烤烟>晒黄烟≈雪茄烟>晒红烟>白肋烟。

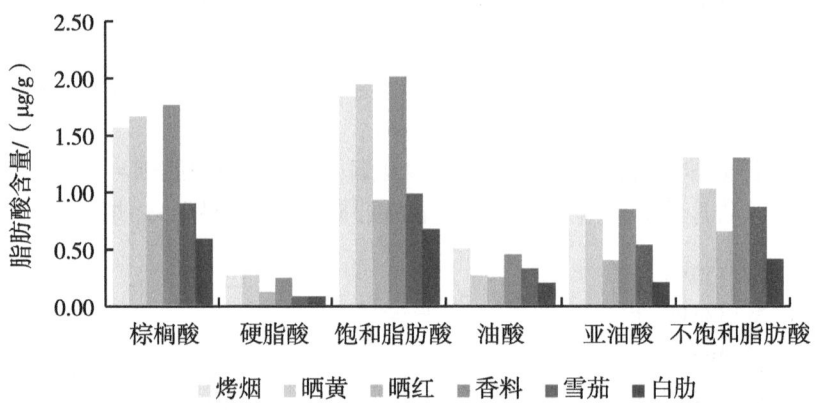

图 4-7 不同类型烟草粉末香味成分——脂肪酸

不同类型烟草粉末中的非挥发有机酸总量各异，非挥发有机酸总量排序为白肋烟>晒红烟>雪茄烟>香料烟>晒黄烟>烤烟（图 4-8）。

（2）多酚

多酚类化合物广泛存在于水果、蔬菜、烟草等植物中，在烟草中全部以葡萄糖苷和酯的形式存在，是烟草重要的次生代谢产物和香气前体物质。在烟叶和烟气中已鉴定出 280 多种多酚物质。绿原酸、芸香苷和莨菪亭是烟草中最主要的多酚类化合物，含量较高，三者占烟草中植物多酚含量的 80% 以上。烟草粉末香味成分中的多酚主要包括绿原酸、莨菪亭、芸香苷（表 4-7）。

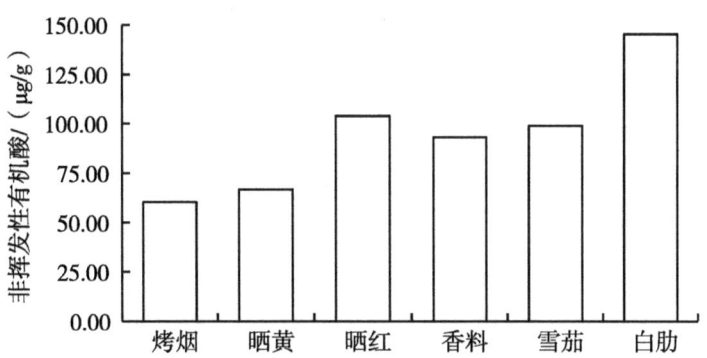

图 4-8 不同类型烟草粉末香味成分——非挥发性有机酸

表 4-7 不同类型烟草粉末中的多酚物质　　　　　　　　　　　　　　　　　单位：mg/g

类型	绿原酸	莨菪亭	芸香苷	多酚总量
烤烟	13.33	0.14	12.24	25.71
晒黄	7.13	0.10	6.67	13.90
晒红	0.67	0.09	2.02	2.78
香料	5.79	0.04	11.00	16.83
雪茄	0.23	0.00	0.11	0.35
白肋	0.08	0.04	0.24	0.36

不同类型烟草粉末中的多酚含量各异，多酚以绿原酸和芸香苷含量较高，莨菪亭含量较低（图 4-9，图 4-10），其中，

①绿原酸含量排序为烤烟>晒黄烟>香料烟>晒红烟>雪茄烟>白肋烟；
②莨菪亭含量排序为烤烟>晒黄烟>晒红烟>香料烟≈白肋烟>雪茄烟；
③芸香苷含量排序为烤烟>香料烟>晒黄烟>晒红烟>白肋烟>雪茄烟；
④多酚总量排序为烤烟>香料烟>晒黄烟>晒红烟>白肋烟≈雪茄烟。

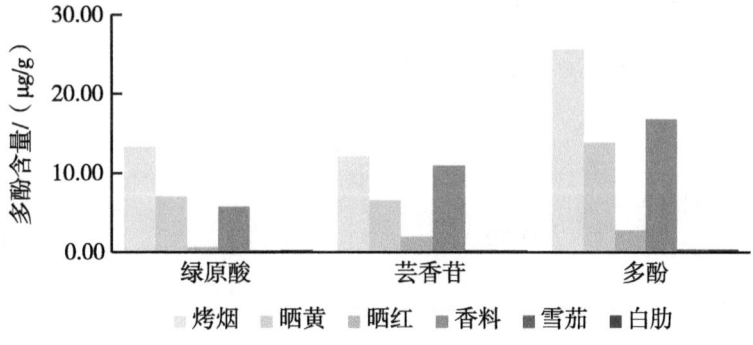

图 4-9 不同类型烟草粉末香味成分——多酚（1）

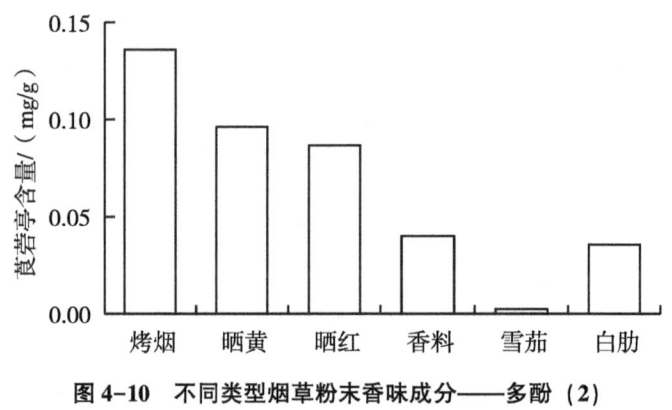

图 4-10　不同类型烟草粉末香味成分——多酚（2）

（3）类胡萝卜素

烟叶中的质体色素可显著影响烟叶品质及其可用性，它不仅决定烤后烟叶的色泽，其降解产物也与烟叶的香气量、香气质密切相关。成熟新鲜烟叶中质体色素主要包括叶绿素和类胡萝卜素。烟叶中类胡萝卜素主要包括胡萝卜素和叶黄素，类胡萝卜素的含量与烟叶质量呈正相关。首先，类胡萝卜素是烤后烟叶呈现黄色品质的物质基础；其次，类胡萝卜素是烟叶许多关键香气成分的前体物质。如果烟叶中的类胡萝卜素含量不足或烘烤过程中降解转化不充分，会导致烤后烟叶的香气质量不佳、刺激性大。类胡萝卜素类降解产物是烤烟中性致香物质的重要组成成分，其降解产生的香味物质阈值相对较低、刺激性较小、香气质较好，能赋予烟叶木香、花香、果香和甜香，对烟叶的品质有重要影响。前人研究结果表明，在烟叶总挥发性香气成分中，类胡萝卜素类降解产物的质量分数占 8%~12%，仅次于叶绿素降解产物，烤后烟叶中类胡萝卜素及降解产物质量分数和协调性，直接影响烤烟的香气风格、香气质和香气量。

烟草粉末香味成分中的类胡萝卜素主要包括胡萝卜素和叶黄素（表 4-8）。

表 4-8　不同类型烟草粉末中的类胡萝卜素　　　　　　　　　　单位：μg/g

类型	叶黄素	胡萝卜素	类胡萝卜素总量
烤烟	39.49	24.39	63.88
晒黄	58.52	13.14	71.66
晒红	57.95	12.38	70.33
香料	66.80	11.29	78.09
雪茄	73.70	17.33	91.03
白肋	59.20	20.91	80.12

不同类型烟草粉末中的类胡萝卜素含量各异，类胡萝卜素中以叶黄素含量较高，胡萝卜素含量较低，如图 4-11 所示：

①叶黄素含量排序为雪茄烟>香料烟>白肋烟≈晒黄烟≈晒红烟>烤烟；
②胡萝卜素含量排序为烤烟>白肋烟>雪茄烟>晒黄烟>晒红烟>香料烟；
③类胡萝卜素总量排序为雪茄烟>白肋烟>香料烟>晒黄烟≈晒红烟>烤烟。

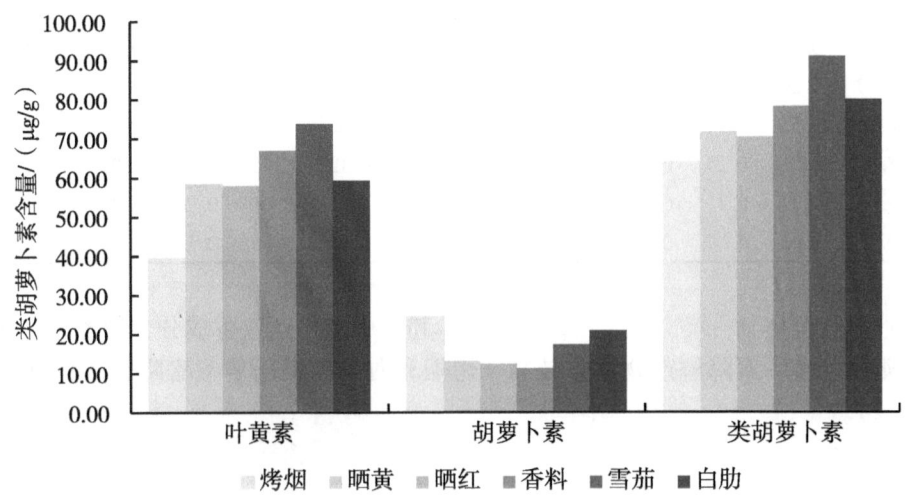

图 4-11　不同类型烟草粉末香味成分——类胡萝卜素

（4）中性致香成分

中性致香成分按烟叶香气前体物分类方法分为苯丙氨酸类、棕色化反应产物、类胡萝卜素类、类西柏烷类和新植二烯 5 类。

烟叶中的类胡萝卜素类降解产物种类较多，香味物质阈值相对较低、香气质较好、刺激性较小、对烟叶香气贡献率较大。把致香物质按致香基团不同的方法进行分类，其中醇类（3-氧代-α-紫罗兰醇）1 种、酯类（二氢猕猴桃内酯）1 种、酮类（β-二氢大马酮、香叶基丙酮、β-紫罗兰酮、巨豆三烯酮 A、巨豆三烯酮 B、巨豆三烯酮 C、巨豆三烯酮 D）7 种，紫罗兰酮可增加烟草的花香香味，二氢猕猴桃内酯可消除刺激性。

新植二烯是叶绿素的降解产物，是含量最丰富的中性致香物质。由于新植二烯香气阈值较高，所以其对香气贡献相对较小，但新植二烯可在醇化过程中进一步分解转化为低分子量的香味物质，有研究表明，新植二烯进一步降解的产物能增加烤烟香气，其降解物具有强烈的清香气，但刺激性较强。新植二烯可能是烟叶形成清香特色的主要因素之一。它是烟草体内一种重要的增香剂，具有携带烟叶中其他挥发性香气物质和致香物质及添加的香气成分进入烟气的作用。

类西柏烷类是烟叶腺毛分泌物的重要成分之一，茄酮是腺毛分泌物西柏烷类的主要降解产物，可以作为衡量烟叶表面分泌物形成香味物质量多少的重要指标。西柏三烯的降解产物有茄酮、降茄二酮等香气物质，茄酮具有新鲜胡萝卜样的愉悦香味，可增加烟草本香，使烟气更加丰满醇和；降茄二酮作为香气的前体物质，对烟叶香气质量的影响较大（表 4-9）。

表4-9 不同类型烟草粉末中的中性致香成分　　　　　　单位:%

类型	α-紫罗兰醇	二氢猕猴桃内酯	β-二氢大马酮	香叶基丙酮	β-紫罗兰酮	氧化紫罗兰酮	巨豆三烯酮1	巨豆三烯酮2	巨豆三烯酮3	巨豆三烯酮4	茄酮	降茄二酮	新植二烯
烤烟	2.08	0.59	0.15	0.02	0.04	0.24	0.02	0.08	0.03	0.09	0.06	0.22	32.45
晒黄	3.97	1.26	0.29	0.03	0.06	0.27	0.03	0.15	0.03	0.15	0.08	0.43	18.18
晒红	8.68	1.52	0.14	0.04	0.08	0.21	0.04	0.26	0.04	0.23	0.07	0.17	27.07
香料	8.49	1.61	0.14	0.02	0.05	0.33	0.02	0.12	0.02	0.12	0.09	0.25	14.15
雪茄	5.33	1.07	0.11	0.05	0.08	0.16	0.05	0.36	0.06	0.28	0.06	0.09	38.24
白肋	0.51	0.96	0.07	0.07	0.05	0.21	0.07	0.15	0.06	0.10	0.08	0.11	44.74

按照香气前体物分类方法，不同类型烟草粉末中的中性致香成分含量各异，晒红烟和香料烟类胡萝卜素降解产物总量较高，烤烟和白肋烟类胡萝卜素降解产物总量较低（图4-12）。

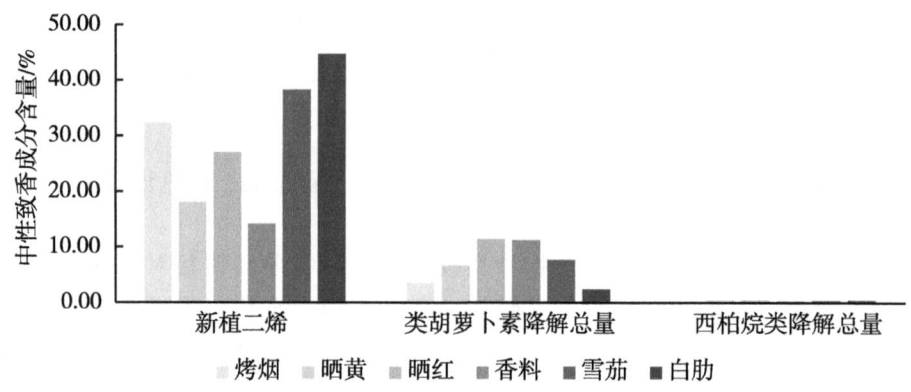

图4-12 不同类型烟草粉末香味成分——中性致香成分（按香气前体物分类）

①新植二烯含量排序为白肋烟>雪茄烟>烤烟>晒红烟>晒黄烟>香料烟；
②类胡萝卜素降解总量排序为晒红烟>香料烟>雪茄烟>晒黄烟>烤烟>白肋烟；
③西柏烷类降解总量排序为晒黄烟>香料烟>烤烟>晒红烟>白肋烟>雪茄烟。

按照致香基团分类方法，不同类型烟草粉末中的中性致香成分含量各异，白肋烟醇类含量最低，新植二烯含量最高，晒红烟和香料烟醇类含量较高，晒黄烟和香料烟新植二烯含量较低（图4-13）。

①醇类含量排序为晒红烟≈香料烟>雪茄烟>晒黄烟>烤烟>白肋烟；
②酯类含量排序为香料烟≈晒红烟>晒黄烟>雪茄烟>白肋烟>烤烟；
③酮类含量排序为晒黄烟>雪茄烟≈晒红烟>香料烟>白肋烟≈烤烟；
④烯类含量排序为白肋烟>雪茄烟>烤烟>晒红烟>晒黄烟>香料烟；
⑤中性致香成分总量排序为白肋烟≈雪茄烟>晒红烟≈烤烟>香料烟≈晒黄烟。

具体到中性致香成分的酮类，晒黄烟β-二氢大马酮和降茄二酮含量较高，雪茄烟和晒红烟巨豆三烯酮含量较高，其他差异不显著（图4-14）。

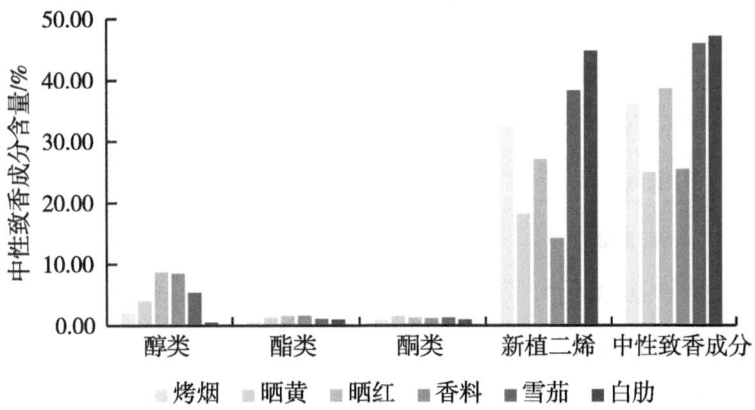

图 4-13　不同类型烟草粉末香味成分——中性致香成分
（按致香基团分类）

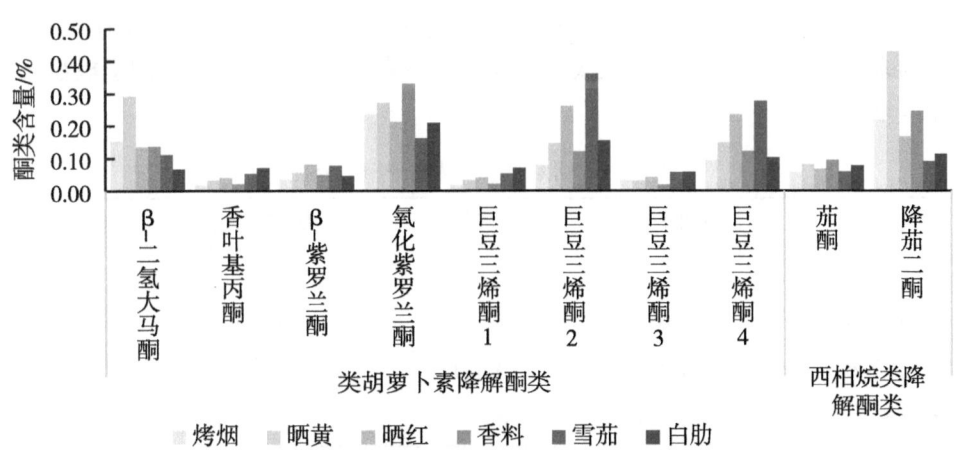

图 4-14　不同类型烟草粉末香味成分—中性致香成分酮类

4.1.3.2　方差分析

不同类型烟草粉末香味成分方差分析结果如表 4-10 所示。从表中可以看出，不同类型烟叶各类粉末香味成分均存在显著差异。粉末香味成分方面，白肋烟有机酸含量最高，晒红烟、雪茄烟、香料烟次之，晒黄烟、烤烟有机酸含量较低，从调制方式来看，晾制>晒制>烘烤；烤烟多酚含量最高，香料烟、晒黄烟次之，晒红烟、白肋烟、雪茄烟多酚含量较低，从调制方式来看，烘烤>晒制>晾制；类胡萝卜素含量由高到低依次为雪茄烟>白肋烟>香料烟>晒黄烟>晒红烟>烤烟，从调制方式来看，晾制>晒制>烘烤；白肋烟、雪茄烟烟叶中性致香成分含量较高，晒红烟、烤烟次之，香料烟、晒黄烟中性致香成分含量较低，从调制方式来看，晾制>烘烤>晒制。

不同类型烟叶有机酸和类胡萝卜素含量均呈现晾制>晒制>烘烤的规律，多酚含量则相反，呈现烘烤>晒制>晾制的规律，中性致香成分含量呈现晾制>烘烤>晒制的规律。

表4-10 不同类型烟草粉末香味成分方差分析

类型	有机酸/（μg/g）	多酚/（mg/g）	类胡萝卜素/（μg/g）	中性致香成分/%
白肋	145.33a	0.35c	80.12a	47.17a
晒红	103.82a	2.77c	70.32a	38.55a
雪茄	98.89ab	0.35c	91.02a	45.94a
香料	93.06abc	16.83b	78.09a	25.41bc
晒黄	66.71bc	13.89b	71.66a	24.93c
烤烟	60.35c	25.70a	63.87a	36.06ab

注：同列不同小写字母表示差异达5%显著水平。

4.1.3.3 相关分析

对烟草粉末香味成分各类成分进行简单相关分析表明，各类成分之间存在相关性，有机酸与多酚之间呈极显著负相关关系，类胡萝卜素与中性致香成分之间呈极显著正相关关系（表4-11）。

表4-11 烟草粉末香味成分相关分析

成分	有机酸	多酚	类胡萝卜素	中性致香成分
有机酸	1	−0.651**	0.227	0.264
多酚	−0.651**	1	−0.111	−0.237
类胡萝卜素	0.227	−0.111	1	0.585**
中性致香成分	0.264	−0.237	0.585**	1

注：*表示相关性达到显著水平（$P<0.05$）；**表示相关性达到极显著水平（$P<0.01$）。

4.1.3.4 主成分分析

不同类型烟草粉末香味成分主成分分析结果如图4-15所示。从图中可以看出，烟草粉末中多酚与有机酸含量呈现高度负相关关系，类胡萝卜素与中性致香成分呈现正相关关系。从不同类型烟草粉末香味成分含量来看，烤烟多酚含量较高、有机酸含量较低，晒红烟与雪茄烟则多酚含量较低、有机酸含量较高，粉末香味成分总体分布呈现为烤烟类和晒红烟、雪茄烟类2类分布。在类胡萝卜素和中性致香成分上，烤烟类与晒红烟、雪茄烟类的类内分布波动较大。晒黄烟类内的粉末香味成分波动较大，部分样品与烤烟特征相似，部分样品与晒红烟类相似，个别样品与烤烟和晒红烟存在差异，晒黄烟类内分布规律性不明显主要是由于晒黄烟类样品的品种与调制技术的差异较大导致。

4 不同类型烟草原料加热卷烟适用性研究

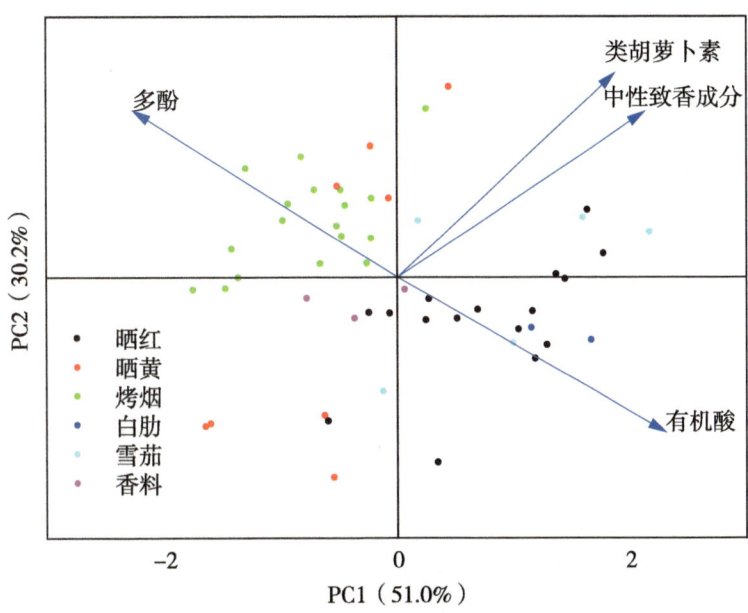

图 4-15　不同类型烟草粉末香味成分主成分分析

4.1.4　不同类型烟叶烟气香味成分差异分析

4.1.4.1　描述统计

采用中心切割 MDGC/MS 测定烟气粒相成分，为便于数据的分析比较，按化合物类别将其分为 5 类，酚类，酮类和酸类，呋喃、吡喃、内酯类，含氮化合物及其他类（表 4-12）。

表 4-12　烟气香味成分　　　　　　　　　　　　　　　　　　　单位：mg/g

类型	酚类	酮类和酸类	呋喃、吡喃、内酯类	含氮化合物	其他类
烤烟	0.180	0.608	1.285	5.143	0.068
晒黄	0.187	0.697	1.045	6.227	0.074
晒红	0.171	0.588	0.304	7.905	0.142
香料	0.123	0.644	0.280	1.730	0.041
雪茄	0.128	0.272	0.171	5.007	0.152
白肋	0.158	0.181	0.144	8.414	0.158

不同类型烟叶原料烟气香味成分含量各异，烟气香味成分中以含氮化合物、酮类和酸类含量较高，其他类含量较低（图 4-16），其中，

①酚类含量，香料烟和雪茄烟含量相对较低，其他类型酚类含量相对较高；

②酮类和酸类含量，晒黄烟、香料烟、烤烟、晒红烟较高，雪茄烟、白肋烟含量

较低；

③呋喃、吡喃、内酯类含量，烤烟、晒黄烟较高，晒红烟、香料烟次之，雪茄烟、白肋烟较低；

④含氮化合物含量，白肋烟、晒红烟较高，晒黄烟、烤烟、雪茄烟次之，香料烟含氮化合物含量最低；

⑤其他类含量，白肋烟、雪茄烟、晒红烟含量较高，烤烟、晒黄烟、香料烟含量较低。

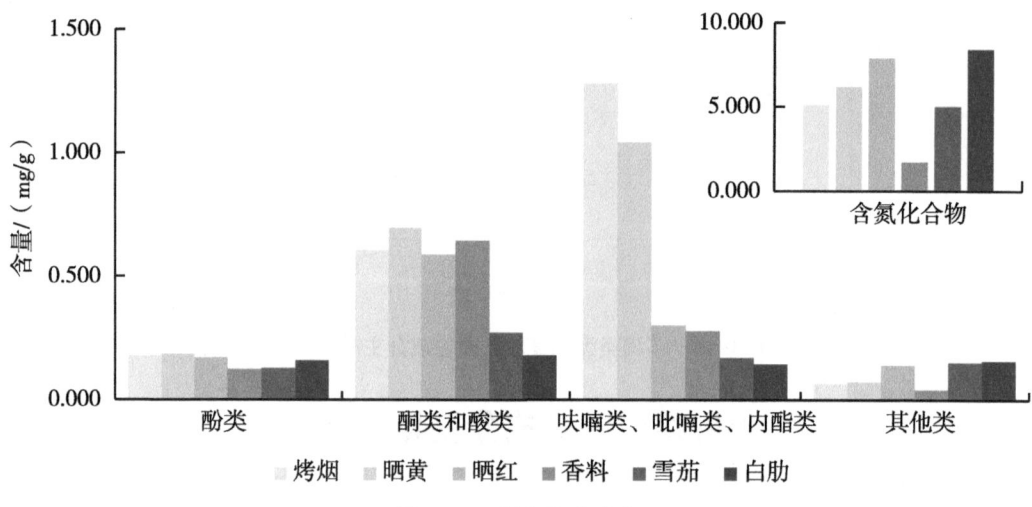

图 4-16　烟气香味成分

（1）酚类

共检测到烟气香味成分中的 10 种酚类物质（表 4-13）。酚类物质以简单酚类成分为主，酚类主要来源于木质素、纤维素以及多酚成分的裂解，如愈创木酚是木质素在 300～400 ℃热解温度下的代表性酚类产物。酚类在烟气中的作用比较复杂，由于其挥发性强，在抽吸时，这些化合物通过蒸发等途径直接进入烟气，对烟气香味产生直接影响，少数成分具有特定香气，可改善烟气香味品质，多数则增加烟气粗糙感，产生不良的味道，且不易被其他致香剂所减轻。取代酚类被描述为甜、香草味、焦糖和药味。甲基苯酚和苯酚被描述为甜味、药味及涩口。研究发现丁香酚和异丁香酚及其衍生化合物是现在加香常用的香味成分，它们提供辛香气息。

表 4-13　烟气酚类成分　　　　　　　　　　　　单位：mg/g

类型	烤烟	晒黄	晒红	香料	雪茄	白肋
苯酚	0.119	0.122	0.112	0.084	0.080	0.098
愈创木酚	0.022	0.025	0.022	0.011	0.015	0.027
邻甲酚	0.004	0.004	0.004	0.003	0.004	0.006
间甲酚	0.007	0.008	0.006	0.004	0.006	0.008
对甲酚	0.006	0.007	0.004	0.004	0.004	0.006

(续表)

类型	烤烟	晒黄	晒红	香料	雪茄	白肋
4-乙烯基愈创木酚	0.013	0.010	0.008	0.010	0.009	0.005
2,6-二甲基苯酚	0.002	0.003	0.008	0.004	0.004	0.001
2,6-二甲氧基苯酚	0.006	0.007	0.005	0.002	0.004	0.005
丁香酚	0.000	0.000	0.000	0.000	0.000	0.000
异丁香酚	0.002	0.002	0.002	0.001	0.002	0.002

不同类型烟叶原料在加热卷烟烟气中的酚类含量各异，以苯酚含量最高，其次是愈创木酚、4-乙烯基愈创木酚含量较高，丁香酚含量较低。

白肋烟愈创木酚、邻甲酚、间甲酚、异丁香酚成分含量较高，2,6-二甲基苯酚、4-乙烯基愈创木酚、苯酚含量较低，除4-乙烯基愈创木酚较高外，香料烟各项其他酚类成分含量相比其他类型均较低。酚类化合物是纤维素、木质素热解产物的主要成分，如愈创木酚是木质素在300~400 ℃热解温度下的代表性酚类产物，且有研究表明愈创木酚对卷烟烟熏香韵的贡献较大。烤烟、晒黄烟、晒红烟在除2,6-二甲基苯酚之外的其他酚类成分上含量相近，晒红烟的2,6-二甲基苯酚含量显著高于其他类型（图4-17）。

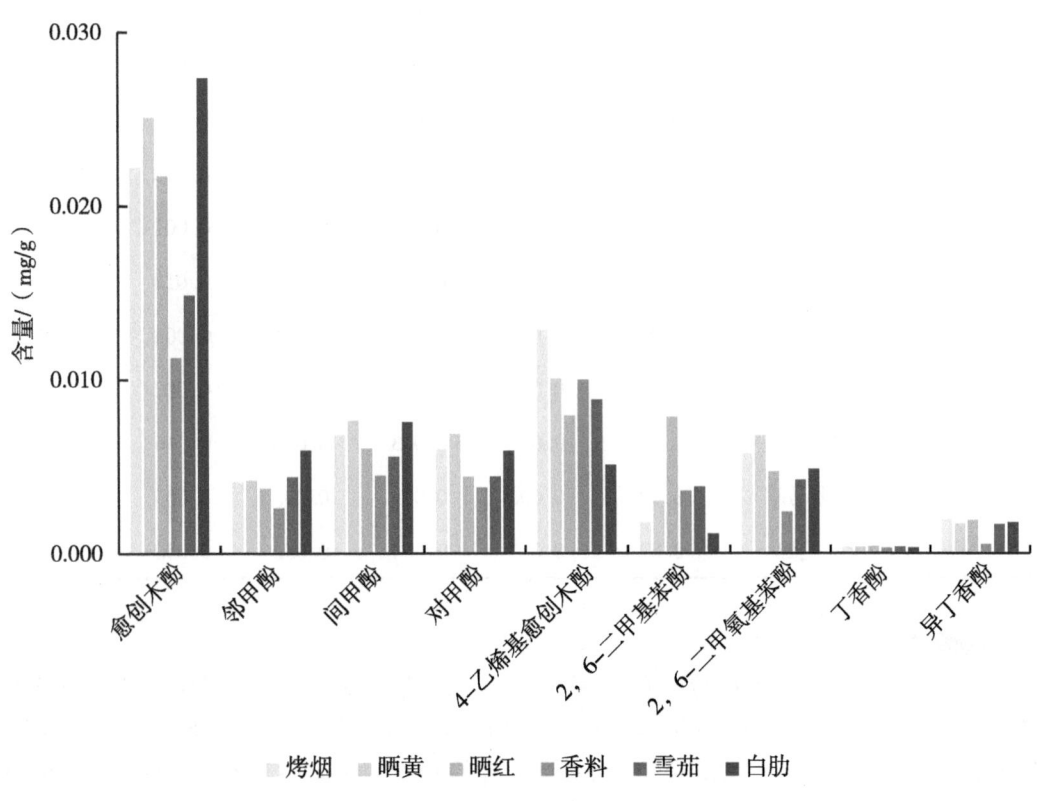

图4-17 烟气香味成分——酚类

(2) 酮类和酸类
①酮类

共检测到烟气中酮类成分 10 种（表 4-14）。酮类物质主要源于烟草中糖类物质的热裂解以及还原糖与含氨基物质的美拉德反应。酮类物质是烟草中数量较多的一类香味成分，大量重要香味成分属于此类。烟草中重要的酮类香味成分主要有巨豆三烯酮、茄酮、二氢大马酮和香叶基丙酮等。尽管巨豆三烯酮在烟草精油中含量丰富，但有人认为二氢大马酮和大马酮是类胡萝卜素降解产物中最主要的香味成分，因为后两个是玫瑰油的主要香味成分。一些高沸点的酮类物质（如 β-二氢大马酮、β-紫罗兰酮）具有明显的致香作用，不少已用于烟草制品的加香中。羟基环戊（己）烯酮类有助于提供强的辛刺的焦糖香吸味，如甲基环戊烯醇酮具有强烈的焦辛香气，带有烟草香味，有利于提升产品香气和吸味，增强浓郁的香味风格。

不同类型烟叶烟气酮类香味成分差异显著。烤烟烟气中 2-环戊烯酮、2,3-二甲基-2-环戊烯酮含量显著高于其他类型，烤烟、晒黄烟烟气的甲基环戊烯醇酮、乙基环戊烯醇酮、巨豆三烯酮、3-乙基-2-环戊烯酮含量显著高于其他类型，晒红烟、雪茄烟烟气的 3-氧代-α-紫罗兰醇显著高于其他类型（图 4-18）。

表 4-14 烟气酮类成分　　　　　　　　　　　　　　　单位：mg/g

类型	烤烟	晒黄	晒红	香料	雪茄	白肋
2-环戊烯酮	0.032	0.020	0.021	0.016	0.021	0.005
3-甲基-2-环戊烯酮	0.009	0.006	0.005	0.004	0.005	0.003
2,3-二甲基-2-环戊烯酮	0.139	0.054	0.035	0.051	0.016	0.003
3-乙基-2-环戊烯酮	0.001	0.002	0.001	0.001	0.001	0.001
甲基环戊烯醇酮	0.054	0.067	0.026	0.027	0.018	0.012
乙基环戊烯醇酮	0.011	0.016	0.004	0.004	0.003	0.002
1-茚酮	0.001	0.002	0.002	0.002	0.002	0.002
巨豆三烯酮	0.024	0.025	0.013	0.010	0.016	0.006
3-羟基-β-二氢大马酮	0.005	0.006	0.005	0.003	0.006	0.007
3-氧代-α-紫罗兰醇	0.021	0.027	0.054	0.032	0.050	0.005

②酸类

共检测到烟气中酸类成分 6 种（表 4-15），包括乙酸、丙酸、丁酸、戊酸、异戊酸、3-甲基戊酸。酸类物质主要源于烟草中糖类物质的热裂解以及还原糖与含氨基物质的美拉德反应。烟气中的酸类物质主要源于烟草中糖类物质和非挥发性有机酸的热裂解以及挥发性有机酸的转移。从常规化学成分来看，烤烟、晒黄烟、香料烟是糖类含量较多的类型，而晒红烟、雪茄烟、白肋烟相对较低。从粉末香味成分来看，白肋烟、晒

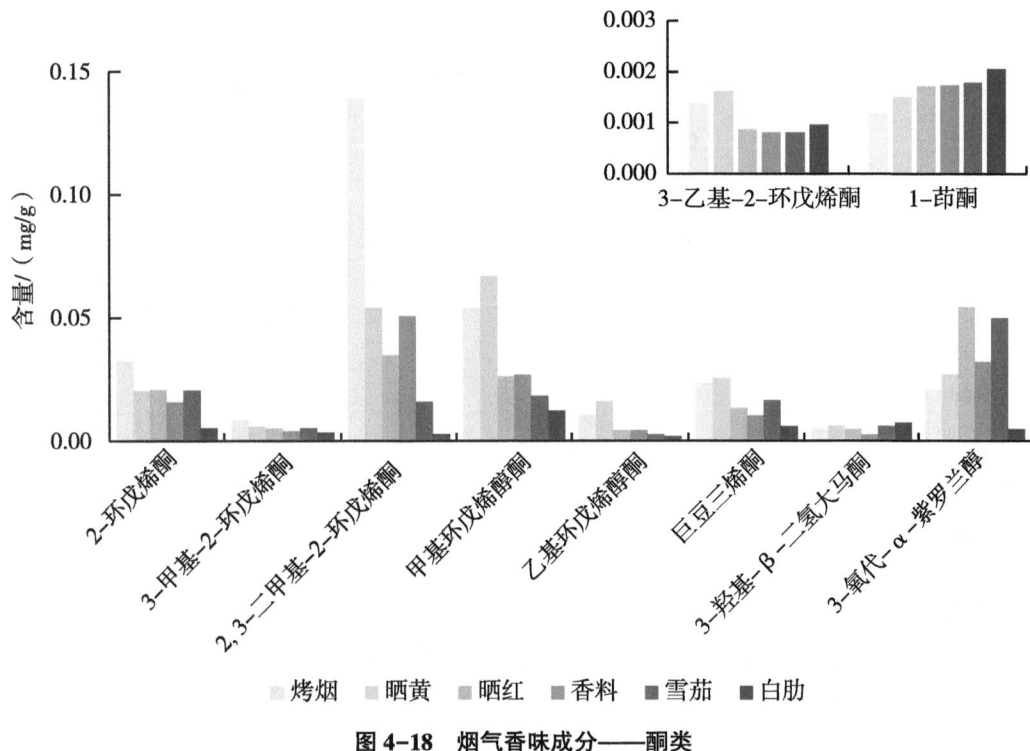

图 4-18 烟气香味成分——酮类

红烟粉末有机酸总量较高,香料烟和雪茄烟次之,烤烟和晒黄烟相对较低。

从烟气香味成分的酸类物质来看,烤烟的乙酸、丙酸含量均显著高于其他类型,乙酸、丙酸的烟气特征描述为刺鼻、辛辣,其主要作用是降低烟气的 pH 值,稍过量则会表现出强烈的尖刺感。研究表明,烟气 pH 值与烟气中烟碱的存在形态密切相关,烟碱可以以游离态、单质子态和双质子态三种形态存在,游离态烟碱挥发性很强,可以穿过口腔黏膜,被人体吸收的速度非常快,对中枢神经的药理作用强烈,抽吸时表现为劲头较大,而质子态烟碱则相对被口腔吸收的慢一点,不同游离烟碱含量对劲头影响很大。一般来说,当烟气 pH>6.0 时,烟碱才能以游离态存在;pH>7.4 时,游离态烟碱比例上升至 30%;pH>7.8 时,游离态烟碱比例为 50% 左右。从加热卷烟烟气中乙酸和丙酸含量来看,烤烟的乙酸和丙酸即主要酸性成分含量相对其他类型较高,而含氮化合物即主要碱性成分相对其他类型处于较低水平,将导致烤烟在加热卷烟中的烟气 pH 值趋向 pH 更低的方向,基于上述烟碱与 pH 分布的理论,从而进一步使烤烟在加热卷烟中烟气的游离态烟碱含量相对其他类型处于较低水平,可以推测烤烟原料在加热卷烟烟气中的劲头相对较低。3-甲基戊酸和异戊酸是对香料烟特征香气有重要影响的一种重要酸类物质,其作用在于维持卷烟烟气酸碱平衡,丰富烟香。从加热卷烟烟气香味成分可以看出,香料烟在加热卷烟烟气中异戊酸和 3-甲基戊酸的释放量同样显著高于其他类型。此外,晒黄烟、晒红烟烟气中的异戊酸和 3-甲基戊酸释放量相对较高,仅次于香料烟(图 4-19)。

表 4-15　烟气香味成分——酸类　　　　　　　　　单位：mg/g

类型	烤烟	晒黄	晒红	香料	雪茄	白肋
乙酸	0.206	0.157	0.097	0.042	0.033	0.027
丙酸	0.056	0.042	0.026	0.019	0.016	0.012
丁酸	0.021	0.039	0.046	0.062	0.024	0.038
异戊酸	0.020	0.044	0.050	0.062	0.028	0.050
3-甲基戊酸	0.008	0.189	0.203	0.309	0.034	0.008

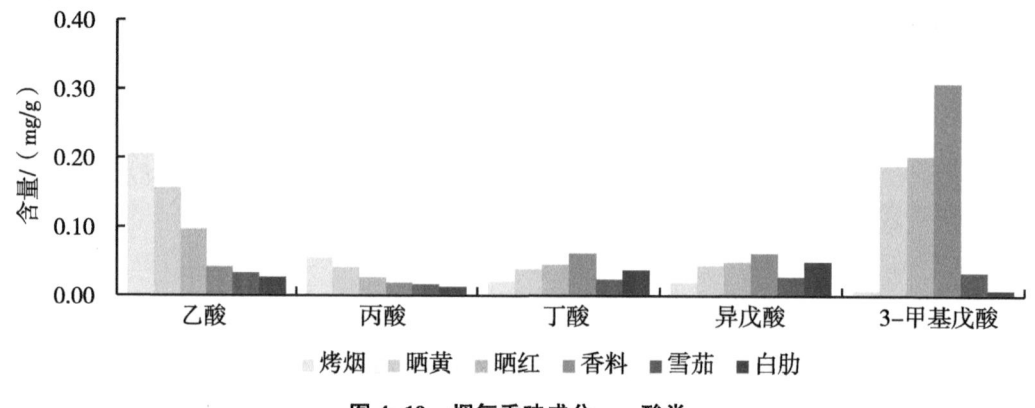

图 4-19　烟气香味成分——酸类

（3）呋喃、吡喃、内酯类

共检测到烟气中呋喃、吡喃、内酯类成分 9 种，包括糠醛、糠醇、5-甲基糠醛、菠萝呋喃酮、麦芽酚、DDMP、γ-巴豆酰内酯、二氢猕猴桃内酯和 γ-丁内酯（表 4-16）。

呋喃类、吡喃类物质主要源于烟草中糖类物质低温阶段的热解以及还原糖与含氨基物质的美拉德反应。由于糖含量的显著差异，烤烟、晒黄烟的呋喃类、吡喃类物质含量显著高于其他类型，各类型烟叶烟气中呋喃类、吡喃类物质释放量大小排序与其自身糖含量大小排序保持一致。值得注意的是，各类型烟叶烟气中二氢猕猴桃内酯释放量的大小排序与其自身糖含量大小排序出入较大，自身糖含量较高的烤烟、晒黄烟、香料烟烟气中二氢猕猴桃内酯释放量反而较小，自身糖含量较低的雪茄烟、晒红烟、白肋烟烟气中二氢猕猴桃内酯释放量相对较高（图 4-20）。

表 4-16　烟气香味成分——呋喃、吡喃、内酯类　　　　　　　单位：mg/g

类型	烤烟	晒黄	晒红	香料	雪茄	白肋
糠醛	0.201	0.142	0.043	0.038	0.019	0.007
糠醇	0.672	0.637	0.127	0.104	0.067	0.094
5-甲基糠醛	0.139	0.067	0.046	0.050	0.024	0.007

（续表）

类型	烤烟	晒黄	晒红	香料	雪茄	白肋
菠萝呋喃酮	0.096	0.074	0.022	0.043	0.009	0.005
麦芽酚	0.043	0.045	0.025	0.016	0.022	0.015
DDMP	0.096	0.044	0.007	0.011	0.001	0.000
γ-巴豆酰内酯	0.028	0.023	0.020	0.010	0.016	0.005
二氢猕猴桃内酯	0.003	0.005	0.007	0.005	0.008	0.006
γ-丁内酯	0.008	0.009	0.006	0.001	0.005	0.005

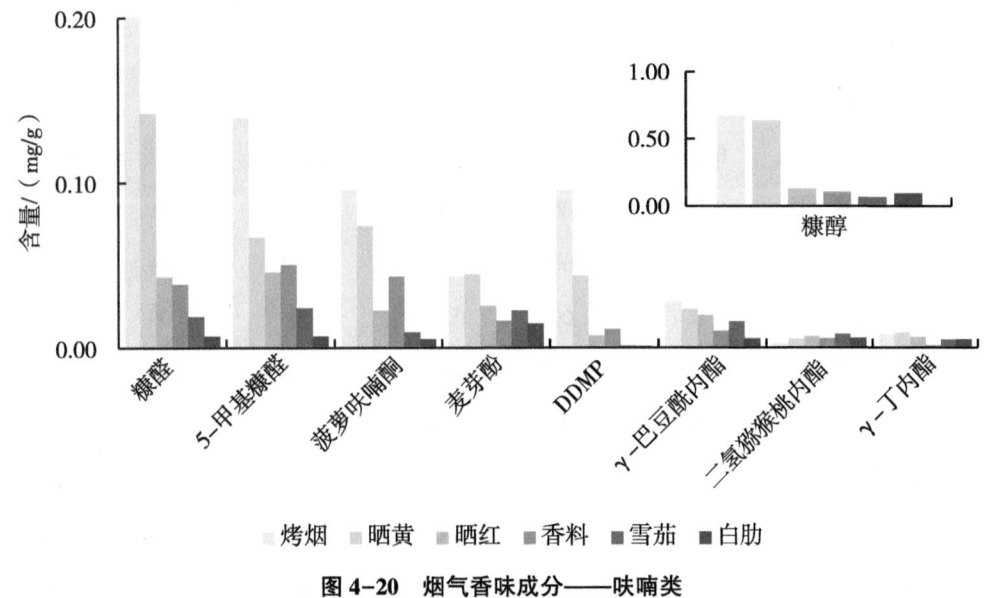

图 4-20 烟气香味成分——呋喃类

（4）含氮化合物

共检测到烟气香味成分中的 17 种含氮化合物（表 4-17）。含氮化合物主要源自烟叶中的氨基酸、蛋白质及其他含氮物质的热解和美拉德反应产物的转移，加热状态下主流烟气中的含氮化合物即碱性香味成分以烟碱为主，兼有少量吡啶类、吡嗪类化合物。吡啶、吡嗪类化合物一般具有烤香、坚果香和焦糖香，对烟草的特征香味起着重要作用，生物碱类化合物（如烟碱及烟碱的转化物可替宁等）化学物质则在满足吸味劲头和赋予烟草生理强度方面有重要的影响。含氮化合物的吡啶、吡咯、吡嗪类衍生物来源于糖与氨基酸非酶棕化产物，其含量受烟叶中糖和氨基酸含量及种类的影响。烟草中的吡嗪、吡啶类含氮化合物见报道的共有 40 多种，研究发现，吡嗪类和吡啶类化合物是构成卷烟主流烟气特征的香味化合物中非常重要的一类，大部分具有强烈的焦香、烘烤香，与烟草固有的香气非常容易协调，能很好地修饰和提高卷烟的自然烟香，而且能掩盖部分杂气，改善余味，在卷烟的表香中被大量应用。烟草中加吡嗪类香基可以有效提高香气质和香气量,与烟香协调,增加烟气中烘烤焦香,从而降低烟草的杂气。吡啶类化合物有助于雪茄烟的粗糙感。吡嗪类化合物多具有烘烤香,如甲基吡嗪有炒坚果和似可可香味,用于增强香韵、掩盖烟草杂气,二甲基吡嗪具有爆米花香味,用于提高香气量和丰富烟香浓度(图4-21)。

总体上,按照不同类型烟叶烟气中含氮化合物的释放量高低可以将不同类型烟叶分成两类,释放量较高的有白肋烟、雪茄烟、晒红烟,释放量较低的有烤烟、晒黄烟、香料烟。值得注意的是,烤烟烟气吡啶释放量显著高于其他类型。

表4-17 含氮化合物　　　　　　　　　　　单位：mg/g

类型	烤烟	晒黄	晒红	香料	雪茄	白肋
吡咯	0.001	0.001	0.012	0.000	0.014	0.015
乙酰基吡咯	0.011	0.010	0.016	0.015	0.016	0.023
2-吡咯烷酮	0.007	0.008	0.015	0.009	0.010	0.047
吡啶	0.058	0.036	0.028	0.002	0.012	0.031
2-甲基吡啶	0.005	0.003	0.002	0.004	0.001	0.002
3-甲基吡啶	0.009	0.007	0.007	0.004	0.004	0.010
3-乙基吡啶	0.001	0.001	0.000	0.000	0.000	0.000
3-羟基-6-甲基吡啶	0.004	0.004	0.007	0.005	0.007	0.011
2,3'-联吡啶	0.031	0.035	0.098	0.010	0.071	0.263
尼古丁	4.985	6.090	7.531	1.623	4.621	7.259
麦司明	0.010	0.013	0.059	0.002	0.037	0.569
尼可他因	0.004	0.004	0.009	0.002	0.006	0.008
2-甲基吡嗪	0.008	0.005	0.091	0.044	0.178	0.101
吲哚	0.003	0.003	0.016	0.003	0.017	0.046
3-甲基吲哚	0.001	0.001	0.002	0.001	0.002	0.006
喹啉	0.004	0.003	0.005	0.003	0.005	0.007
异戊酰胺	0.001	0.002	0.005	0.002	0.005	0.016

(5)其他类

共检测到其他类成分3种,主包括苯甲醇、苯乙醇和新植二烯(表4-18)。

苯甲醇和苯乙醇是烟草中含量最丰富的醇类,分别具有柔和花香和玫瑰花香。以晒红烟、雪茄烟为原料的样品烟气中苯甲醇和苯乙醇释放量较高,香料烟烟气苯甲醇和苯乙醇释放量较低。

4 不同类型烟草原料加热卷烟适用性研究

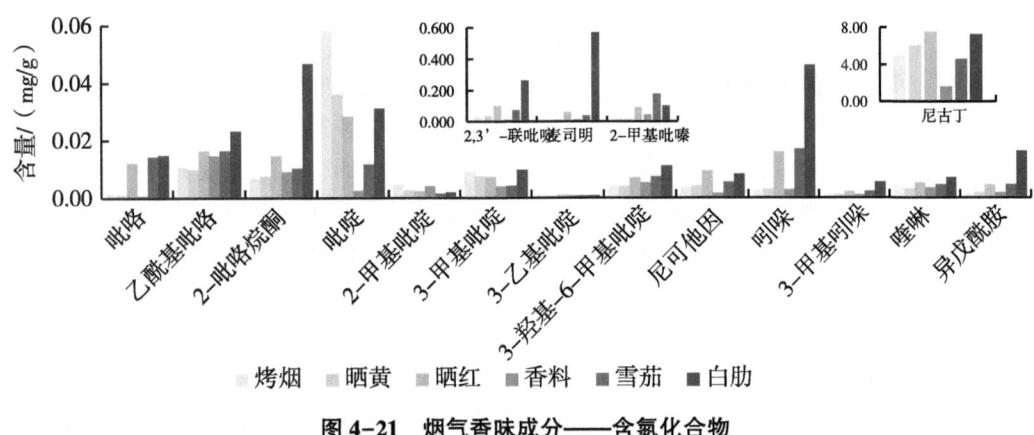

图 4-21 烟气香味成分——含氮化合物

新植二烯是含有 20 个碳原子的共轭二烯烃,是烟叶挥发性中性香味成分中含量最高的物质,具有携带烟叶中挥发性香气物质和致香成分进入烟气的能力,也是烟叶的重要致香物质。有研究表明,烤烟中新植二烯与干草香韵呈极显著正相关且正向效应较大,苯甲醇和新植二烯与青香香韵呈极显著正相关且正向效应较大。从图 4-22 来看,以香料烟为原料的样品烟气中新植二烯含量较低,以晒红烟、雪茄烟、白肋烟等晾制类或似晾制类调制烟叶样品为原料的烟气中新植二烯含量较高,烤烟、晒黄烟烟气中新植二烯含量次之,香料烟烟气中新植二烯含量较低。

表 4-18 烟气香味成分——其他类 　　　　　　　　　　　单位：mg/g

类型	烤烟	晒黄	晒红	香料	雪茄	白肋
苯甲醇	0.008	0.012	0.017	0.007	0.017	0.011
苯乙醇	0.008	0.012	0.053	0.010	0.021	0.016
新植二烯	0.052	0.050	0.072	0.024	0.114	0.131

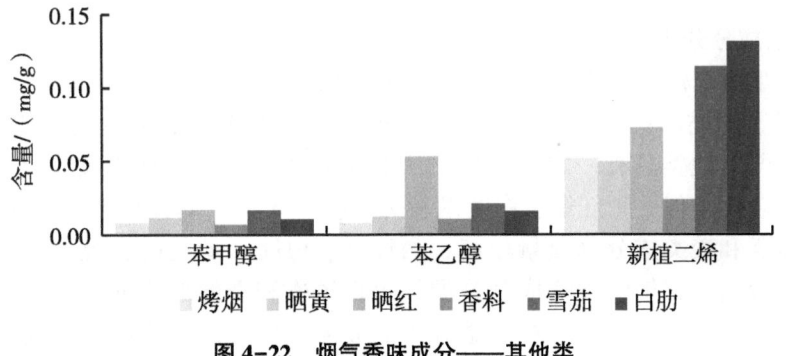

图 4-22 烟气香味成分——其他类

4.1.4.2 方差分析

不同类型烟草烟气香味成分方差分析结果如表 4-19 所示。共检测到不同类型烟草烟气香味成分55种，可以分为酚类、酮类和酸类、呋喃、吡喃、内酯类、含氮化合物和其他类5类。从表中可以看出，不同类型烟草的各类烟气香味成分均存在显著差异。酚类成分方面，晒黄烟、烤烟烟气酚类成分释放量显著高于雪茄烟、香料烟，与晒红烟、白肋烟无显著差异；酮类和酸类成分方面，晒黄烟、香料烟、烤烟、晒红烟烟气酮类和酸类成分释放量显著高于雪茄烟、白肋烟；呋喃、吡喃、内酯类成分方面，烤烟烟气释放量显著高于晒黄烟，晒黄烟烟气释放量显著高于晒红烟、香料烟、雪茄烟、白肋烟；含氮化合物成分方面，白肋烟、晒红烟烟气含氮化合物释放量显著高于烤烟、雪茄烟、烤烟、雪茄烟烟气含氮化合物释放量显著高于香料烟，晒黄烟烟气含氮化合物释放量与白肋烟、晒红烟、烤烟、雪茄烟差异不显著；其他类含量，白肋烟、雪茄烟、晒红烟烟气其他类释放量显著高于晒黄烟、烤烟、香料烟。晒黄烟烟气中酚类、酮类和酸类、呋喃、吡喃、内酯类三类成分释放量均为各类型最高或次高，含氮化合物成分释放量处于各类型中等水平，表明晒黄烟烟气中酸性和中性香味成分对烟气贡献度较大，中性香味成分是烟气中最重要的一类香味成分，晒黄烟可能在加热卷烟中有较好感官表现。

表4-19 烟气香味成分方差分析　　　　　　　　　　　单位：mg/g

类型	酚类	酮类和酸类	呋喃、吡喃、内酯类	含氮化合物	其他类
晒黄	0.187a	0.697a	1.045b	6.227ab	0.074b
烤烟	0.180a	0.608a	1.285a	5.143b	0.068b
晒红	0.171ab	0.588a	0.304c	7.905a	0.142a
白肋	0.158ab	0.181b	0.144c	8.414a	0.158a
雪茄	0.128b	0.272b	0.171c	5.007b	0.152a
香料	0.123b	0.644a	0.280c	1.730c	0.041b

注：同列不同小写字母表示差异达5%显著水平。

4.1.4.3　主成分分析

不同类型烟草烟气香味成分主成分分析结果如图4-23所示。从图中可以看出，烟气中酚类、酮类和酸类、呋喃、吡喃、内酯类三类香味成分具有一定正相关性，含氮化合物与其他类具有一定相关性。从不同类型烟草烟气香味成分分布来看，烤烟、晒黄烟较为相似，晒红烟、白肋烟较为相似。烤烟、晒黄烟烟气的呋喃、吡喃、内酯类、酮类和酸类成分释放量较高，晒红烟、白肋烟烟气的含氮化合物、其他类成分释放量较高。烟气中香味成分是烟气感官风格和香韵形成的基础，不同类型烟草原料烟气中香味成分种类和释放量分布的显著差异可进一步影响不同类型烟草原料的烟气香韵组成分布。

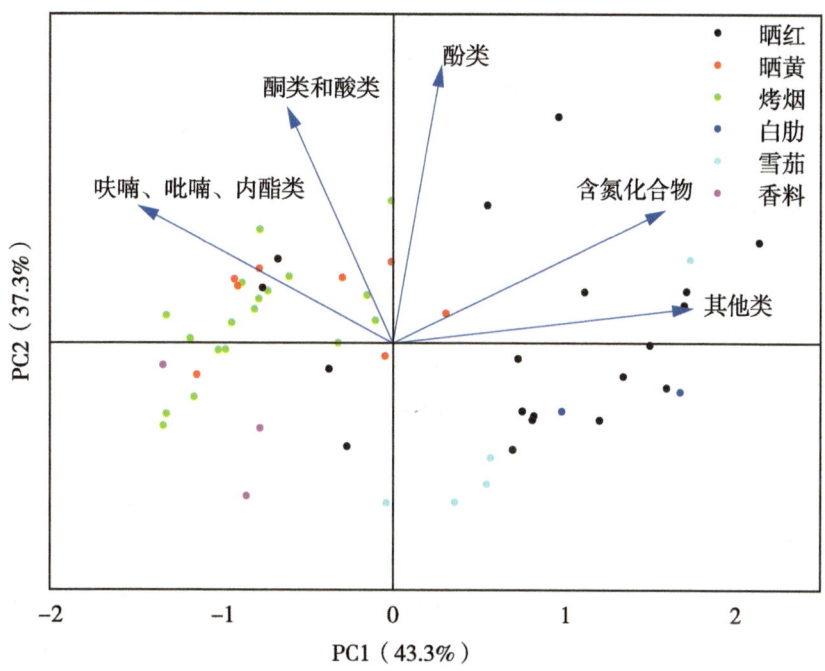

图 4-23 烟气香味成分主成分分析

4.1.5 不同类型烟叶感官质量差异分析

4.1.5.1 描述统计

从结果来看，香气特征方面，烤烟、晒黄烟香气质、香气量、杂气得分较高，晒红烟、雪茄烟香气量得分较高，白肋烟香气质、香气量、杂气得分最低；口感表现方面，烤烟、晒黄烟、香料烟普遍得分较高，晒红烟、雪茄烟得分偏低，白肋烟口感表现各指标得分最低；生理强度方面，香料烟劲头最低，其他类型劲头较高；总分方面，香料烟、烤烟、晒黄烟得分较高，雪茄烟、白肋烟得分较低（图 4-24）。

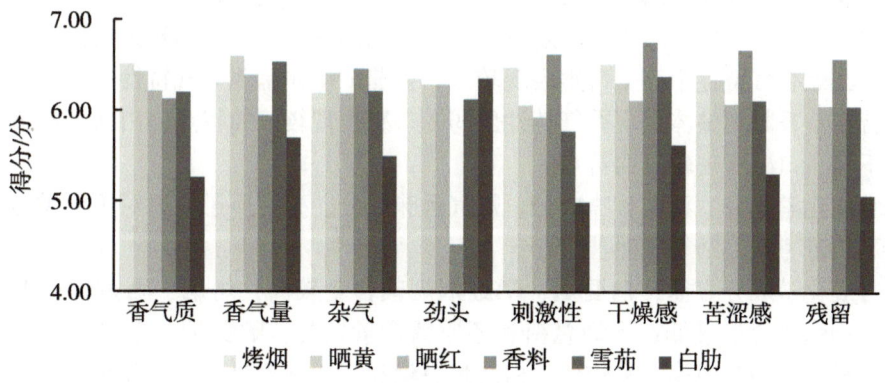

图 4-24 不同类型烟叶感官质量评价

4.1.5.2 方差分析

不同类型烟草感官质量评价结果方差分析如表4-20所示。香气质方面，烤烟与晒黄烟无显著差异，但显著高于晒红烟、雪茄烟、香料烟，晒红烟、雪茄烟、香料烟显著高于白肋烟；香气量方面，晒黄烟与雪茄烟、晒红烟无显著差异，但显著高于烤烟、香料烟、白肋烟；杂气方面，白肋烟显著低于其他类型，其他类型间在杂气得分上无显著差异；刺激性方面，香料烟、烤烟显著高于晒红烟、雪茄烟、白肋烟，晒红烟、雪茄烟显著高于白肋烟；干燥感、苦涩感、残留得分方面，香料烟、烤烟显著高于晒红烟、白肋烟，三个指标具有相似趋势；稳定性方面，雪茄烟、香料烟、晒黄烟显著高于烤烟、白肋烟；总分方面，白肋烟显著低于其他类型，其他类型感官质量总分无显著差异。

表4-20 感官质量评价结果方差分析

类型	香气质	香气量	杂气	劲头	刺激性	干燥感	苦涩感	残留	稳定性	总分
烤烟	6.51a	6.30bc	6.19a	6.35a	6.47a	6.51ab	6.40ab	6.43a	6.47bc	44.82a
晒黄	6.42ab	6.60a	6.41a	6.29a	6.06ab	6.31bc	6.34abc	6.27ab	6.71a	44.41a
晒红	6.21b	6.39ab	6.18a	6.29a	5.92b	6.11c	6.07c	6.05b	6.62ab	42.95a
雪茄	6.20b	6.53ab	6.21a	6.12a	5.77b	6.37abc	6.11bc	6.04b	6.84a	43.24a
香料	6.12b	5.94cd	6.46a	4.52b	6.62a	6.75a	6.67a	6.57a	6.83a	45.13a
白肋	5.26c	5.69d	5.49b	6.35a	4.98c	5.62d	5.31d	5.06c	6.19c	37.42b

4.1.5.3 主成分分析

不同类型烟草感官质量评价结果主成分分析结果如图4-25所示。为方便直观观察不同类型烟草香气特性和口感表现两个维度的特点，在主成分分析中剔除了感官质量评价指标中反映生理强度的劲头指标和反映逐口抽吸均匀性的稳定性指标。从图中可以看出，香气特性的香气质、香气量、杂气指标正相关性较强，口感指标的刺激性、干燥感、苦涩感、残留高度正相关，进一步反映出感官质量评价方法设定的两个维度的科学性。从不同类型烟草原料的感官质量评价结果来看，烤烟整体香气特性有高有低，因产地和部位差异而异，但口感表现普遍较好；晒黄烟的香气特性指标较为突出，口感表现中等；晒红烟香气特性中等，口感表现较差；雪茄烟整体呈现香气特性尚好、口感表现中等的特点；香料烟整体呈现香气特性偏弱、口感表现较好的特点；白肋烟整体呈现香气特性不强、口感表现较差的特点。

从常规化学成分、粉末香味成分、烟气香味成分、感官质量方面对不同类型烟草原料进行了质量考察，结果表明：

①常规化学成分方面，白肋烟、晒红烟烟碱含量较高，烤烟、晒黄烟、雪茄烟次之，香料烟烟碱含量最低；烤烟总糖和还原糖含量最高，晒黄烟、香料烟次之，晒红烟、雪茄烟总糖和还原糖含量较低，白肋烟总糖和还原糖含量极低，几乎为0。

②粉末香味成分方面，不同类型烟叶有机酸和类胡萝卜素含量均呈现晾制>晒制>烘烤的规律，多酚含量则相反，呈现烘烤>晒制>晾制的规律，中性致香成分含量呈

4 不同类型烟草原料加热卷烟适用性研究

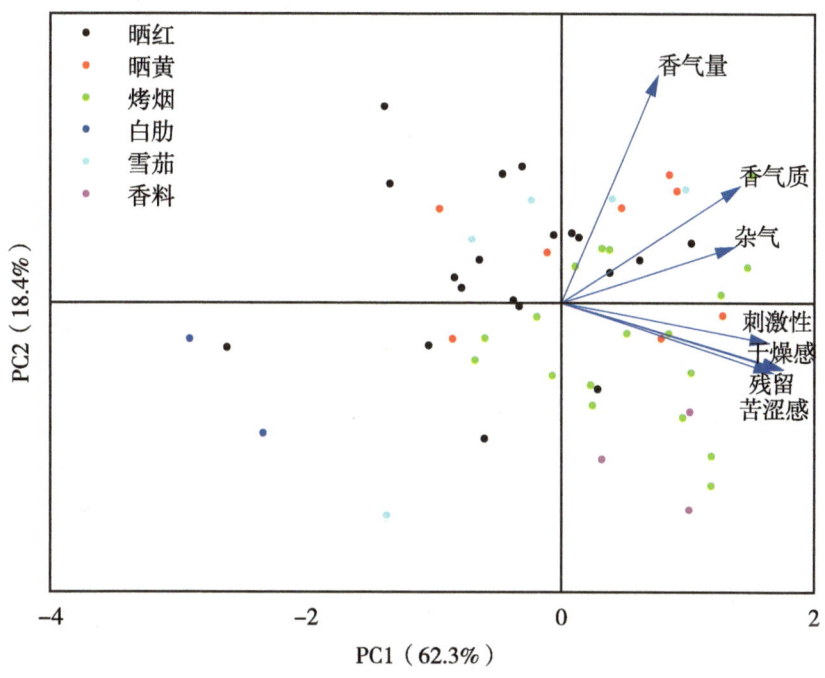

图 4-25 感官质量评价主成分分析

现晾制>烘烤>晒制的规律。

③烟气香味成分方面，在加热卷烟体系下，晒黄烟、烤烟烟气中酚类释放量与晒红烟、白肋烟无显著差异，但显著高于雪茄烟、香料烟，晒黄烟、香料烟、烤烟、晒红烟烟气中酮类和酸类释放量显著高于雪茄烟、白肋烟，呋喃、吡喃、内酯类释放量呈现烤烟显著高于晒黄烟，晒黄烟显著高于晒红烟、香料烟、雪茄烟、白肋烟的特点，白肋烟、晒红烟烟气中含氮化合物释放量与晒黄烟无显著差异，但显著高于烤烟、雪茄烟，烤烟、雪茄烟烟气含氮化合物释放量又显著高于香料烟，以新植二烯、苯甲醇、苯乙醇组成的其他类烟气成分释放量呈现白肋烟、雪茄烟、晒红烟显著高于晒黄烟、烤烟、香料烟的特点。

④感官质量评价方面，不同类型烟草原料在香气特性和口感表现上具有明显差异，烤烟整体香气特性表现因产地和部位差异而有高有低，但口感表现普遍较好；晒黄烟的香气特性指标较为突出，口感表现中等；晒红烟香气特性中等，口感表现较差；雪茄烟整体呈现香气特性尚好、口感表现中等的特点；香料烟整体呈现香气特性偏弱、口感表现较好的特点；白肋烟整体呈现香气特性不强、口感表现较差的特点。

4.2 烤烟原料加热卷烟适用性研究

对烤烟原料在加热卷烟中的感官质量表现、化学成分及香味成分特征进行了分析，重点研究了部位对烤烟原料在加热卷烟感官质量的影响，发现部分烤烟上部烟叶在香气特性、口感表现维度的感官质量表现不亚于中部烟叶，与传统卷烟对烤烟部位质量规律的认识有较大不同,为传统烤烟原料在加热卷烟中的应用提供了新的思路。

4.2.1 材料与方法

4.2.1.1 试验材料

试验材料为2019—2020年收集的24份不同类型烟叶原料样品,样品具体信息如表4-21所示。

表4-21 收集的24份烤烟原料

序号	样品信息	部位
1	福建三明	上部B
2	福建三明	中部C
3	广东韶关	上部B
4	广东韶关	中部C
5	贵州毕节	上部B
6	贵州毕节	中部C
7	贵州遵义	上部B
8	贵州遵义	中部C
9	河南许昌	上部B
10	河南许昌	中部C
11	湖南郴州	上部B
12	湖南郴州	中部C
13	吉林延边	上部B
14	吉林延边	中部C
15	辽宁丹东	上部B
16	辽宁丹东	中部C
17	山东潍坊	上部B
18	山东潍坊	中部C
19	四川凉山	上部B
20	四川凉山	中部C
21	云南曲靖	上部B
22	云南曲靖	中部C
23	云南文山	上部B
24	云南文山	中部C

4.2.1.2 试验方法

（1）样品预处理

原烟样品去梗、干燥、粉碎、过筛至200~300目烟草粉末。

（2）感官质量评价

将不同烟叶样品粉末、超纯水、丙三醇、羧甲基纤维素钠以40:29:10:1的质量比均匀混合后利用辊压法制得厚度约0.15 mm的再造烟叶，切割成宽约1 mm烟丝后填充于加热卷烟烟管中制成加热卷烟烟支。对制成的加热卷烟烟支进行感官质量评价（9分制），评价指标包括香气质、香气量、杂气、劲头、刺激性、干燥感、苦涩感、残留、稳定性，感官质量总分为除劲头和稳定性外其余7项之和。评分细则如表4-22所示。

表4-22 加热卷烟原料感官质量评价标准

分值	香气质	香气量	杂气	劲头	刺激性	干燥感	苦涩感	残留	稳定性
7~9	较好至好	较充足至充足	无至微有	较大至大	无至微有	无至弱	无至弱	较净较舒适至纯净舒适	较稳定至稳定
4~6	稍好至尚好	稍有至尚足	稍有至有	中等至稍大	稍有至有	稍有至有	稍有至有	稍净稍舒适至尚净尚舒适	稍稳定至尚稳定
1~3	差至较差	少至微有	较重至重	小至较小	较大至大	较强至强	较强至强	不净不舒适至欠净欠舒适	不稳定至欠稳定

4.2.2 烤烟原料感官质量评价结果

4.2.2.1 描述统计

烤烟原料感官质量评价结果如表4-23所示。

表4-23 烤烟原料感官质量评价结果　　　　　　　　单位：分

样品信息	香气质	香气量	杂气	劲头	刺激性	干燥感	苦涩感	残留	稳定性	总分
毕节B	6.11	6.33	6.22	6.72	5.78	6.22	6.33	6.11	6.78	43.11
毕节C	6.33	6.42	6.61	6.56	6.39	6.67	6.39	6.72	6.94	45.53
郴州B	6.64	6.24	6.14	6.85	6.71	6.39	6.22	6.50	6.15	44.84
郴州C	6.71	6.04	5.21	5.97	7.07	6.32	6.39	6.37	6.15	44.12
丹东B	6.30	6.13	6.43	5.63	6.67	6.73	6.70	6.67	6.50	45.63
丹东C	6.23	5.87	6.60	5.43	6.90	6.90	6.67	6.87	6.75	46.03
凉山B	6.48	6.73	6.09	6.62	6.11	6.33	6.44	6.40	6.64	44.59
凉山C	6.71	6.79	6.65	6.29	6.54	6.79	6.86	6.73	6.73	47.08
曲靖B	6.81	6.38	5.90	6.34	6.63	6.50	5.82	6.01	6.64	44.05

(续表)

样品信息	香气质	香气量	杂气	劲头	刺激性	干燥感	苦涩感	残留	稳定性	总分
曲靖 C	7.05	6.37	6.05	6.20	6.42	6.27	6.08	6.25	6.36	44.49
三明 B	6.00	6.25	6.45	6.25	6.65	6.50	6.65	6.55	6.60	45.05
三明 C	6.15	5.80	6.75	5.72	7.05	6.80	6.90	6.90	6.75	46.35
韶关 B	6.23	6.20	6.75	5.75	7.15	7.02	7.00	7.10	6.80	47.45
韶关 C	6.25	5.95	6.85	5.50	7.15	7.12	7.25	7.10	6.75	47.67
潍坊 B	6.11	6.00	6.52	6.43	5.83	6.69	6.21	5.87	6.45	43.22
潍坊 C	6.96	6.32	5.54	6.12	6.85	6.78	6.67	6.73	6.40	45.84
文山 B	6.86	7.07	6.93	6.62	6.43	6.57	6.79	6.71	6.67	47.36
文山 C	6.64	6.57	6.71	6.19	6.57	6.79	6.71	6.54	5.92	46.54
许昌 B	5.83	5.85	6.35	6.25	6.35	6.20	6.40	6.33	6.75	43.31
许昌 C	5.90	5.20	7.00	5.10	7.40	7.05	7.00	7.00	6.90	46.55
延边 B	6.04	6.16	6.32	5.40	6.41	6.36	6.36	6.41	6.55	44.06
延边 C	6.18	6.05	6.64	5.41	6.64	6.86	6.82	6.86	6.55	46.05
遵义 B	6.40	5.85	5.79	6.98	6.29	5.73	5.81	6.20	6.23	42.08
遵义 C	6.63	6.13	5.10	6.15	6.30	6.29	5.93	5.83	6.05	42.21

4.2.2.2 主成分分析

主成分分析结果如图 4-26 所示。从产地特征来看，韶关、三明、延边、丹东、许

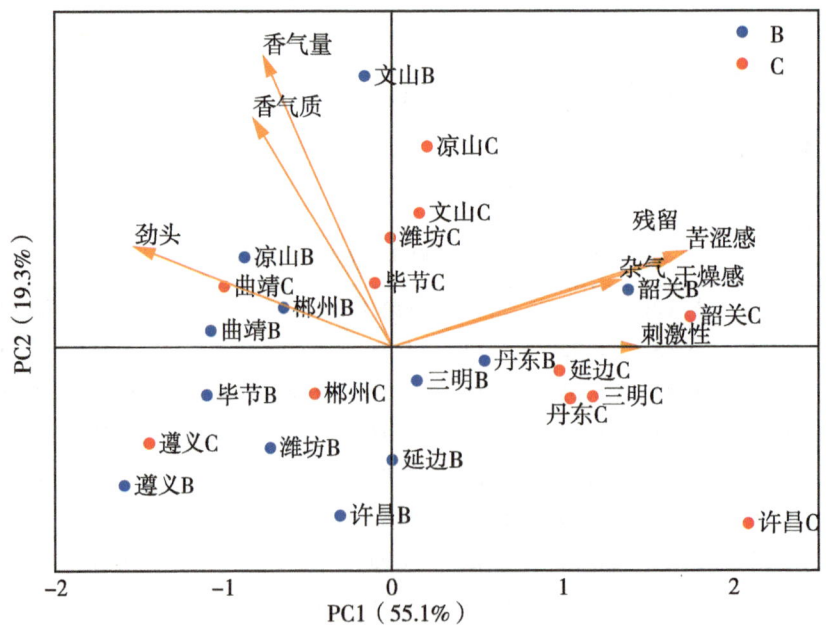

图 4-26 烤烟原料的感官质量主成分分析

昌口感表现比较好，文山、凉山、潍坊、毕节、曲靖、郴州香气特性比较好，凉山、曲靖、毕节、郴州、遵义、潍坊生理强度较高；从部位特征来看，中部烟叶口感表现好于上部烟叶，上部烟叶生理强度高于中部烟叶，香气特性方面，中部烟叶与上部烟叶总体上没有显著高低差异，因具体样品而异。

香气特性表现较好的上部烟叶有文山B、凉山B、曲靖B、郴州B，香气特性表现比较好的中部烟叶有凉山C、文山C、潍坊C、曲靖C、毕节C；口感表现比较好的上部烟叶有韶关B、丹东B、文山B，口感表现比较好的中部烟叶有韶关C、延边C、凉山C、文山C、三明C、丹东C。

4.2.2.3 聚类分析

以感官质量评价结果聚类结果如图4-27所示。

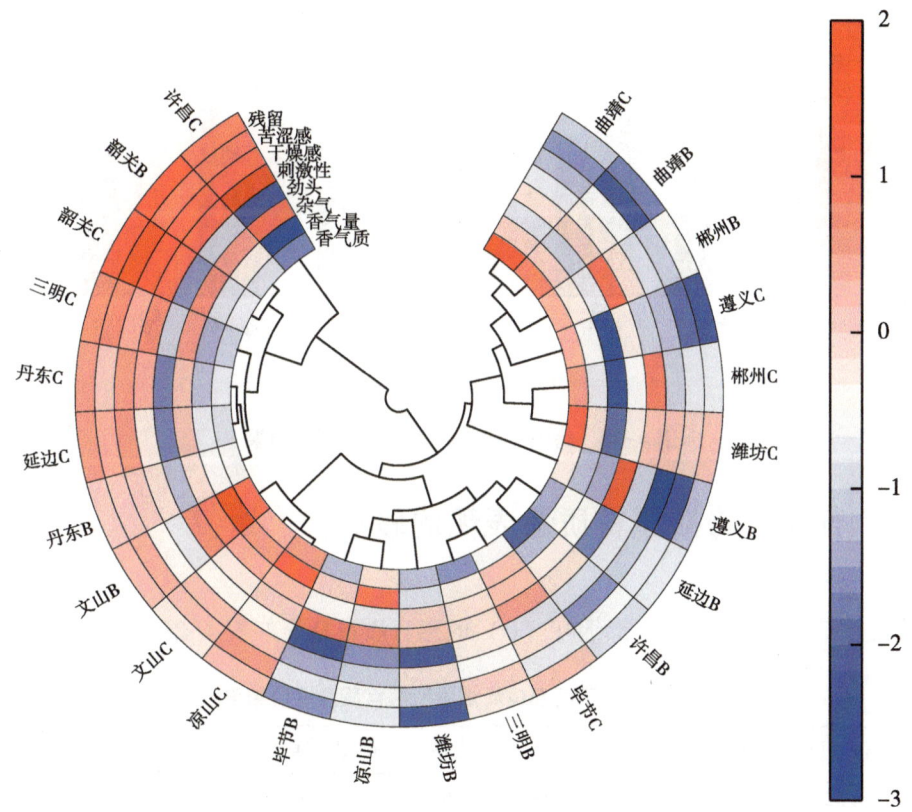

图4-27 烤烟原料感官质量评价聚类热图

通过聚类共形成4类原料集，具体信息如表4-24及图4-28所示。

表4-24 烤烟原料感官质量评价聚类信息

类别	香气质/分	香气量/分	杂气/分	劲头/分	刺激性/分	干燥感/分	苦涩感/分	残留/分	数量/个
1	6.50±0.36	6.14±0.23	6.46±0.40	5.90±0.32	6.88±0.30	6.74±0.32	6.61±0.56	6.67±0.46	5

(续表)

类别	香气质/分	香气量/分	杂气/分	劲头/分	刺激性/分	干燥感/分	苦涩感/分	残留/分	数量/个
2	6.42±0.34	6.39±0.37	6.32±0.41	6.20±0.47	6.48±0.38	6.58±0.23	6.61±0.15	6.58±0.23	7
3	6.36±0.30	6.17±0.25	6.15±0.51	6.34±0.49	6.43±0.14	6.35±0.32	6.26±0.28	6.36±0.26	7
4	6.32±0.33	6.02±0.50	6.4±0.62	5.84±0.51	6.7±0.53	6.74±0.24	6.66±0.30	6.57±0.41	5

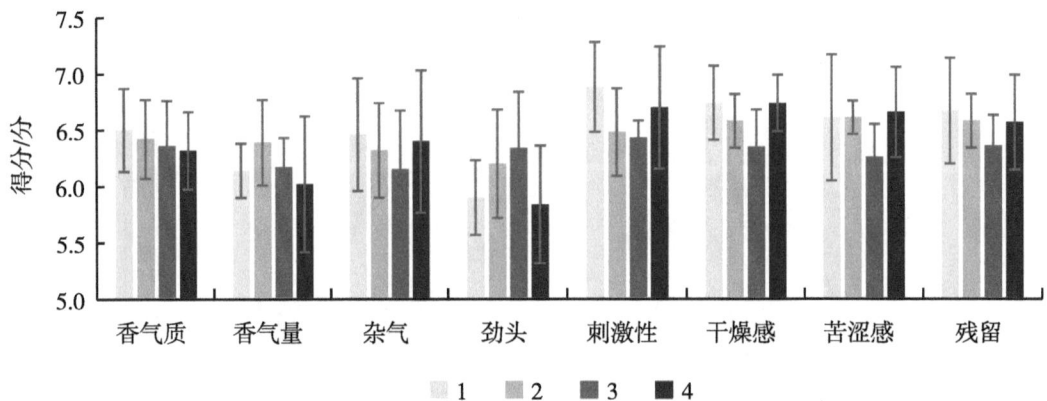

图 4-28 烤烟原料集的感官质量评价结果

4.2.3 部位对烤烟原料质量表现的影响

4.2.3.1 感官质量

烤烟上部烟叶（B）和中部烟叶（C）的感官质量特征如表 4-25 所示。

表 4-25 不同部位烤烟原料感官质量评价结果　　　　　　　　　　单位：分

部位	香气质	香气量	杂气	劲头	刺激性	干燥感	苦涩感	残留	稳定性	总分
B	6.32±0.31	6.27±0.33	6.32±0.31	6.32±0.48	6.42±0.37	6.44±0.31	6.39±0.34	6.4±0.32	6.56±0.20	44.56±1.58
C	6.48±0.34	6.13±0.40	6.31±0.64	5.89±0.42	6.77±0.33	6.72±0.27	6.64±0.36	6.66±0.34	6.52±0.33	45.71±1.42

不同部位感官质量各指标分布如图 4-29 所示。从图中可以看出，上部烟叶在香气特性上与中部烟叶得分水平相近，在口感表现上也有部分样品达到中部烟叶得分水平，由此可以推测部分地区的上部烟叶在加热卷烟中的感官质量表现可能不低于中部烟叶甚至超过中部烟叶，这与传统卷烟中对烤烟部位感官质量的认识有较大的差异。

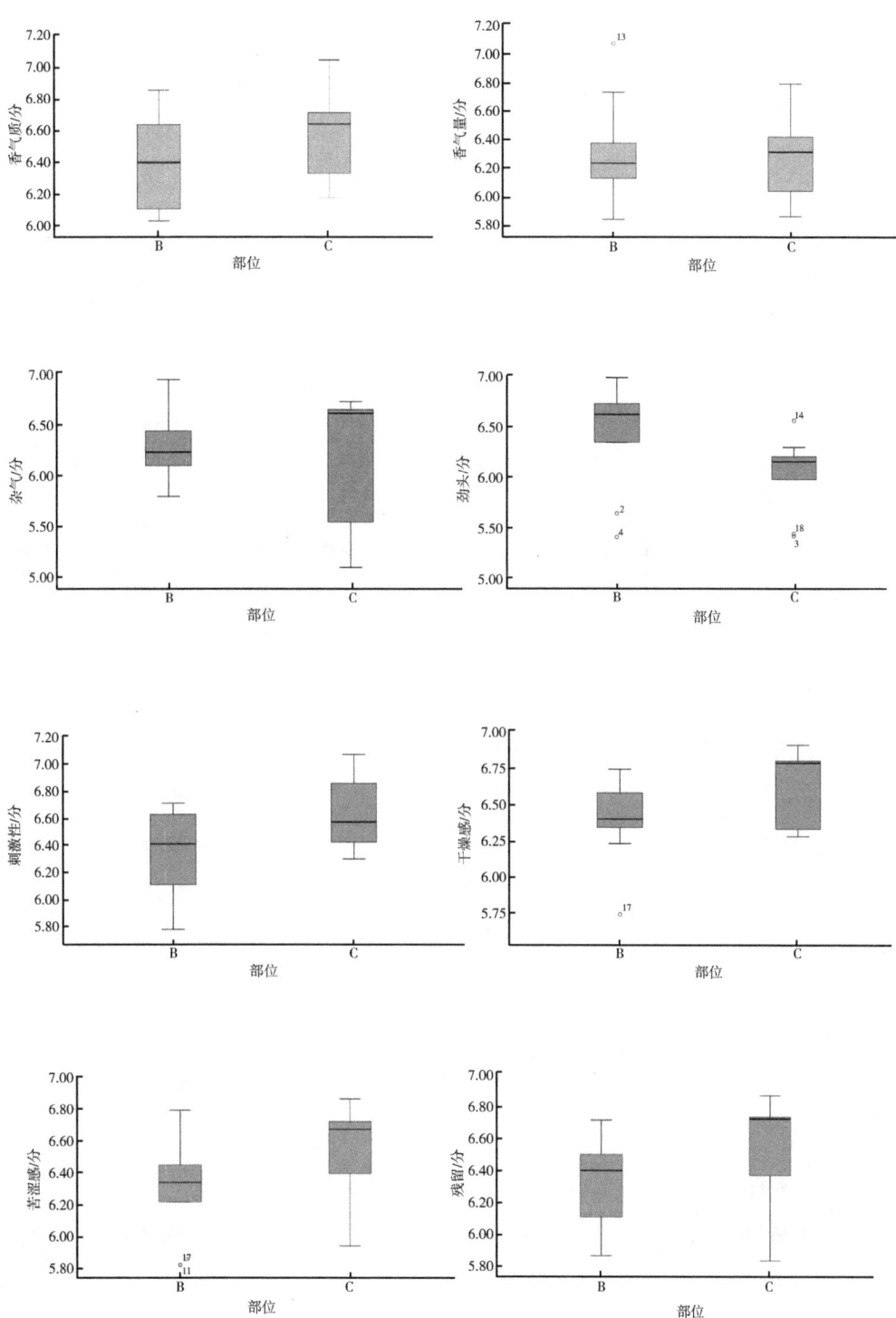

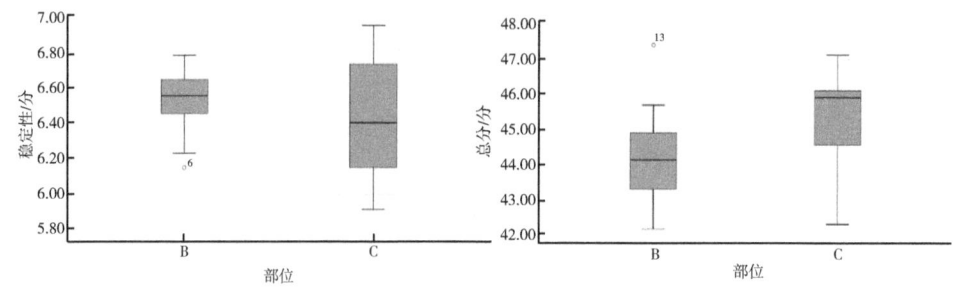

图 4-29 不同部位烤烟的感官质量各指标得分分布

4.2.3.2 化学成分及香味成分特征

烤烟上部烟叶（B）和中部烟叶（C）的化学成分及香味成分特征如表 4-26 所示。从表中可以看出，上部烟叶烟碱、总氮显著高于中部烟叶，总糖、还原糖低于中部烟叶；有机酸含量低于中部烟叶；烟气中含氮化合物释放量显著高于中部烟叶。

表 4-26　不同部位烤烟原料化学成分及香味成分特征　　　　　　单位：%

部位	上部烟叶	中部烟叶
烟碱	2.78±0.94	1.91±0.36
总糖	28.88±5.09	32.63±2.91
还原糖	22.47±3.94	25.48±3.07
总氮	2.11±0.37	1.80±0.22
总钾	1.48±0.36	1.77±0.29
总氯	0.37±0.20	0.35±0.20
有机酸	57.36±17.38	63.33±17.68
多酚	27.01±4.30	24.40±3.39
类胡萝卜素	62.81±24.62	64.93±24.18
中性致香成分	35.42±6.96	36.71±11.99
酚类	0.18±0.04	0.18±0.04
酮类和酸类	0.61±0.10	0.61±0.09
呋喃、吡喃、内酯类	1.24±0.25	1.33±0.12
含氮化合物	5.74±1.83	4.55±0.97
其他类	0.07±0.02	0.06±0.02

4.3 等级对烤烟原料加热卷烟适用性的影响

选取 2020 年湖南郴州产区制作生产中实际收购的 13 个主要等级烤烟国标仿制样品并制作加热卷烟，通过对比加热卷烟各项感官质量以确定不同等级烤烟烟叶作为加热卷烟原料的适用性，以期为加热卷烟的烤烟原料筛选提供理论支撑。

烤烟作为重要的经济作物，其分级对于烟草产业的发展和国际贸易意义重大（张会娟等，2008）。烤烟的品质分级标准因国家而异，但一般都基于烟叶的结构、颜色、纹理等外观质量相关特征评判。我国现行国标为便于国际交流和出口贸易，使用英文字母与阿拉伯数字的组合来代表烤烟烟叶等级（表 4-27）。第一个字母表示烟叶的部位，B 代表上部，C 代表中部，X 代表下部；紧接着是代表品质的数字，共有四种品质，用阿拉伯数字 1~4 分别表示；最后一个字母代表烤烟烟叶的颜色，F 代表橘色，L 代表柠檬黄色，R 代表红棕色等。在国际上，对于烤烟的品质分级主要采用美国、巴西、加拿大和津巴布韦等国家的分级标准。美国通常将烟叶的结构、颜色、纹理和几个重要的化学成分作为评判标准，将烤烟分为 153 级（阎新甫等，2008）。巴西的烤烟品质分级与我国比较相似，共分为 41 个等级，但是表达方式稍有不同（罗安娜等，2009）。加拿大的评判标准主要是基于烟叶的厚度、光泽度、纹理和烟碱含量等，与美国较为相似，共分 192 个级别（陈兴江等，2010）。津巴布韦烟叶按部位、颜色、质量进行初分级，再经细分级后扎把并打包出售（厉福强，2004）。

表 4-27 主要等级烤烟原料加热卷烟感官质量评价　　　　单位：分

等级	香气			刺激性	口感			稳定性	总分	劲头
	香气质	香气量	杂气		干燥感	苦涩感	残留			
B1F	6.53± 1.43ab	6.45± 1.33ab	6.50± 1.15ab	5.90± 0.69ab	6.30± 0.93ab	6.40± 1.27ab	6.13± 1.31b	6.25± 0.87ab	50.45± 8.95abc	7.75± 0.87a
B2F	6.33± 0.89ab	6.08± 0.65b	6.58± 0.81ab	5.75± 1.19ab	5.95± 1.08ab	6.45± 0.76ab	6.13± 0.63b	6.38± 0.48ab	49.63± 5.99abc	7.18± 0.47ab
B3F	5.95± 0.82ab	6.00± 1.08b	6.08± 0.81b	5.58± 0.96b	5.75± 0.87ab	6.15± 1.00b	5.83± 0.93b	6.25± 0.65b	47.58± 6.68c	7.30± 0.48ab
B4F	5.75± 0.29b	6.10± 0.12b	5.85± 0.40b	5.65± 0.17b	6.10± 0.12b	6.15± 0.17b	5.75± 0.29b	6.00± 0.00b	47.35± 1.56c	6.50± 0.58bcd
C2F	7.25± 0.50a	7.13± 0.48a	7.25± 0.50a	7.25± 0.50a	6.70± 0.36ab	6.88± 0.25ab	6.88± 0.25ab	6.88± 0.25ab	56.20± 2.26a	6.75± 0.50abc

（续表）

等级	香气			刺激性	口感			稳定性	总分	劲头
	香气质	香气量	杂气		干燥感	苦涩感	残留			
C3F	7.25±0.50a	7.00±0.58a	7.25±0.50a	6.63±0.75ab	7.13±0.48a	7.58±0.51a	6.88±0.48ab	6.88±0.48ab	56.58±0.57a	6.75±0.50abc
C4F	6.83±0.62ab	6.50±0.82ab	6.88±0.63ab	6.38±1.03ab	6.50±0.91ab	6.88±0.63ab	6.75±0.87ab	6.88±0.48ab	53.58±5.53abc	6.50±0.41bcd
C2L	7.00±0.58ab	6.75±0.29ab	7.25±0.29a	6.88±1.03ab	6.88±0.48ab	7.00±0.71a	7.13±0.25a	6.75±0.29ab	55.63±3.75abc	6.63±0.25bc
C3L	7.10±0.42ab	6.98±0.33a	7.38±0.25a	6.88±0.95ab	7.00±0.71ab	6.75±0.5ab	6.75±0.5ab	7.13±0.48a	55.95±4.02ab	6.75±0.50abc
C4L	6.13±1.03ab	6.25±0.87b	5.90±0.82b	6.13±0.95ab	6.38±0.75ab	6.03±1.05b	6.03±0.67b	6.63±0.63ab	49.45±6.57abc	6.00±0.71cd
X2F	6.63±0.48ab	7.00±0.58a	6.00±0.71b	6.50±1.00ab	7.13±0.75a	6.75±0.5ab	6.88±0.63ab	6.63±0.63ab	53.50±4.06abc	6.88±0.95abc
X3F	6.25±0.50ab	5.88±0.75b	5.75±0.50b	6.75±0.5ab	6.88±0.48ab	6.88±0.48ab	6.75±0.87ab	6.88±0.48ab	52.00±3.83abc	5.50±1.00d
X4F	5.70±0.54b	5.88±0.85b	6.00±0.71b	5.50±0.58b	5.63±1.11b	6.50±0.71ab	6.25±0.87b	6.38±0.25ab	47.83±4.37b	6.25±0.65bcd

注：同列数字后不同字母代表 0.05 水平的显著性，$n=6$。

主要等级烤烟样品制作加热卷烟后感官质量评价总分如图 4-30 所示。13 个等级中以 C2F、C3F 等级烟叶为原料制作的加热卷烟感官质量最高；B3F、B4F、X4F 等级烟叶感官质量整体较差，感官总分最低。C2F、C3F、C2L、C3L 等级烟叶香气质、香气量及杂气等香气指标得分为全部等级烟叶最高，B3F、B4F、C4L、X3F、X4F 等级烟叶香气指标得分较低。B1F、B2F、B3F 等级烟叶口感指标总分较低，但劲头指标得分较高。C4L、X3F、X4F 等级烟叶劲头得分最低。

通过以生产中实际收购的 13 个代表性等级烤烟烟叶为原料，将其制作成加热卷烟并结合进行感官质量评价。结果表明 C2F、C3F 等级烟叶为原料制作的加热卷烟感官质量得分最高；B3F、B4F、X4F 等级烟叶制作加热卷烟感官质量整体较差。C2F、C3F 等级烟叶香气指标得分最高；C2F 等级烟叶刺激性得分最高；C3F 等级烟叶干燥感、苦涩感得分最高。B1F、B2F、B3F 等级烟叶劲头最高；X2F 等级烟叶劲头得分最低且显著低于其他等级烟叶。

4 不同类型烟草原料加热卷烟适用性研究

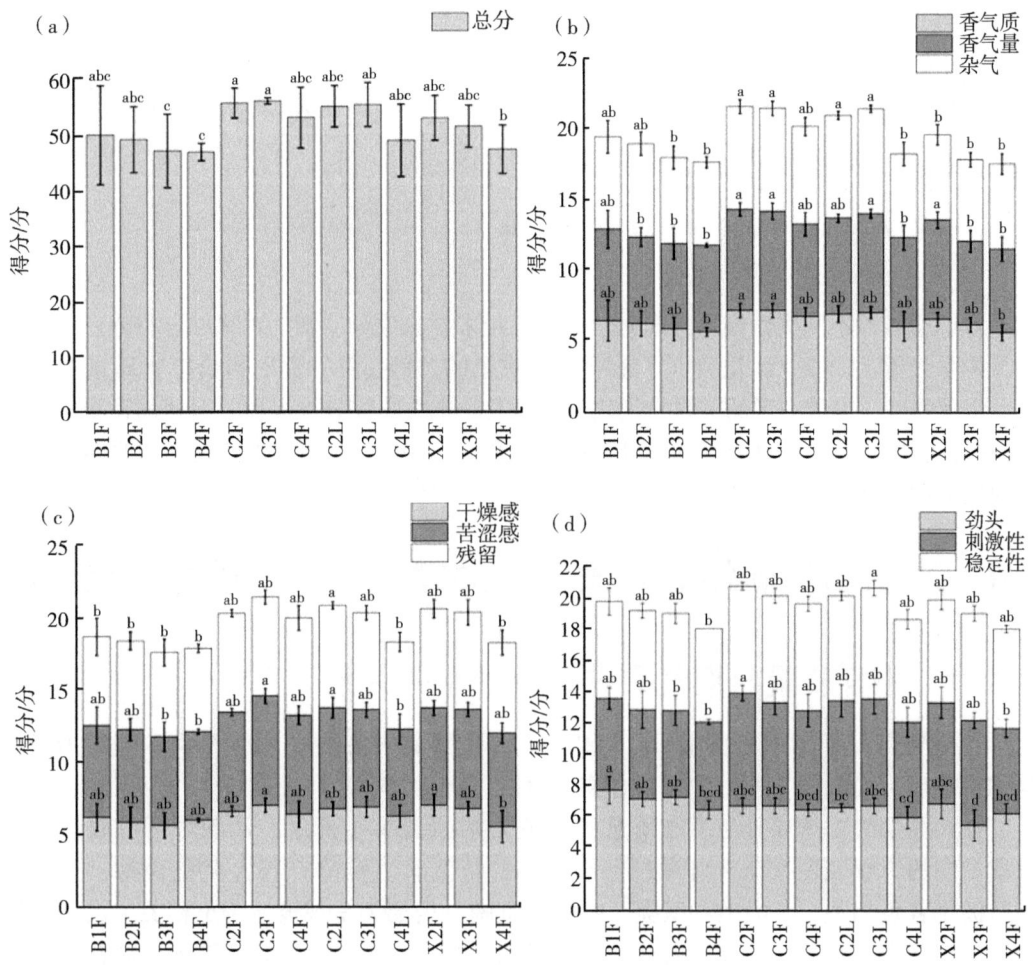

图 4-30 主要等级烤烟原料加热卷烟感官质量评价
（a）感官质量总分；（b）香气指标得分；（c）口感指标得分；（d）其他感官指标得分

5 加热体系下烟叶化学成分、烟气化学成分及感官质量的关系研究

本章通过对不同类型烟草常规化学成分、粉末香味成分、烟气香味成分与感官质量的相关关系分析，提取并优化验证了影响感官质量的关键指标，提取影响感官质量香气特性、生理强度、口感表现的关键常规化学成分及粉末香味成分指标和关键烟气香味成分主要指标，明确了影响感官质量的关键物质基础和其作用规律，可为加热卷烟的原料筛选提供便捷指标体系，同时为加热卷烟专用原料的开发提供技术目标参考。

5.1 影响加热卷烟感官质量的关键烟气香味成分研究

5.1.1 感官质量与烟气香味成分的相关关系

共检测到55种烟气香味成分，可以分为5类，其中酚类10种，酮类和酸类16种，呋喃、吡喃、内酯类9种，含氮化合物17种，其他类3种。

各大类烟气香味成分与感官质量的相关关系如图5-1所示。从图中可以看出，感官质量中的口感表现指标（刺激性、干燥感、苦涩感、残留）与含氮化合物、其他类均呈极显著负相关，与酮类和酸类、呋喃、吡喃、内酯呈现极显著正相关，表明烟气中酮类和酸类、呋喃、吡喃、内酯类释放量的提高有利于较好的口感表现，而含氮化合物、其他类释放量的提高会导致不利的口感表现。在香气特性指标上，除呋喃、吡喃、内酯类释放量与香气质呈极显著正相关，其他类释放量与香气质呈显著负相关外，其他指标间线性相关规律不明显。

具体考察各类烟气香味成分内影响感官质量的成分。

烟气酚类香味成分与感官质量的相关关系如图5-2所示。可以看出，口感表现与4-乙烯基愈创木酚呈较显著正相关关系，与2,6-二甲基苯酚呈较显著负相关关系，劲头与苯酚、愈创木酚、邻甲酚、间甲酚、2,6-二甲氧基苯酚、丁香酚、异丁香酚呈显著或极显著正相关关系，表明烟气中酚类物质释放量对香气特性的影响规律不明显，但酚类物质释放量的增加有利于提高劲头，总体上烟气中酚类物质释放量的增加会使口感表现变差。

烟气酮类和酸类香味成分与感官质量的相关关系如图5-3所示。可以看出，口感表现、香气质指标与环戊烯酮类、环戊烯醇酮类、巨豆三烯酮、乙酸、丙酸均呈现出显著或极显著正相关关系，与1-茚酮呈负相关关系，表明烟气中环戊烯（醇）酮类、巨豆三烯酮、乙酸、丙酸释放量的增加有利于较好的香气质呈现和口感表现。

5 加热体系下烟叶化学成分、烟气化学成分及感官质量的关系研究

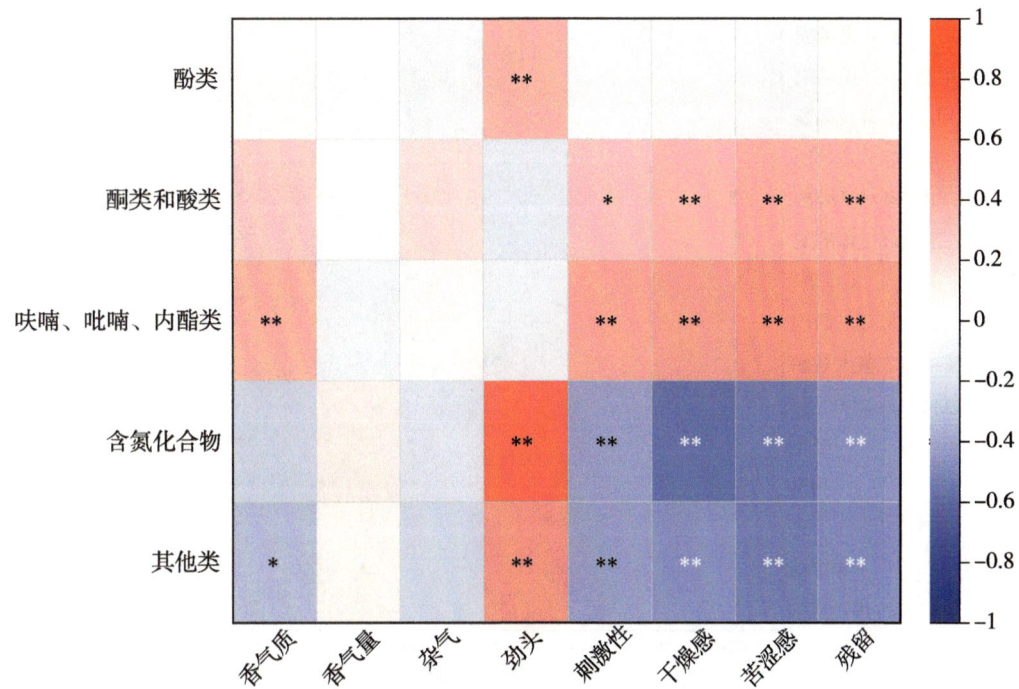

图 5-1 感官质量与烟气香味成分相关热图

注：* 表示 $P \leqslant 0.05$，** 表示 $P \leqslant 0.01$，下同。

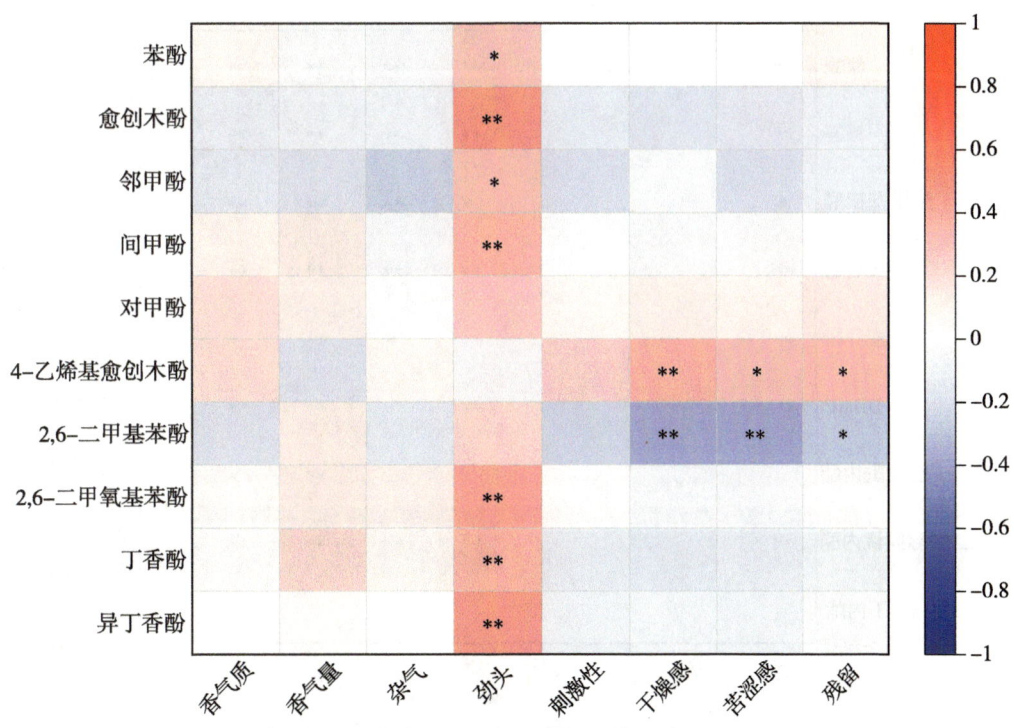

图 5-2 感官质量与烟气酚类香味成分相关热图

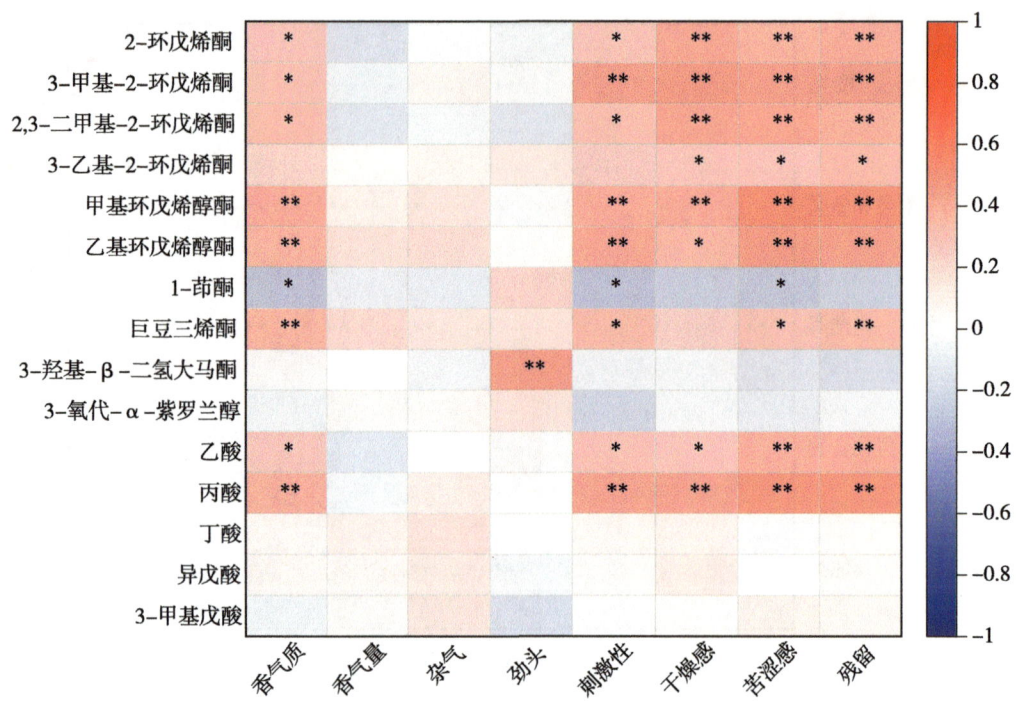

图 5-3 感官质量与烟气酮类和酸类香味成分相关热图

烟气呋喃、吡喃、内酯类香味成分与感官质量的相关关系如图 5-4 所示。可以看

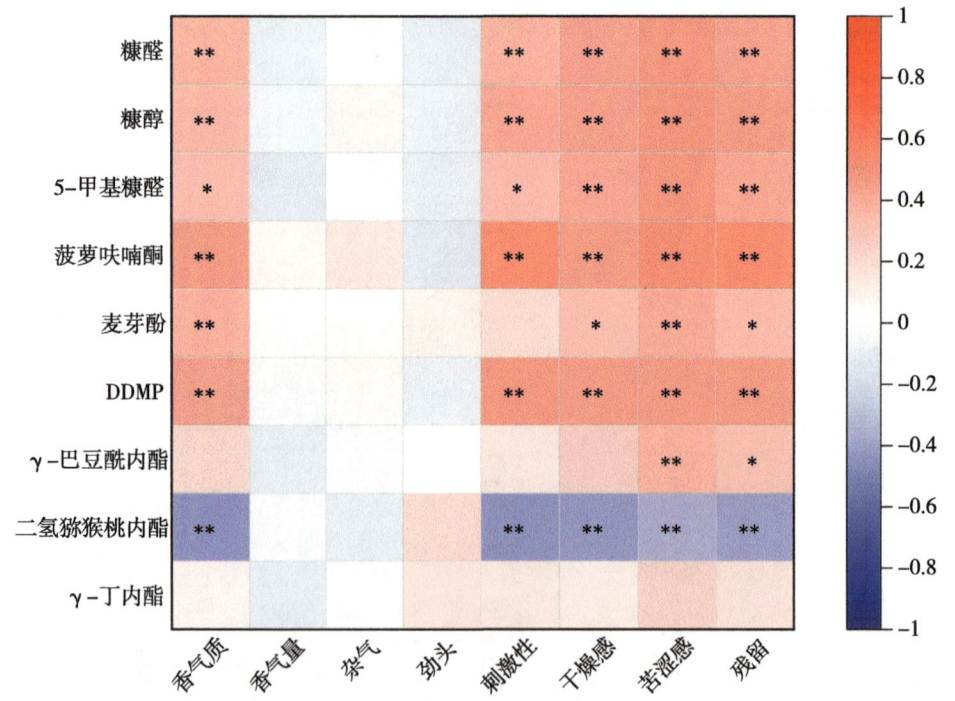

图 5-4 感官质量与烟气呋喃、吡喃、内酯类香味成分相关热图

出,口感表现、香气质指标与糠醛、糠醇、5-甲基糠醛、菠萝呋喃酮、麦芽酚、DDMP、γ-巴豆酰内酯等均呈现出显著或极显著正相关关系,与二氢猕猴桃内酯呈极显著负相关关系,表明烟气中大部分呋喃、吡喃、内酯类物质释放量的增加有利于较好的香气质呈现和口感表现,但二氢猕猴桃内酯释放量的增加则会导致香气质和口感表现变差。

烟气含氮化合物香味成分与感官质量的相关关系如图5-5所示。可以看出,劲头与各类含氮化合物成分呈现显著或极显著正相关关系,一方面,烟气中含氮化合物尤其是烟碱是提供劲头的重要来源,另一方面,含氮化合物是一种碱性香味成分,碱性香味成分释放量的提高有利于提高烟气pH,从而进一步促进游离态烟碱的产生,而游离态烟碱是生理强度的最重要来源。口感表现与吡啶、2-甲基吡啶、3-甲基吡啶、3-乙基吡啶释放量呈现较显著正相关关系,与除以上几种成分之外的其他绝大部分含氮化合物成分释放量均呈现显著或极显著负相关关系,香气特性指标与含氮化合物的相关关系与口感表现相似。以上结果表明烟气中大部分含氮化合物类成分释放量的增加有利于提高劲头,但同时往往会导致香气特性和口感表现变差,烟气含氮化合物中仅有4种吡啶类成分释放量的增加可能有利于较好的香气特性和口感表现的呈现。

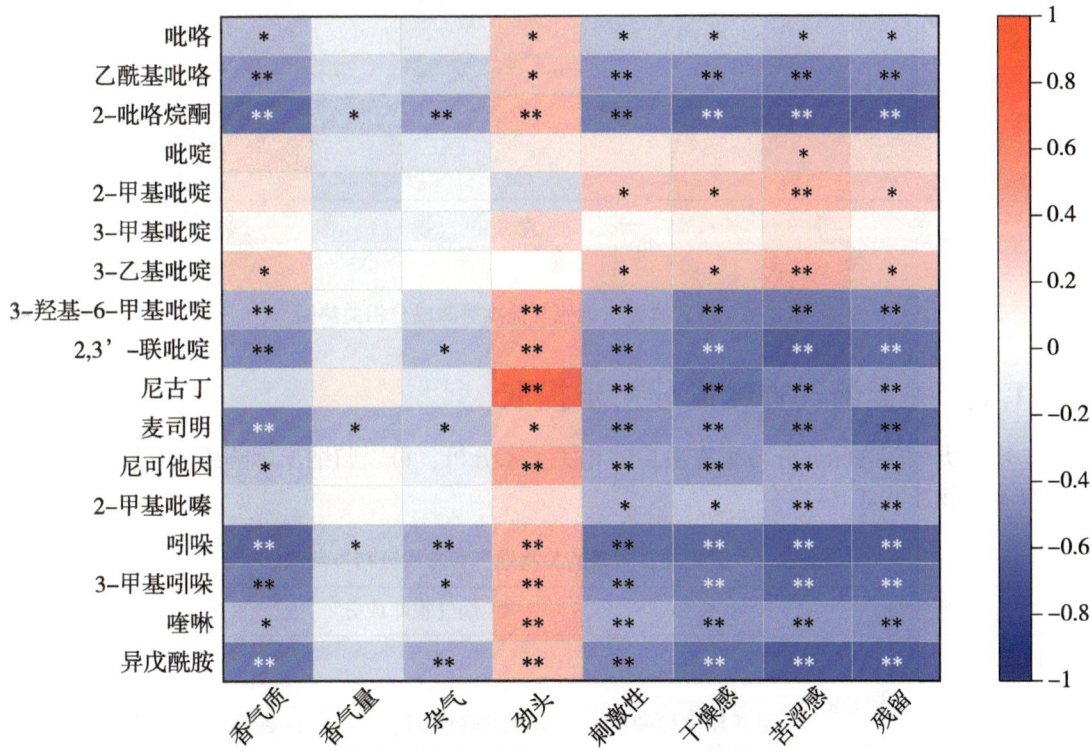

图5-5 感官质量与烟气含氮化合物香味成分相关热图

烟气其他类香味成分与感官质量的相关关系如图5-6所示。可以看出,香气质、口感表现与烟气中新植二烯、苯甲醇、苯乙醇释放量呈显著或极显著负相关关系,劲头与新植二烯、苯甲醇、苯乙醇释放量呈显著或极显著正相关关系，表明烟气中其他类成分释放量的增加有利于提高劲头，但不利于较好的香气特性和口感表现呈现。

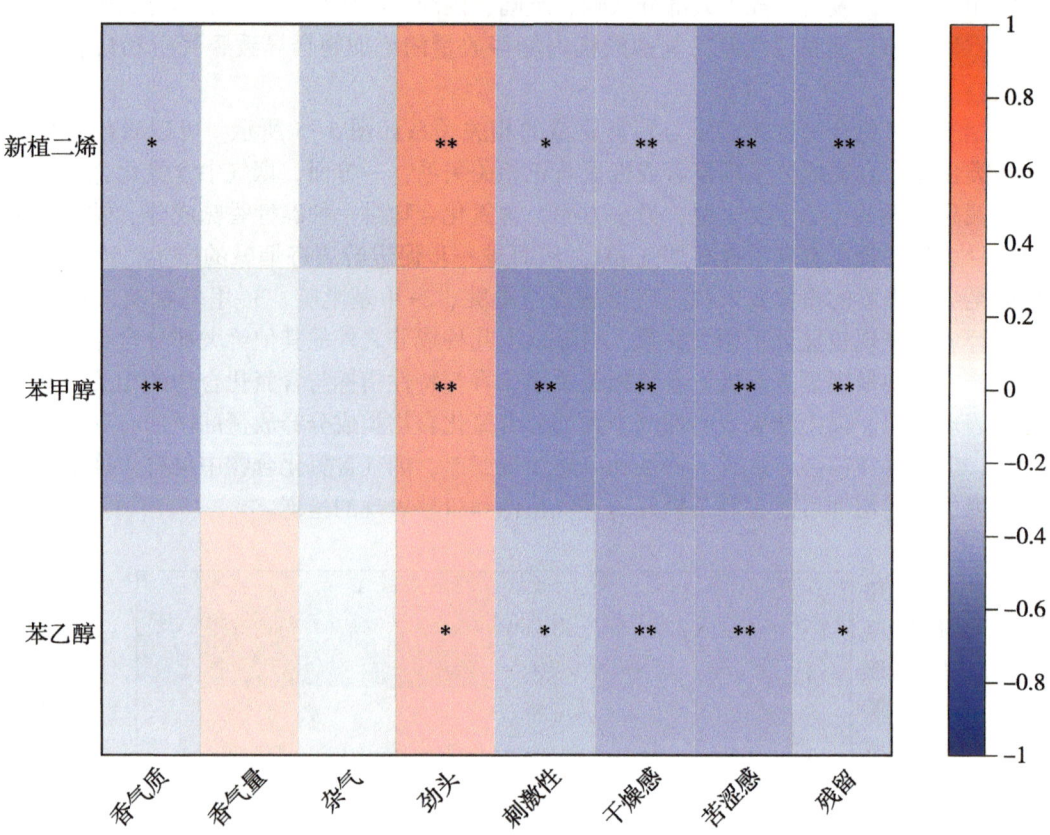

图 5-6　感官质量与烟气其他类香味成分相关热图

5.1.2　关键烟气香味成分初步提取

由各类烟气香味成分与感官质量的相关关系分析，可以归纳出影响感官质量的关键烟气香味物质（表 5-1）。

表 5-1　影响感官质量的关键烟气香味成分初步提取

感官质量		烟气香味成分	
评价维度	指标	正相关	负相关
香气特性	香气质 香气量 杂气	甲基环戊烯醇酮、乙基环戊烯醇酮、巨豆三烯酮、丙酸、菠萝呋喃酮、糠醇、糠醛、DDMP、3-乙基吡啶	1-茚酮、二氢猕猴桃内酯、吲哚、2-吡咯烷酮、苯甲醇
生理强度	劲头	愈创木酚、异丁香酚、3-羟基-β-二氢大马酮、尼古丁、新植二烯	

(续表)

感官质量		烟气香味成分	
评价维度	指标	正相关	负相关
口感表现	刺激性 干燥感 苦涩感 残留	4-乙烯基愈创木酚、3-甲基-2-环戊烯酮、甲基环戊烯醇酮、丙酸、菠萝呋喃酮、糠醇、糠醛、DDMP、2-甲基吡啶、3-乙基吡啶	2,6-二甲基苯酚、1-茚酮、二氢猕猴桃内酯、吲哚、2-吡咯烷酮、苯甲醇、新植二烯

5.1.3 关键烟气香味成分优化与验证

对提取的影响感官质量的关键烟气香味成分通过主成分分析进行验证。

提取出影响香气特性的关键烟气香味成分共14种，其中正向成分9种，反向成分5种（图5-7）。从图中可以看出，影响香气特性的正向关键成分和反向关键成分清晰明确，根据箭头方向和距离分布可以进一步简化为主要包括以甲基环戊烯醇酮、糠醛、DDMP、3-乙基吡啶、菠萝呋喃酮、丙酸6种为代表的正向成分和以吲哚、2-吡咯烷

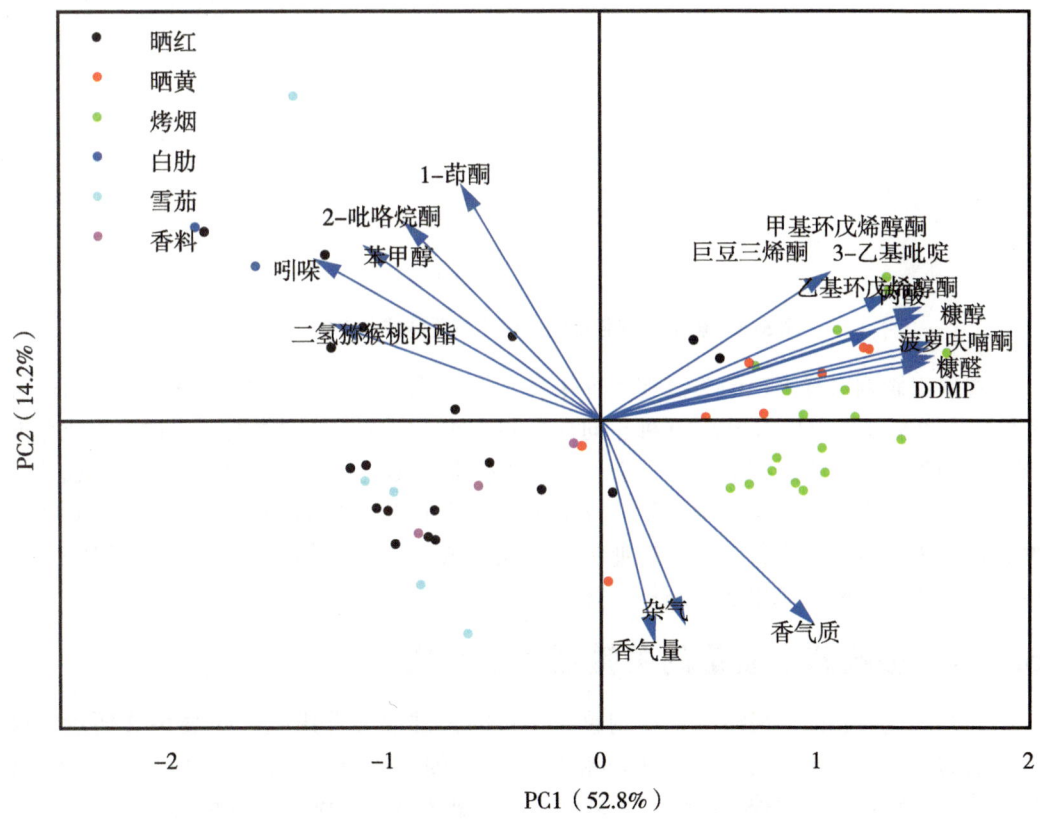

图 5-7　影响香气特性的关键烟气香味成分分析

酮、苯甲醇 3 种为代表的反向成分。

提取出影响生理强度的关键烟气香味成分共 5 种，全部为正向成分。从图 5-8 中可以看出，提取的 5 种影响生理强度的关键烟气香味成分与劲头方向一致，同时可以看出尼古丁是 5 种关键烟气香味成分中最为重要的一种，因此可以考虑将影响生理强度的关键烟气香味成分进一步简化为尼古丁 1 种。

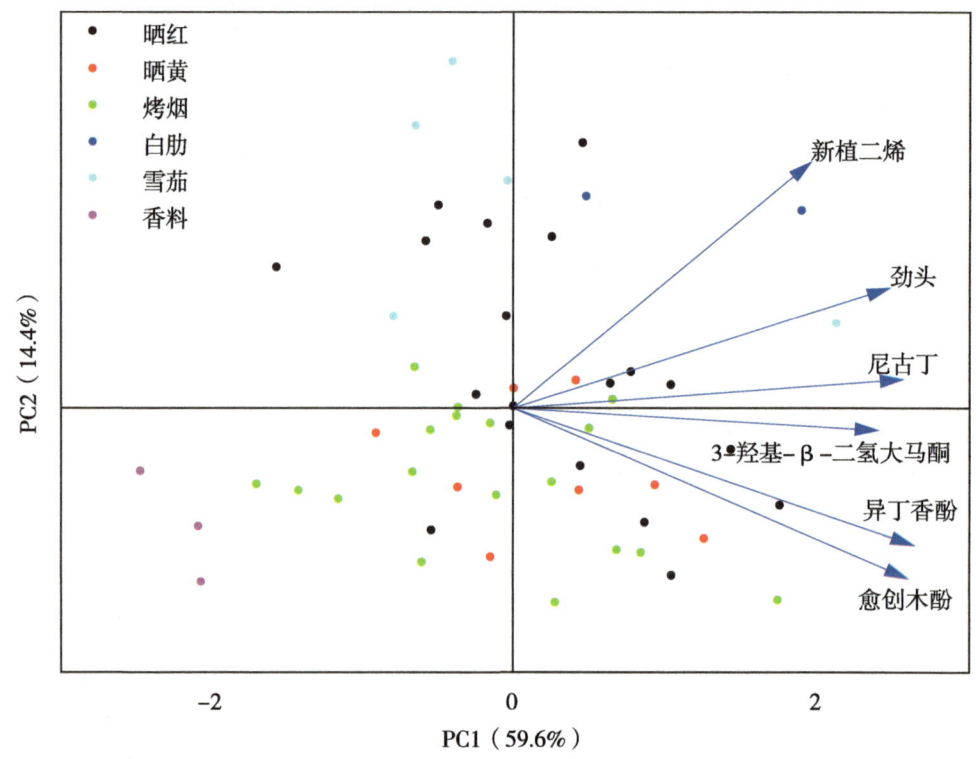

图 5-8　影响生理强度的关键烟气香味成分 PCA 分析

提取出影响口感表现的关键烟气香味成分共 17 种，其中正向成分 10 种、反向成分 7 种。从图 5-9 中可以看出，10 种正向成分和 7 种反向成分分别集聚，通过两类成分能够将不同类型烟草样品有效区分，进一步表明提取的影响口感表现的 17 种关键成分的合理性，通过主成分分析，可以进一步将正向成分简化为甲基环戊烯醇酮、菠萝呋喃酮、DDMP、糠醛、丙酸、3-乙基吡啶，将反向成分进一步简化为 2,6-二甲基苯酚、吲哚、2-吡咯烷酮、苯甲醇、新植二烯。

5.1.4　影响感官质量的关键烟气香味成分

经过优化与验证，最终确定影响感官质量的关键烟气香味成分如表 5-2 所示。最终确定的影响感官质量的关键烟气香味成分共 12 种，其中正向成分 7 种、反向成分 5 种，分别对感官质量的香气特性、生理强度、口感表现三个维度具有重要影响。

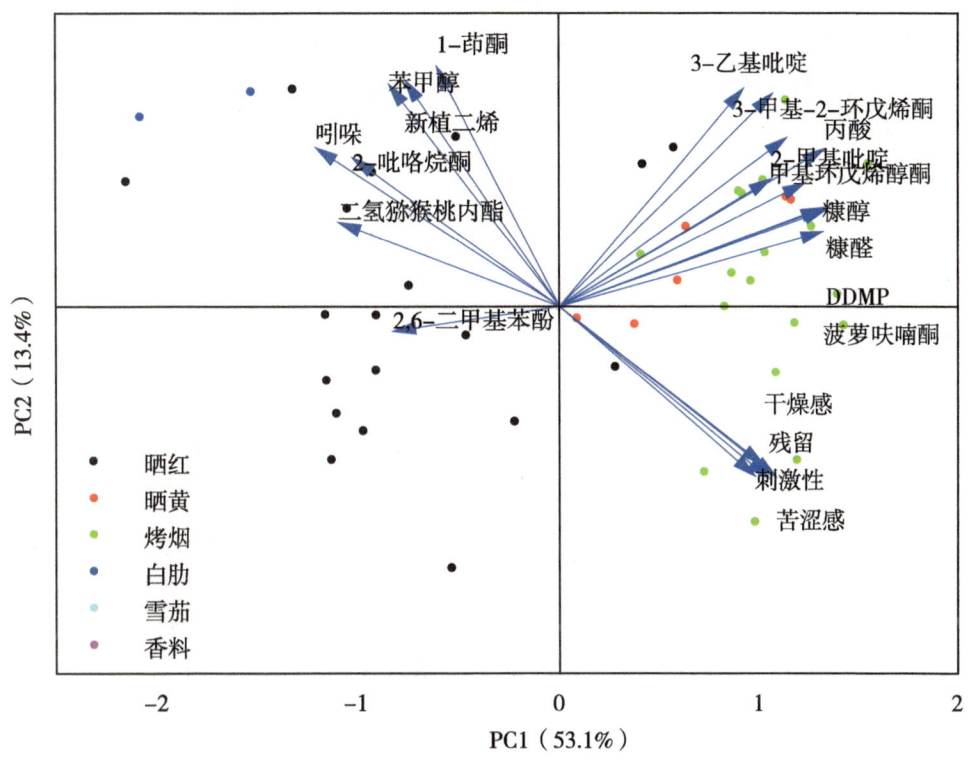

图 5-9 影响口感表现的关键烟气香味成分 PCA 分析

表 5-2 影响感官质量的关键烟气香味成分

感官质量		烟气香味成分	
评价维度	指标	正相关	负相关
香气特性	香气质 香气量 杂气	甲基环戊烯醇酮、丙酸、菠萝呋喃酮、糠醛、DDMP、3-乙基吡啶	吲哚、2-吡咯烷酮、苯甲醇
生理强度	劲头	尼古丁	
口感表现	刺激性 干燥感 苦涩感 残留	甲基环戊烯醇酮、丙酸、菠萝呋喃酮、糠醛、DDMP、3-乙基吡啶	2,6-二甲基苯酚、吲哚、2-吡咯烷酮、苯甲醇、新植二烯

5.2 影响加热卷烟感官质量的关键化学成分研究

5.2.1 感官质量与常规化学成分的相关关系

从感官质量与常规化学成分的相关关系来看（图 5-10），总体上，香气质、口感表现与烟碱、总氮、总钾含量呈较显著负相关关系，与总糖、还原糖含量呈极显著正相关关系，劲头与烟碱、总氮呈显著或极显著正相关关系，与总糖、还原糖呈显著负相关关系，结果表明，与传统卷烟相似，烟草中糖含量与氮含量依然是影响加热卷烟感官质量的重要因素，这与加热卷烟烟气中香味成分主要来自焦糖化反应、棕色化反应以及美拉德反应有关。糖的相关热裂解反应是生成烟气中酮类和酸类、呋喃、吡喃、内酯类物质的重要路径，糖与含氮类化合物的美拉德反应是烟气中含氮化合物的重要来源。

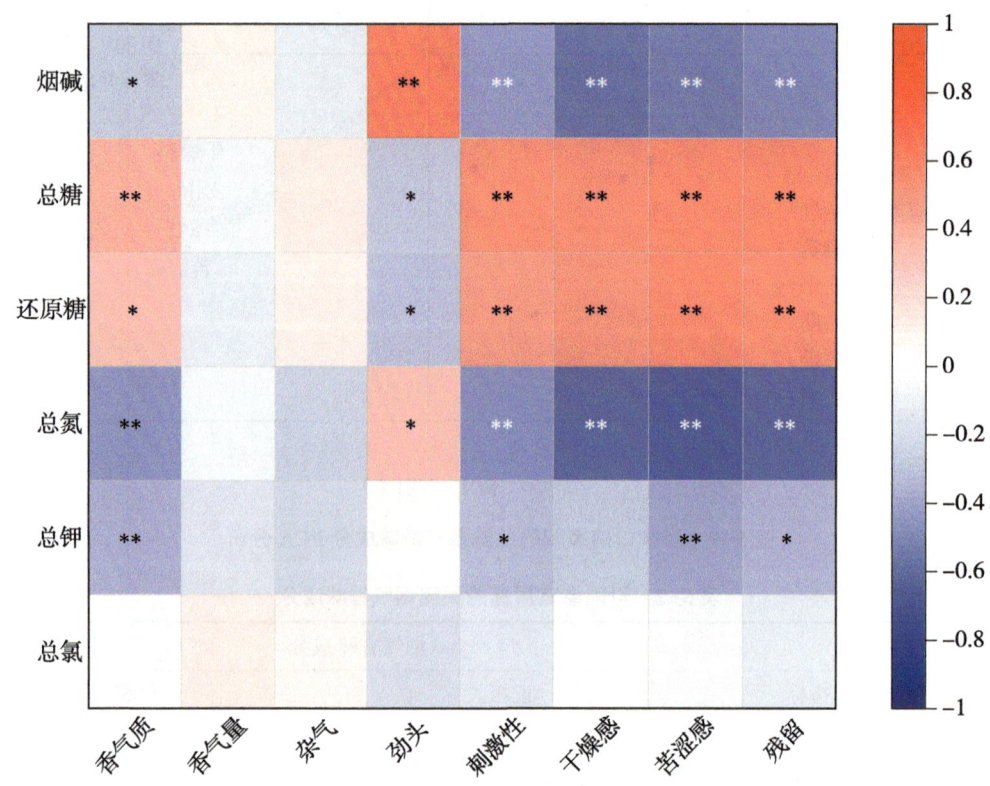

图 5-10　感官质量与常规化学成分相关热图

5.2.2　感官质量与粉末香味成分的相关关系

从感官质量与粉末香味成分的相关关系来看（图 5-11），总体上，香气质、口感表现指标与有机酸、类胡萝卜素、中性致香成分等呈较显著负相关关系，与多酚含量呈较显著正相关关系，劲头与有机酸、中性致香成分呈显著或极显著正相关关系，与多酚含量呈显著负相关关系。

从感官质量与有机酸含量的相关关系来看（图 5-12），总体上，香气质、口感表现指标与草酸、柠檬酸等多元酸含量呈显著或极显著负相关关系，与棕榈酸、硬脂酸、油酸、亚油酸等高级脂肪酸类物质含量呈显著或极显著正相关关系，劲头与草酸、柠檬酸、丙二酸含量呈极显著正相关关系，与棕榈酸、油酸含量呈极显著负相关关系。结果表明烟草粉末中的高级脂肪酸有利于较好的香气质和口感表现的呈现，同时会降低劲

5 加热体系下烟叶化学成分、烟气化学成分及感官质量的关系研究

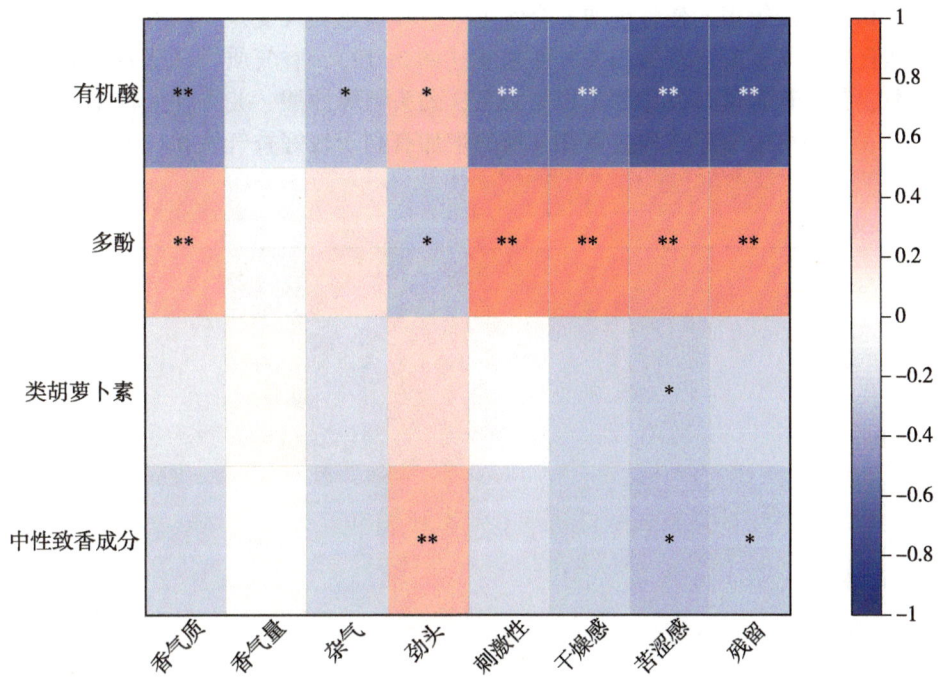

图 5-11　感官质量与粉末香味成分相关热图

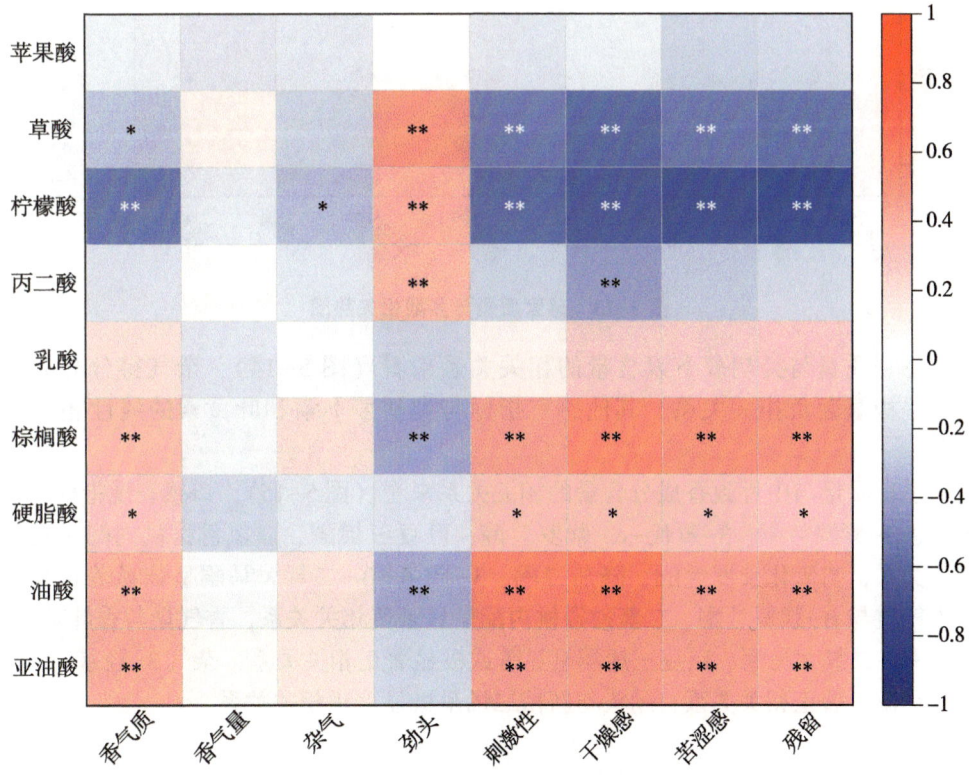

图 5-12　感官质量与有机酸成分相关热图

头，草酸和柠檬酸等多元酸含量增加会使香气质和口感表现变差，同时会提高劲头。

从感官质量与多酚含量的相关关系来看（图5-13），香气质、口感表现指标与烟草中绿原酸、芸香苷含量呈极显著正相关关系，劲头与绿原酸、芸香苷呈较显著负相关关系，结果表明烟草中绿原酸和芸香苷含量的增加有利于较好香气质和口感表现、较低劲头的呈现。

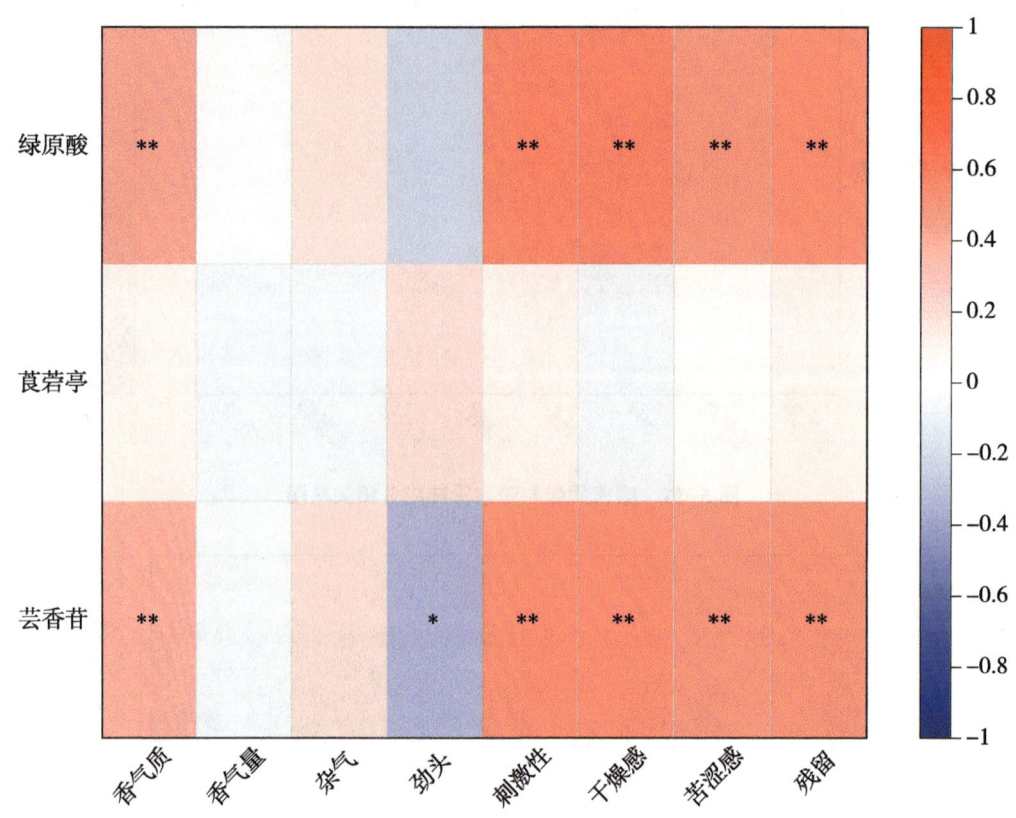

图5-13 感官质量与多酚相关热图

从感官质量与类胡萝卜素含量的相关关系来看（图5-14），杂气得分与胡萝卜素含量呈极显著负相关关系，其他感官指标与类胡萝卜素和叶黄素的线性相关关系不显著。

从感官质量与中性致香成分含量的相关关系来看（图5-15），口感表现指标与香叶基丙酮、β-紫罗兰酮、3-氧代-α-紫罗兰醇、巨豆三烯酮、二氢猕猴桃内酯呈较显著负相关关系，与氧化紫罗兰酮、降茄二酮、3-羟基-β-二氢大马酮呈较显著正相关关系，香气质与β-紫罗兰酮、二氢猕猴桃内酯呈显著负相关关系，香气量与香叶基丙酮、3-羟基-β-二氢大马酮、巨豆三烯酮呈显著或极显著正相关关系，杂气3-羟基-β-二氢大马酮呈极显著正相关关系，劲头与新植二烯呈极显著正相关关系。

5 加热体系下烟叶化学成分、烟气化学成分及感官质量的关系研究

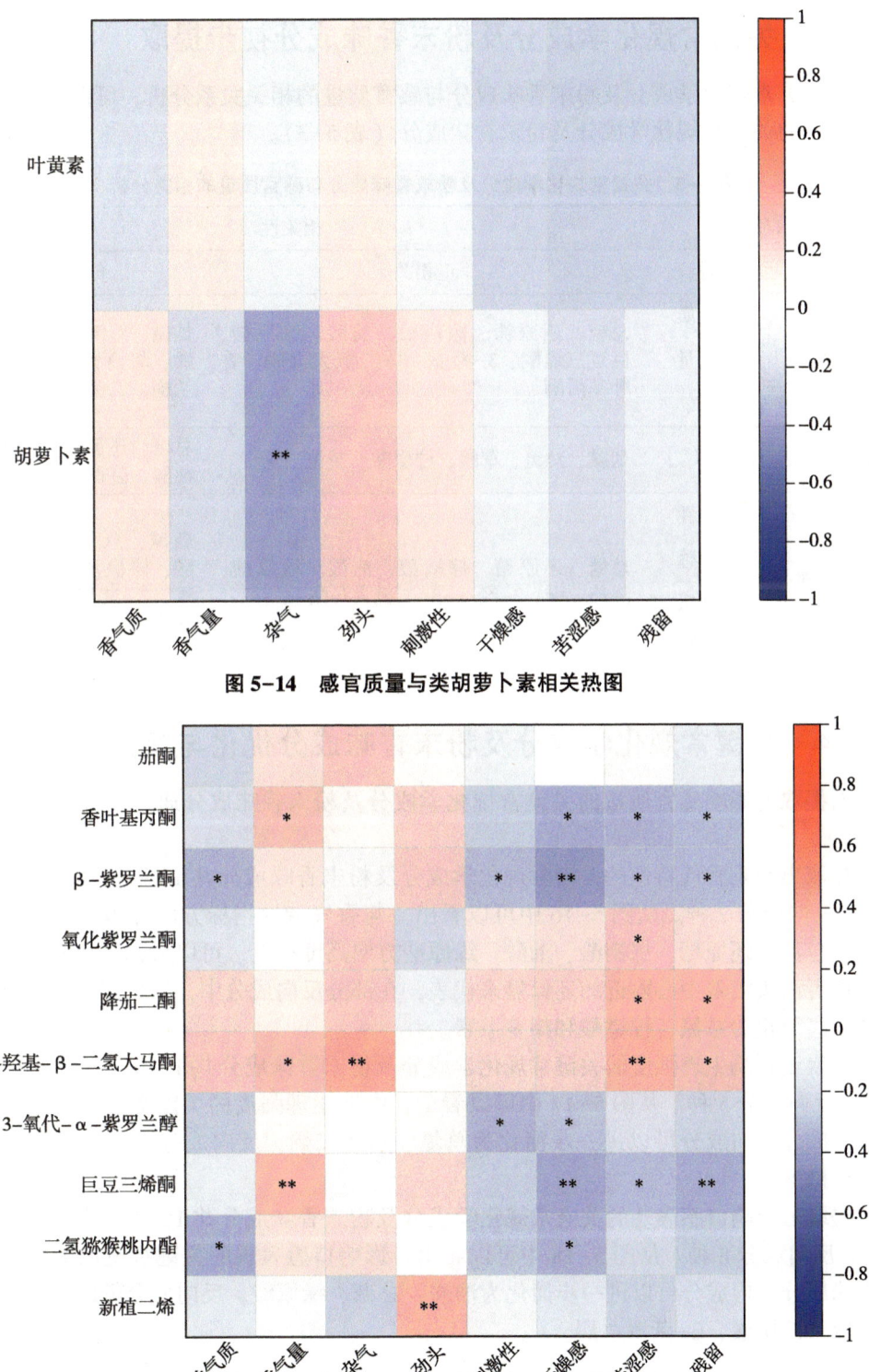

图 5-14 感官质量与类胡萝卜素相关热图

图 5-15 感官质量与中性致香成分相关热图

5.2.3 关键常规化学成分及粉末香味成分初步提取

由各类常规化学成分及粉末香味成分与感官质量的相关关系分析,可以归纳出影响感官质量的关键常规化学成分及粉末香味成分(表5-3)。

表5-3 关键常规化学成分及粉末香味成分与感官质量的相关分析

感官质量		相关性	
评价维度	指标	正相关	负相关
香气特性	香气质 香气量 杂气	总糖、还原糖、棕榈酸、油酸、绿原酸、巨豆三烯酮、3-羟基-β-二氢大马酮、香叶基丙酮	烟碱、总氮、总钾、柠檬酸、胡萝卜素、β-紫罗兰酮、二氢猕猴桃内酯
生理强度	劲头	烟碱、总氮、草酸、柠檬酸、新植二烯	总糖、还原糖、棕榈酸、油酸、芸香苷
口感表现	刺激性 干燥感 苦涩感 残留	总糖、还原糖、棕榈酸、油酸、绿原酸、降茄二酮、3-羟基-β-二氢大马酮	烟碱、总氮、总钾、草酸、柠檬酸、巨豆三烯酮、β-紫罗兰酮、香叶基丙酮

5.2.4 关键常规化学成分及粉末香味成分优化与验证

对提取的影响感官质量的关键常规化学成分及粉末香味成分通过主成分分析进行验证。

提取出影响香气特性的关键常规化学成分及粉末香味成分共15种,其中正向成分8种、反向成分7种。从图5-16中可以看出,与香气特性指标方向总体一致的正向成分中,总糖、还原糖、棕榈酸、油酸、绿原酸方向高度接近,可以考虑进行简化,选取处于前者箭头汇聚中心附近的还原糖来代表,在部分反向成分中,依据图中箭头汇聚方向和距离简化为总氮、柠檬酸和胡萝卜素。

提取出影响生理强度的关键常规化学成分及粉末香味成分共10种,其中正向成分5种、反向成分5种。从图5-17中可以看出,影响生理强度的关键常规化学成分及粉末香味成分正向成分可以进一步简化为总氮、新植二烯,反向成分进一步简化为还原糖、棕榈酸。

提取出影响口感表现的关键常规化学成分及粉末香味成分共15种,其中正向成分7种、反向成分8种。从图5-18中可以看出,影响口感表现的关键常规化学成分及粉末香味成分正向成分可以进一步简化为油酸、总糖、绿原酸,反向成分可以进一步简化为烟碱、柠檬酸、β-紫罗兰酮。

5.2.5 影响感官质量的关键常规化学成分及粉末香味成分

经过优化与验证,最终确定影响感官质量的关键常规化学成分及粉末香味如表5-4

5 加热体系下烟叶化学成分、烟气化学成分及感官质量的关系研究

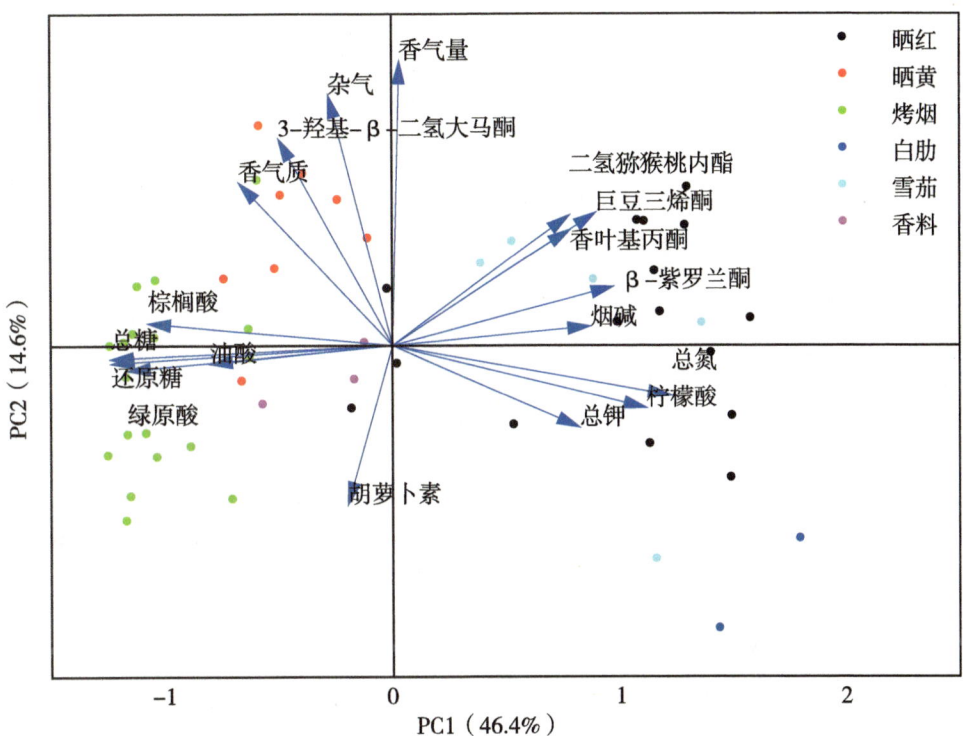

图 5-16 影响香气特性的关键常规化学成分及粉末香味成分 PCA 分析

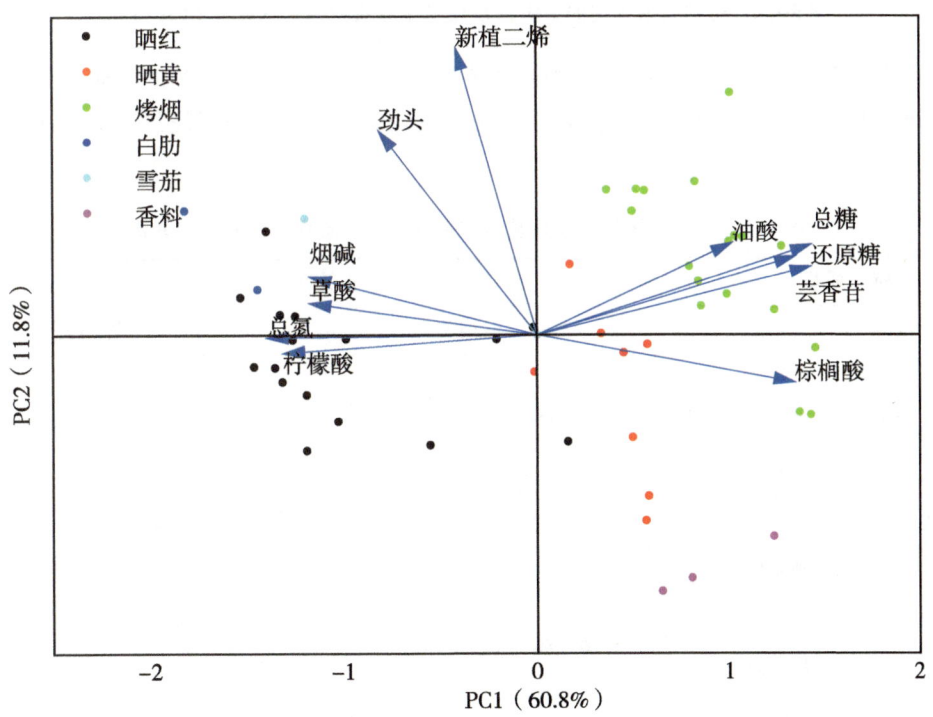

图 5-17 影响生理强度的关键常规化学成分及粉末香味成分 PCA 分析

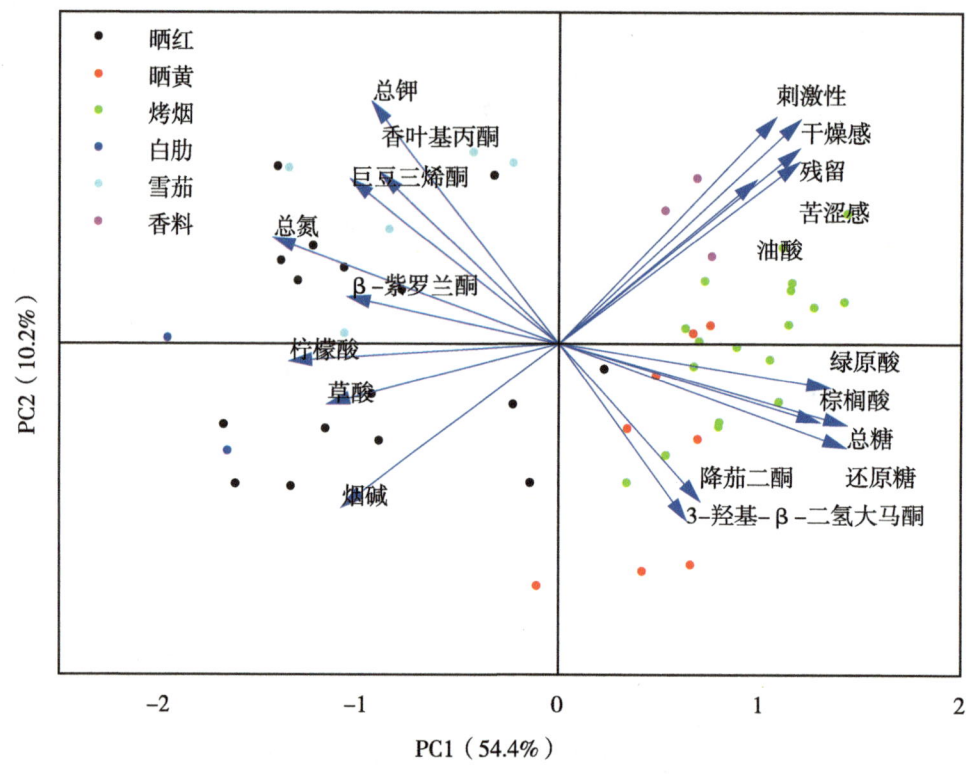

图 5-18 影响口感表现的关键常规化学成分及粉末香味成分 PCA 分析

所示。最终确定的影响感官质量的关键烟气香味成分共 15 种,其中正向成分 8 种,反向成分 7 种,分别对感官质量的香气特性、生理强度、口感表现三个维度具有重要影响。

表 5-4 关键常规化学成分及粉末香味成分与感官质量的相关分析

感官质量		相关性	
评价维度	指标	正相关	负相关
香气特性	香气质 香气量 杂气	还原糖、3-羟基-β-二氢大马酮、巨豆三烯酮	总氮、柠檬酸、胡萝卜素
生理强度	劲头	总氮、新植二烯	还原糖、棕榈酸
口感表现	刺激性 干燥感 苦涩感 残留	油酸、总糖、绿原酸	烟碱、柠檬酸、β-紫罗兰酮

5.3 小结

通过对不同类型烟草常规化学成分、粉末香味成分、烟气香味成分与感官质量的相关关系分析，提取并优化验证了影响感官质量的关键指标，共提取出影响感官质量香气特性、生理强度、口感表现的关键常规化学成分及粉末香味成分指标13个，关键烟气香味成分指标12个，明确了影响感官质量的关键物质基础和其作用规律，可为加热卷烟的原料筛选提供便捷指标体系，同时为加热卷烟专用原料的开发提供技术目标参考。

6 烤烟原料理化特性与加热卷烟感官质量的关系研究

　　烤烟原料的特性包括外观质量、物理特性、化学成分，对烟叶质量影响巨大，也是感官质量的重要影响因素（王欣，2008；Shao 等，2016；闫铁军等，2021）。烤烟的外观质量包括烤后烟叶的颜色、成熟度、叶片结构、色度等，是烤后烟叶质量评价的重要指标及工业分级的主要标准（王超等，2021）。已有研究表明烤后烟叶外观质量与烟叶化学成分、卷烟香气成分及卷烟感官质量关系紧密（Wu 等，2022）。邓小华等（2011）以湖南主产烟区烤烟样本为材料，通过量化评定烟叶感官质量及外观质量和烟叶物理性状、化学成分测定，应用典型相关分析方法分析了各指标间的典型相关性，结果表明，烟叶外观指标中成熟度、叶片身份、油分、叶片结构和叶片色度与香气质、香气量、浓度、劲头等多个传统卷烟感官质量指标呈显著或极显著正相关；与刺激性、杂气、余味等指标呈显著或极显著负相关。闫洪洋等（2012）以河南烤烟仿制样品为试验材料，对 42 个等级烟叶样品外观质量、感官质量进行了量化评价，并对各项指标间的相关性进行分析，结果与邓小华等（2011）相似。过伟民等（2010）以河南襄城县浓香型烟叶原料基地产不同外观质量浓香型烤烟样品为原料，研究其外观质量与感官质量相关性，结果表明，在上部烟叶中，深橘黄烟叶香气质显著低于橘黄和浅橘黄烟叶，橘黄和浅橘黄烟叶香气品质差别较小，感官评吸总分随色域变浅呈上升趋势，以浅橘黄烟叶最高。烤烟物理特性包括单叶质量、叶面密度、叶长、叶宽、填充值等，对传统卷烟制品的风格、质量、成本及其他经济指标有着巨大影响（刘阳等，2018）。此前已有大量针对烤烟化学成分与传统卷烟感官质量间关系的研究：武广鹏等（2022）以河南产烤烟烟叶为材料，对烤烟化学成分与感官评吸质量的关系进行研究，结果表明烟叶中烟碱、总氮含量及氮碱比、糖碱比与感官质量中风格、香气量、浓度、劲头、刺激性和余味呈显著相关。薛琳等（2016）为对皖南烟区烤烟化学成分及感官品质进行相关性分析，结果表明感官评析得分、焦甜感与总糖、还原糖含量及氮碱比均呈显著或极显著正相关，与烟碱、总氮、钾、氯均呈极显著负相关。夏冰冰等（2015）选用遵义产上部烟叶样品进行感官质量评价及化学成分检测，相关性分析结果评析质量与总糖、还原糖、淀粉含量及糖碱比、钾氯比、糖氮比呈显著正相关，与总植物碱、总氮、氯含量呈显著负相关。

6.1 材料与方法

6.1.1 原料

研究材料为 2020 年按照烤烟国家标准 GB 2635—1992 仿制的样品,烤烟产地为湖南郴州,品种为云烟 87,均取自同一区域,样品包括 13 个等级,分别为:B1F、B2F、B3F、B4F、C2F、C3F、C4F、C2L、C3L、C4L、X2F、X3F、X4F,每个等级样品数量为 4~6 个,烟叶外观质量、物理特性试验材料均为仿制样品原叶;烟叶化学成分检测原料为烟叶粉末,将 2.1.2 中所有国标仿制样品去筋后经 60 ℃ 烘箱烘干 2 h 并粉碎,静置至室温后过 60 目筛保存。

6.1.2 烟叶外观质量评价方法

依据国家标准 GB 2635—1992 对不同等级仿制样品进行烟叶外观质量鉴定,并根据表 6-1 对烟叶颜色、成熟度、叶片结构、身份、油分、烟叶色度及柔韧性 7 个指标进行打分。每个等级烟叶的外观质量评价均进行 6 次重复。

表 6-1 烟叶外观质量评价标准

指标	档次	分值
颜色	橘黄	7~10
	柠檬黄	6~9
	红棕	3~7
	微带青	3~6
	青黄	1~4
	杂色	0~3
成熟度	成熟	7~10
	完熟	6~9
	尚熟	4~7
	假熟	3~5
	欠熟	0~4
结构	疏松	8~10
	尚疏松	5~8
	稍密	3~5
	紧密	0~3
身份	中等	7~10

（续表）

指标	档次	分值
身份	稍薄	4~7
	稍厚	4~7
	薄	0~4
	厚	0~4
油分	多	8~10
	有	5~8
	稍有	3~5
	少	0~3
色度	浓	8~10
	强	6~8
	中	4~6
	弱	2~4
	淡	0~2
柔韧性	柔软	8~10
	较柔软	5~8
	较硬脆	3~5
	硬脆	0~3

6.1.3 烟叶物理特性检测方法

单叶质量、叶面密度、填充值的测定参考付秋娟等（2014）的方法；叶长、叶宽的测定方法如下：每个等级烤烟中随机抽取 10 片烟叶，调节含水率为 16.5%±0.5%，用直尺逐片测量每片叶片中部最宽处两支脉末端之间的宽度，以 10 片烟叶测量结果的平均值作为叶长/叶宽最终测量结果（cm）。

6.1.4 烤烟原料化学成分检测方法

烟叶中总植物碱、总氮、总糖、还原糖、钾、氯、淀粉 7 项化学成分指标于 2021 年在中国农业科学院烟草研究所分别按照 YC/T 468—2013、YC/T 161—2002、YC/T 159—2002、YC/T 217—2007、YC/T 162—2002、YC/T 216—2013 的方法测定。每个等级重复 3 次。

6.1.5 加热卷烟烟支样品制作方法

本次试验采用辊压法将不同等级烤烟原料初加工成为再造烟叶，再进一步切割为烟丝卷制加热卷烟烟支以供感官质量评价。

加热卷烟烟支制作流程如下：每张薄片需 30 g 烟叶粉末，添加烟叶粉末质量 2.5% 的羧甲基纤维素钠（食品级）与烟叶粉末混匀备用。将烟叶粉末质量 72.5% 的超纯水与 25% 的甘油（食品级）混匀后匀速缓慢加入到混合粉末中，过程中持续搅拌使粉末与料液均匀混合并使用 HNB-2020 烟草薄片制浆仪均质 10 min，后将混合材料加入 HNB-2060 烟草薄片打样仪中经多次辊压得到厚度约为 0.2 mm 的烟草薄片。将烟草薄片放入 80 ℃烘箱内烘烤 2 min，使其薄片水分含量到达 10% 左右得到再造烟叶。沿固定方向将再造烟叶切割为宽度约 1 mm 的烟丝，使其长度与加热卷烟烟支烟草段长度匹配，以轴向束状的方式填充在加热卷烟烟支烟草段空腔中得到加热卷烟烟支样品。每支约填充 0.3 g 再造烟叶。感官质量评价前需要将制得的烟支置于温度 22 ℃±1 ℃、相对湿度 60%±2% 的环境中平衡 48 h。

6.2 不同等级烤烟理化特性

6.2.1 不同等级烤烟原料外观质量

如图 6-1 所示，C2F、C3F、B1F、C4F 等级烟叶整体外观质量较好，其中 C2F 等级烟叶所有外观质量得分均较高，成熟度、身份、油分、色度及柔韧性得分均为所有等级烟叶中最高；B4F 等级烟叶除颜色、色度外其余外观质量均较差；X3F、X4F 等级烟

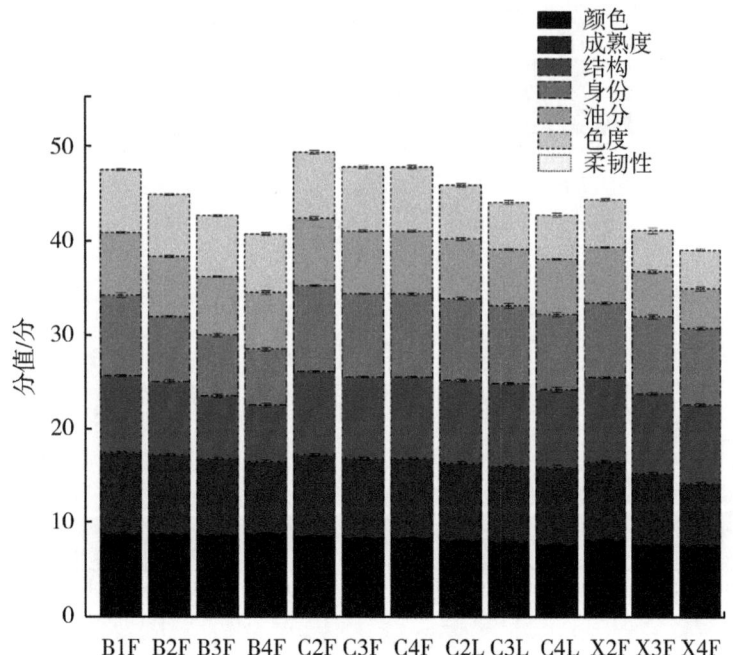

图 6-1 不同等级烟叶外观质量评价

叶除结构外其余外观质量均较差。C2F、C3F 及上部 4 个等级烟叶颜色得分较高；C4L、X3F 及 X4F 等级烟叶颜色得分最低。B1F、B2F、C2F、C3F 等级烟叶成熟度得分最高；C4F、X3F 等级烟叶成熟度最差。上部 4 个等级烟叶结构得分较低，其中以 B4F 等级烟叶得分最低，仅有 6 分。B4F 等级烟叶身份得分为 6 分，在所有等级烟叶中得分最低；C2F 等级烟叶身份得分最高且达到 9.1 分。油分得分最高的等级为 C2F；X3F、X4F 等级烟叶油分得分最低，且显著低于其他等级烟叶。中部 3 个柠檬黄色等级烟叶及 3 个下部等级烟叶色度得分较低，其中 X3F、X4F 等级烟叶得分最低。C2F 等级烟叶柔韧性最好，得分达到 7.2，显著高于除 C3F 外其余等级烟叶；X4F 柔韧性得分最低，显著低于其余等级烟叶。

6.2.2 不同等级烤烟原料物理特性

如图 6-2 所示，不同等级烤烟叶片间单叶质量、叶面密度差异较大，整体规律均为按部位由上到下依次递减。其中 B1F 等级烟叶单叶质量达到 16.06 g，显著高于其他

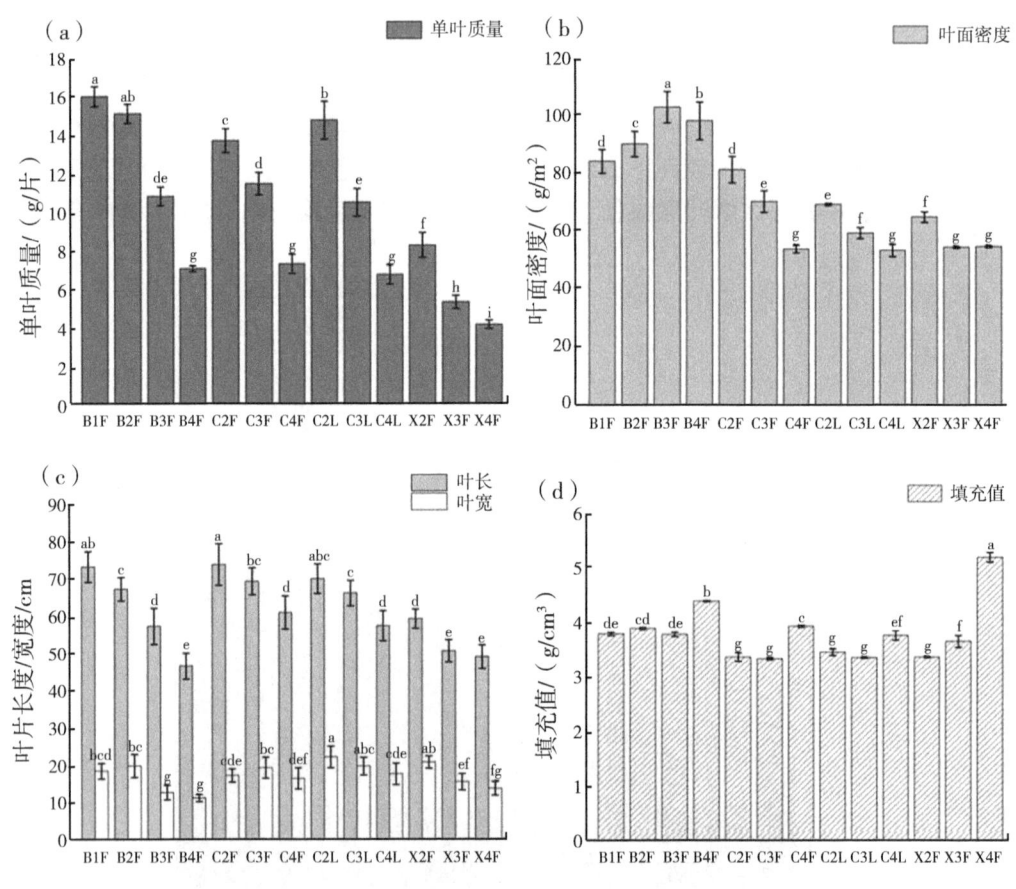

图 6-2 不同等级烤烟原料物理特性
（a）单叶质量；（b）叶面密度；（c）叶片长度/宽度；（d）填充值

等级烟叶；X4F 等级烟叶单叶质量仅有 4.14 g，为所有等级烟叶最低。4 个上部等级烟叶叶面密度较高，其中 B3F 等级烟叶密度达到 103.46 g/m²，显著高于其他等级烟叶；C4F、C4L、X3F、X4F 4 个等级烟叶叶面密度显著低于其他等级烟叶。C2F 等级烟叶长度最大，达到 74.2 cm；X3F、X4F 等级烟叶长度分别仅有 50.9 cm 及 49.3 cm，显著小于其他等级烟叶。C2L 叶片宽度最大；B3F、B4F、X4F 等级烟叶宽度最小。X4F 等级烟叶填充值最大，达到 5.23 g/cm³，显著高于其他等级烟叶；C2F、C3F、C2L、C3L、X2F 等级烟叶填充值显著低于其余等级烟叶。

6.2.3 不同等级烤烟原料化学成分差异分析

如图 6-3 所示，不同等级烤烟烟叶化学成分及其比值差异较大。C2L、C3L 等级烟叶总糖、还原糖含量最高；上部 4 等级烟叶总糖含量、还原糖含量较低，B4F 等级烟叶总糖、还原糖含量均为最低。上部 4 等级烟叶总氮、总植物碱含量显著高于其余等级烟

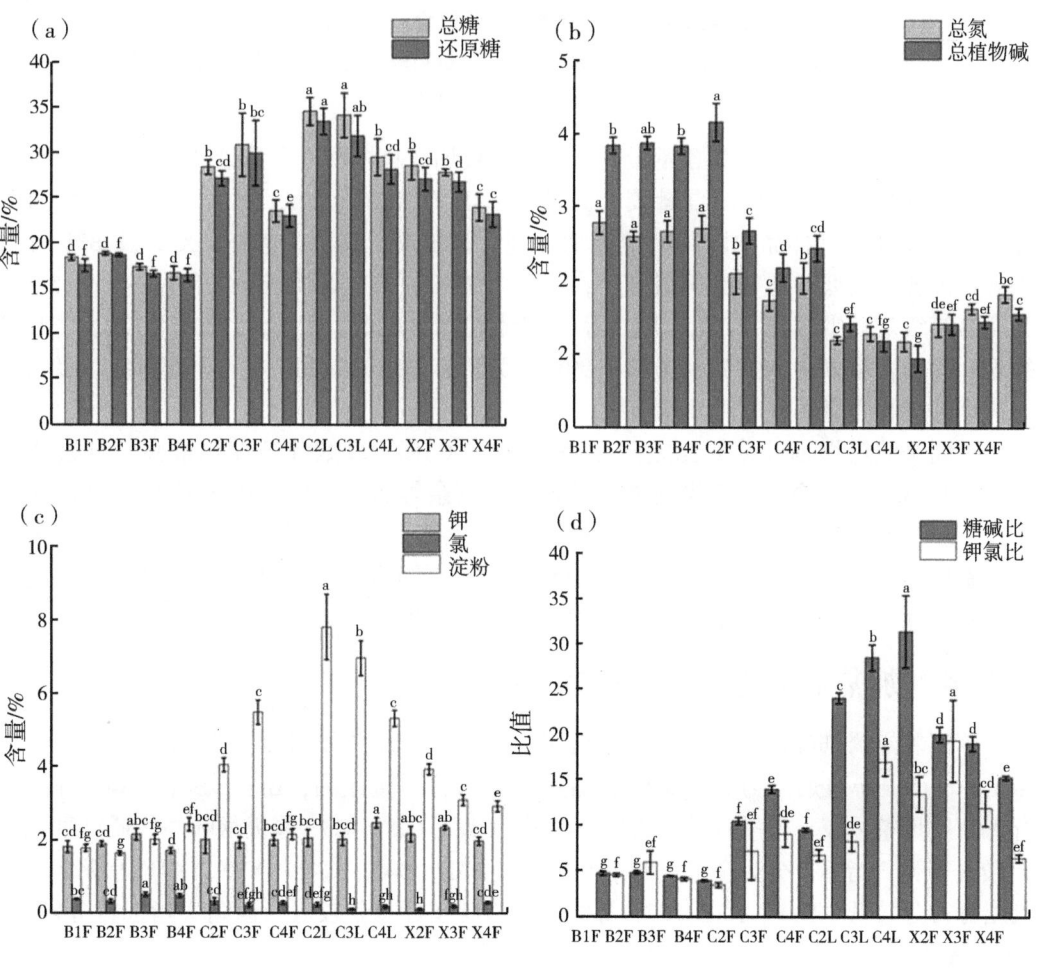

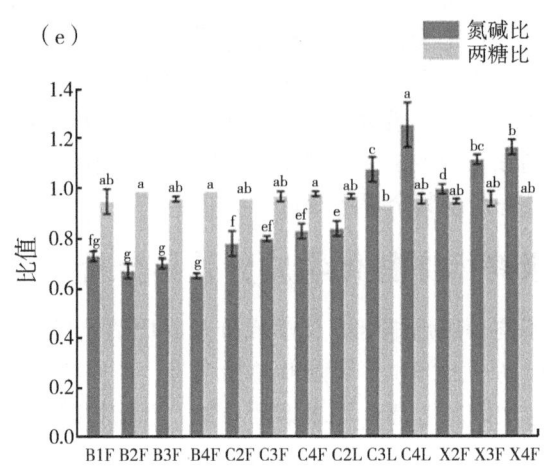

图 6-3 不同等级烤烟原料化学成分含量及比值
(a) 总糖、还原糖含量；(b) 总氮、总植物碱含量；(c) 钾、氯、淀粉含量；(d) 钾氯比、糖碱比；(e) 氮碱比、两糖比

叶，其中 B1F 等级烟叶总氮含量最高，B4F 等级烟叶总植物碱含量最高；中部 3 个柠檬黄等级烟叶总氮、总植物碱含量较低，其中 C4L 等级烟叶总氮、总植物碱含量均为最低。13 个等级烟叶样品中以 C4L 等级烟叶钾含量最高，其次为 X3F、X2F 及 B3F 等级烟叶；钾含量最低的是 B4F 等级烟叶，仅有 1.78%。B3F 等级烟叶氯含量达到 0.52%，为所有等级烟叶中最高；C3L、X2L 等级烟叶氯含量最低，仅有 0.12%。C2L、C3L 等级烟叶淀粉含量分别达到 7.84% 和 6.99%，为所有等级中最高；4 个上部等级以及 C4F 等级烟叶淀粉含量明显低于其他等级。

不同等级烤烟烟叶糖碱比差异显著，C4L、C3L 等级烟叶糖碱比最高，分别达到 34.11 和 28.56；4 个上部等级糖碱比显著低于其余等级，其中 B4F 等级烟叶糖碱比仅有 4，为全部等级中最低。C4L 等级烟叶氮碱比显著高于其余等级，但所有等级烤烟样品氮碱比均处于 0.65~1.26。所有等级烟叶两糖比差异较小。X2F 等级烟叶钾氯比达到 19.42，为所有等级烟叶最高；B4F 等级烟叶钾氯比最低，仅有 3.53。

6.2.4 加热卷烟感官质量评价结果

不同等级烤烟样品制作加热卷烟后感官质量评价总分如图 6-4 所示。13 个等级中以 C2F、C3F 等级烟叶为原料制作的加热卷烟感官质量最高；B3F、B4F、X4F 等级烟叶感官质量整体较差，感官总分最低。C2F、C3F、C2L、C3L 等级烟叶香气质、香气量及杂气等香气指标得分为全部等级烟叶最高，B3F、B4F、C4L、X3F、X4F 等级烟叶香气指标得分较低。B1F、B2F、B3F 等级烟叶口感指标总分较低，但劲头指标得分较高。C4L、X3F、X4F 等级烟叶劲头得分最低。

6 烤烟原料理化特性与加热卷烟感官质量的关系研究

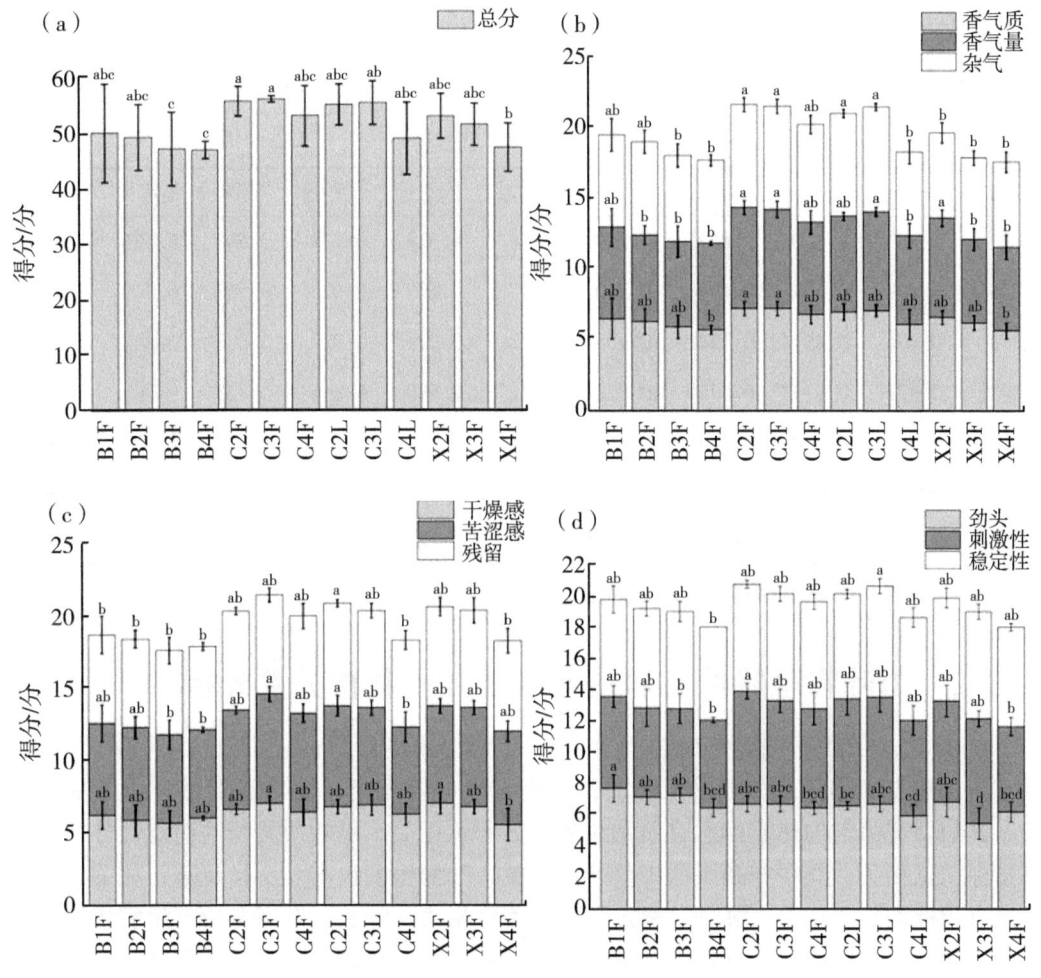

图 6-4　不同等级烤烟原料加热卷烟感官质量评价
（a）感官质量总分；（b）香气指标得分；（c）口感指标得分；（d）其他感官指标得分

6.3　不同等级烤烟理化特性与加热卷烟感官质量相关性分析

6.3.1　外观质量与加热卷烟感官质量相关性分析

对不同等级烤烟原料外观质量结果及其加热卷烟感官质量评价结果进行相关性分析（表6-2）。多项烤烟原料外观指标与加热卷烟感官指标呈显著或极显著正相关，其中烟叶颜色与香气质、香气量、杂气等香气指标及刺激性呈显著正相关；叶片结构与香气量、稳定性呈显著正相关，与干燥感呈极显著正相关；叶片身份与多项感官指标显著或极显著正相关，其中与香气质、杂气、劲头、苦涩感、残留呈显著正相关，与香气量、刺激性、感官质量总分呈极显著正相关；成熟度及柔韧性仅与感官质量总分呈极显著正相关。结构与加热卷烟感官质量总分呈显著正相关，成熟度、身份、油分、柔韧性与感官质量总分呈极显著正相关。

表 6-2 烟叶外观质量与加热卷烟感官指标得分相关性分析

外观指标	香气质	香气量	杂气	劲头	刺激性	干燥感	苦涩感	残留	稳定性	总分
颜色	0.840*	0.830*	0.853*	0.799	0.868*	0.528	0.779	0.688	0.636	0.089
成熟度	0.509	0.689	0.438	0.310	0.647	0.603	0.429	0.562	0.309	0.542**
结构	0.808	0.831*	0.734	0.435	0.792	0.951**	0.722	0.801	0.843*	0.378*
身份	0.877*	0.919**	0.870*	0.828*	0.942**	0.699	0.861*	0.823*	0.748	0.519*
油分	0.748	0.830*	0.734	0.750	0.849*	0.500	0.681	0.632	0.522	0.532*
色度	0.689	0.683	0.728	0.723	0.733	0.403	0.701	0.628	0.489	0.300
柔韧性	0.629	0.708	0.552	0.244	0.663	0.625	0.424	0.515	0.37	0.671**

注：* 代表 0.05 水平的显著性，** 代表 0.01 水平的显著性，下同。

6.3.2 烟叶物理特性与加热卷烟感官质量相关性分析

由表 6-3 可知，原料单叶质量、叶长、叶宽与加热卷烟感官总分呈正相关，叶长、叶宽与加热卷烟感官总分显著正相关；叶面密度、填充值与加热卷烟感官总分呈负相关，其中填充值与加热卷烟感官质量总分呈显著负相关。单叶质量与除稳定性外所有感官指标呈正相关，其中与劲头呈极显著正相关。叶面密度仅与劲头呈显著正相关，与其余感官指标均呈负相关，其中与稳定性呈显著负相关。叶长、叶宽与所有感官指标呈正相关，叶长与香气质、香气量、杂气呈极显著正相关，与劲头、感官质量总分显著正相关；叶宽与香气质极显著正相关，与香气量、杂气、刺激性、干燥感、残留及感官质量总分均呈显著正相关。填充值与所有加热卷烟感官指标呈负相关，其中与香气质、香气量、刺激性、干燥感极显著负相关，与残留、稳定性、感官质量总分显著负相关。

表 6-3 烟叶物理特性与加热卷烟感官指标得分相关性分析

外观指标	香气质	香气量	杂气	劲头	刺激性	干燥感	苦涩感	残留	稳定性	总分
单叶质量	0.522	0.426	0.608*	0.783**	0.159	0.185	0.153	0.148	-0.017	0.268
叶面密度	-0.212	-0.119	-0.059	0.666*	-0.482	-0.352	-0.375	-0.532	-0.668*	-0.445
叶长	0.808**	0.699**	0.799**	0.663*	0.452	0.474	0.398	0.453	0.378	0.566*
叶宽	0.716**	0.631*	0.591*	0.211	0.630*	0.601*	0.514	0.669*	0.544	0.664*
填充值	-0.775**	-0.706**	-0.512	-0.239	-0.762**	-0.800**	-0.441	-0.566*	-0.594*	-0.676*

6.3.3 化学成分与加热卷烟感官质量相关性分析

整合烟叶化学成分含量因子主要指标对加热卷烟各感官指标影响的解释量见图 6-5，其中 RDA 第一轴解释量为 98.81%，RDA 第二轴解释量为 0.77%，总解释量为 99.58%。图 6-5 中红色轴代表加热卷烟感官质量指标，黑色轴代表烟叶原料化学成分，蓝色点为样品点。不同颜色轴之间的夹角为锐角时，夹角越小正相关性越强；夹角为钝角时，夹角越大负相关性越强；夹角接近直角时表示两个指标相关性较弱；轴的长短代表影响大小。由图可知烟叶中总糖、还原糖含量对加热卷烟口感指标、香气指标及总分正向影响最大；总氮、总植物碱含量对加热卷烟劲头指标正向影响最大。总糖、还原糖、淀粉含量与加热卷烟感官指标中除劲头外的所有指标及感官评价总分呈正相关，与劲头呈负相关；钾含量与加热卷烟劲头存在显著负相关性，与加热卷烟口感指标及总分呈正相关。

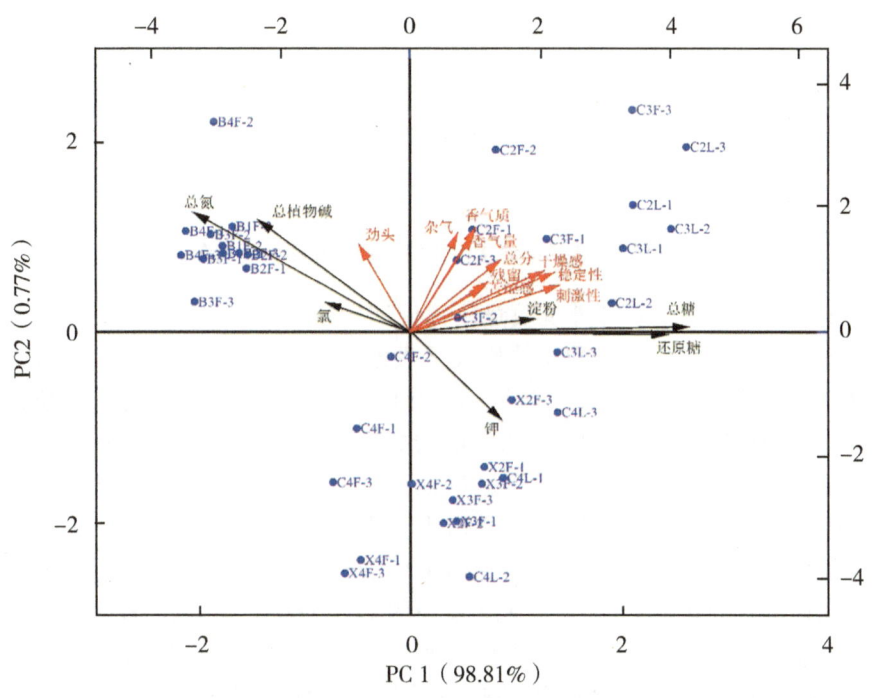

图 6-5 烟叶原料化学成分含量与加热卷烟感官质量冗余分析

整合烟叶化学成分含量比值因子对加热卷烟各感官指标影响的解释量见图 6-6，其中 RDA 第一轴解释量为 96.30%，RDA 第二轴解释量为 3.41%，总解释量为 99.71%。由图 6-6 可示，氮碱比与劲头呈显著负相关，与香气质、香气量、杂气等香气指标呈负相关，与其余感官指标相关性不明显；糖碱比、钾氯比与加热卷烟干燥感、刺激性、稳定性、苦涩感呈正相关，与劲头呈负相关但糖碱比对加热卷烟感官质量的影响强于钾氯比；两糖比与所有感官指标均呈负相关，与加热卷烟感官质量评价总分负相关性较强。

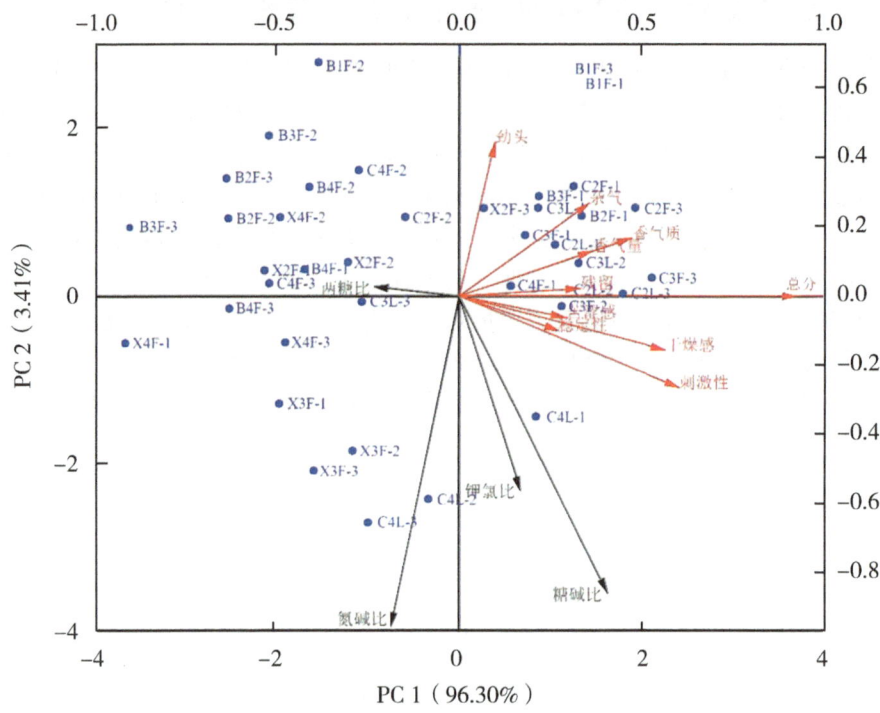

图 6-6 烟叶原料化学成分含量比值与加热卷烟感官质量冗余分析

已有大量研究表明，烟叶外观质量是评价烟叶品质的重要指标，且烟叶外观质量与传统卷烟感官质量存在较强的相关性（梁洪波等，2002；潘义宏等，2015）。沈利臣等（2019）对不同产地2015年产烤烟烟叶样品进行外观质量和感官评价，相关性结果表明，不同产地需要以不同外观质量指标来筛选烟叶原料，西南烟区以油分为主要参考指标，东南及长江中下游烟区以油分和成熟度为主要参考指标，黄淮及东北烟区以柔韧度、叶面组织特征以及身份为主要参考指标。吉松毅等（2012）以云南大理烤烟仿制样品为材料，参照国标烤烟分级标准对烟叶外观质量和感官质量进行综合量化评价并分析其相关性，其结果表明烟叶外观质量与传统卷烟感官质量均呈显著或极显著正相关。本研究结果也表明烤烟烟叶的外观质量与加热卷烟感官质量呈正相关。因此提高烤后烟叶的外观品质对提高加热卷烟感官质量有较大帮助。刘阳等（2018）以安康、汉中、商洛3市产烤烟为原料，对其烟叶物理特性指标和感官质量进行相关性分析，结果表明叶面密度与所有传统卷烟感官质量呈正相关，单叶质量与除劲头外所有感官质量呈正相关，与本研究得出结论差异较大。造成单叶质量感官质量影响差异的原因除烟叶产地不同外，还有可能由于加热卷烟再造烟叶制造过程中经过磨粉、辊压及干燥后原料的重量已经发生较大变化。本研究结果表明填充值与所有加热卷烟感官指标呈负相关，这一结果与闫克玉等（2001）对传统卷烟原料理化性质及感官质量相关性研究吻合。

烟叶化学成分是影响烤烟品质的重要内在因素，也是诸多生产农艺措施用来改善烟叶品质的物质基础（陈健等，2020；郑旭川等，2021）。不同等级烤烟烟叶化学成分及品质差异较大，因此深入分析原料化学成分与其产品感官质量的关系，研究不同等级烤烟烟叶中对感官质量影响较大的化学成分指标可为烟叶生产调控及工业使用提供数据支撑（王育军等，2019；张志灵等，2022）。此前有关化学成分与传统卷烟烤烟原料感官评吸质量相关性报道较多，但有关传统卷烟原料适用性研究结果未必适用于加热卷烟（Farsalinos 等，2018）。本研究中将加热卷烟感官质量评价结果与其烟叶原料化学成分及比值进行了相关性分析，结果表明总糖、还原糖含量与劲头呈负相关，与其他指标均为正相关，这一结果同 Chen 等（2021）的研究结果大致相同且与其对传统卷烟感官质量贡献相似（王春利等，2013）。传统卷烟香气、刺激性等指标随烟叶氯含量升高呈先上升后下降的趋势（林顺顺等，2016），但本研究结果表明氯含量与除劲头、杂气、苦涩感外的感官指标均呈负相关，表明在低温状态下氯对加热卷烟感官质量的贡献相较传统卷烟发生了较大变化，可能由于本研究选用的样品氯含量均较低，未覆盖所有烤烟烟叶氯含量区间。本次试验表明钾含量与除杂气外烟叶加热卷烟感官指标相关性同传统卷烟一致（许自成等，2009）。淀粉是烤烟烟气中多种香气组分的前体物质，对传统卷烟感官质量影响较大（唐煌等，2017）。本研究表明淀粉含量与除劲头、干燥感外各感官指标呈正相关，与香气量、杂气、苦涩感呈极显著正相关，与淀粉对传统卷烟感官质量影响存在差异（邓云龙等，2006），其原因可能是加热卷烟通过加热而非燃烧释放香气物质，低温条件下淀粉仅发生裂解反应，不会通过燃烧释放乙醛、丙烯醛等刺激性气味气体对感官质量带来负面影响（董维杰等，2015）。胡建军等（2001）采用灰色关联分析对不同省份烤烟烟叶主要化学成分及其感官质量的相关性进行分析，结果表明糖碱比与香气质、香气量、杂气、刺激性、余味和评吸总分均呈明显正相关，与本研究结果一致。肖明礼等（2016）对 3 种不同香型风格的 B2F、C3F 等级烤烟烟叶常规化学成分及其烟气致香成分进行分析，并对这些烟叶样品进行感官质量评价，结果表明氮碱比与除刺激性外感官质量均呈负相关，与劲头、浓度、香气量呈极显著负相关，与本研究结果相似。两糖比可反应烤烟烟叶的成熟度，常爱霞等（2009）研究表明两糖比与传统卷烟劲头、浓度、燃烧性、灰色相关性不显著，与其他感官指标均呈显著或极显著负相关，与本研究结果相似。冉法芬等（2010）系统地分析了烤烟原料中钾、氯含量及钾氯比与感官质量的相关性，结果表明钾氯比与评吸指标呈正相关，与本研究结果基本一致。

6.4 结论

为明确烤烟原料外观质量、物理特性与加热卷烟感官质量的相关性，本研究以生产中实际收购的 13 个代表性等级烤烟烟叶为原料，对其烟叶物理特性、常规化学成分含量进行测定，对其外观质量评价结果进行量化，并结合加热卷烟感官质量评价结果进行分析，结果表明：

（1）C2F、C3F、B1F、C4F 等级烟叶整体外观质量较好，X3F、X4F 等级烟叶除结构外其余外观质量均较差。

（2）4个上部等级单叶质量、叶面密度较高；C4F、C4L、X3F、X4F等级烟叶叶面密度、单叶质量显著低于其他等级烟叶；C2F等级烟叶长度最大；C2L等级烟叶宽度最大；X4F等级烟叶填充值最高。

（3）C2F、C3F等级烟叶为原料制作的加热卷烟感官质量得分最高；B3F、B4F、X4F等级烟叶制作加热卷烟感官质量整体较差。C2F、C3F等级烟叶香气指标得分最高；C2F等级烟叶刺激性得分最高；C3F等级烟叶干燥感、苦涩感得分最高。B1F、B2F、B3F等级烟叶劲头最高；X2F等级烟叶劲头得分最低且显著低于其他等级烟叶。

（4）烟叶外观质量与加热卷烟感官质量呈正相关，选取成熟度、身份、油分、柔韧性较好的烤烟原料可显著提高加热卷烟质量，选取橘色烟叶可改善加热卷烟香气。3~17 g范围内提高单叶质量，40~80 cm范围内提高叶片长度，10~25 cm范围内提高叶片宽度均可提高加热卷烟感官质量。烟丝填充值与多个加热卷烟感官指标呈负相关。

（5）C2L、C3L等级烟叶总糖、还原糖、淀粉含量最高；上部4等级烟叶总糖含量、还原糖含量较低，但总氮、总植物碱含量显著高于其余等级烟叶；13个等级烟叶中以C4L等级烟叶钾含量最高。B3F等级烟叶氯含量最高；C3L、X2L氯含量最低。C4L、C3L等级烟叶糖碱比最高；4个上部等级烟叶糖碱比显著低于其余等级。C4L等级烟叶氮碱比显著高于其余等级。所有等级烟叶的两糖比较为接近。X2F等级烟叶钾氯比最高；B4F钾氯比最低。

（6）烟叶化学成分中总糖、还原糖含量、糖碱比与加热卷烟感官质量总分呈显著正相关，总氮、总植物碱含量与感官质量总分呈显著负相关。总氮、总植物碱、钾、氯含量及氮碱比与香气质呈负相关；总氮、总植物碱、氯含量及两糖比与刺激性呈负相关；除钾含量外所有化学成分含量与劲头相关性显著，其中仅有总氮、总植物碱含量与劲头呈极显著正相关。仅有还原糖含量与加热卷烟干燥感呈正相关且与残留呈负相关。所有烟叶化学成分及其比例均与加热卷烟杂气、苦涩感指标呈正相关。化学成分中总氮、总植物碱、氯含量与加热卷烟稳定性呈负相关。

（7）在含量16%~35%范围内，总糖、还原糖含量较高的烤烟烟叶更适合作为加热卷烟再造烟叶原料，总氮、总植物碱、氯含量较高的原料可作为提高加热卷烟劲头、改善苦涩感的烤烟原料。

7 加热卷烟原料热失重特性研究

热重分析（TG）一般是在设定加热程序的基础上，测定在这一过程中样品失重量变化来表征被测样品的热稳定性的一项技术，被广泛地用燃料、生物质能源、材料、化学热分析领域（陈翠玲等，2011）。

热重分析虽然能对被测样品的失重量进行表征，但是却无法对其释放出来的物质定性，因此，热重分析仪常常与其他定性检测仪器联用。热重-红外联用仪（TG-IR）由傅里叶变换红外光谱仪与热重分析仪组装而成，在热重分析仪中生成的气体产物可以随载气进入傅里叶变换红外光谱仪进行同步检测，二者联用可以在线检测被测量样品在升温过程中所生成的气体产物的种类和数量（王燕等，2011）。

烟草行业借鉴热重分析技术以及热重-红外联用技术开展了较多研究。刘攀等（2013）对再造烟叶不同原料（基片、烟梗、碎叶、碎末、木浆）制成的湿片的干燥过程进行了热失重分析。韩迎迎等（2013）比较了不同钾含量烟草薄片的热失重特性。白晓莉等（2010）充分利用热重分析仪的仪器参数探究了不同升温速率和不同氛围条件下烟草薄片的热失重差异。李巧灵等（2017）对20种来自云南、贵州、福建的烤烟样品进行热重分析，对不同年份、不同区域所产烟叶以及不同部位烟叶的热解差异度进行了分析。然而，以上对烟草材料的热重分析并非以为加热不燃烧卷烟筛选烟叶原料为出发点。加热不燃烧卷烟更加关注烟叶原料在低温条件下（≤350 ℃）的烟气释放特性，烟叶在低温状态下的热失重情况可以初步反映其烟气释放特点。

7.1 加热卷烟原料热失重特性研究

7.1.1 热重分析试验方法

仪器：梅特勒托利多 TGA/DSC1 1600。

称取3 mg烟末样品置于坩埚中，设置热重分析仪的升温程序为：以10 ℃/min的升温速率从25 ℃升到600 ℃，选择空气氛围。

7.1.2 烤烟中部烟叶热失重结果

10份烤烟中部烟叶材料热失重结果见图7-1。TG曲线记录了各温度下烟叶样品的重量值，DTG曲线显示的是热失重量与时间的一阶导数即热失重速率随温度的变化曲线。DTG曲线较TG曲线能够较为明显地区分不同失重阶段。根据图7-1所示的TG-DTG曲线可得，烤烟中部烟叶整个失重过程包括四个阶段，四个阶段不同烤烟烟叶样品的温度范围基本一致，失重量有一定差异。第一失重阶段的温度范围为30~110 ℃，第二失重阶段主要发生在110~240 ℃，第三失重阶段主要发生在240~410 ℃，第四失重阶段主要发生在410~600 ℃。

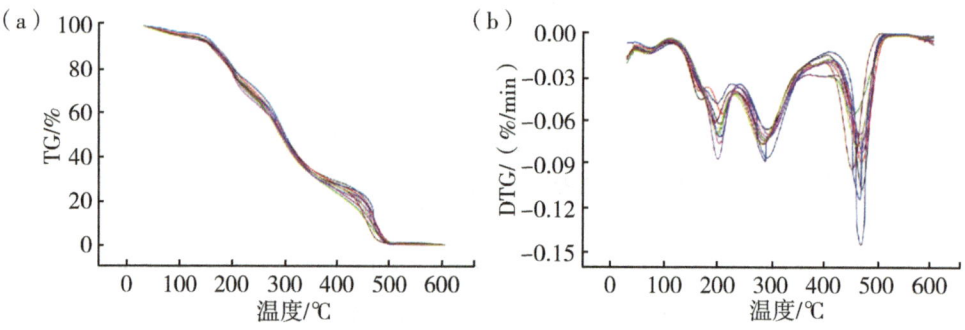

图7-1　烤烟中部烟叶热失重曲线（a）、微分热失重曲线（b）

7.1.3　云87烤烟中部烟叶热重-红外联用结果分析

根据热重分析结果可以得到烤烟烟叶热失重过程分为四个阶段，烟叶在每个阶段最大失重速率处会在短时间内释放较多的物质，因此可将最大失重速率处对应的温度作为每个失重阶段的代表温度，对该温度下的挥发物进行红外分析，从而推测每个阶段的主要产物。

云87烤烟烟叶（C3F，取自云南临沧）在四个失重阶段最大失重速率处的温度分别为70 ℃、200 ℃、280 ℃及380 ℃。四个温度条件下对应的红外光谱图依次为图7-2、图7-3、图7-4及图7-5。如图7-2所示，烟叶材料在为70 ℃条件下红外光谱信号不强，释放物质的种类最少，红外光谱图上出现了3500~4000 cm^{-1}和1300~2000 cm^{-1}两个主要吸收峰，这两个吸收峰对应的产物为水（艾明欢等，2019）。由此可得，在第一失重阶段主要发生的是烟叶中水的蒸发。200 ℃温度条件下，烟叶释放出来物质的FTIR红外图谱见图7-3。200 ℃烟叶红外光谱图有较多的吸收峰，说明第二失重阶段有较多种类的化合物生成。在水吸收峰的基础上，在650~760 cm^{-1}、2217~2319 cm^{-1}出现了二氧化碳的吸收峰（王振宇等，2017），说明有官能团热解成了二氧化碳。940~1190 cm^{-1}波长范围内出现了C-O伸缩振动峰、C-N伸缩振动峰，说明被检测的气体挥发物中存在挥发性的小分子物质如烟碱、酚类物质、碳水化合物、有机酸等化合物（Qiao等，2019）。1700~1750 cm^{-1}范围内检测到了C=O的特征峰（Zhang等，2017），这证明了释放物中存在羧酸类化合物。2700~2900 cm^{-1}范围内出现了由于C-H伸缩振动产生的特征峰（Gu等，2019），表明此温度下的烟叶释放物中存在烷烃类或者烯烃类物质。以上这些物质可能来自烟草中化合物的直接挥发，或者生物大分子的初步降解。由此可得，第二失重阶段主要发生的是烟叶中挥发性成分的转移、释放。图7-4为280 ℃温度条件下烟叶释放物的FTIR红外图谱。280 ℃的红外光谱图在200 ℃红外光谱图的基础上多了

2120 cm^{-1}和2180 cm^{-1}处的CO吸收峰（马中青等，2015）。吸光度与物质浓度之间存在线性关系，可以推断出280 ℃条件下检测到的同类型物质的数量约为200 ℃温度条件下的10倍，推测280 ℃的条件下烟叶中的难挥发成分在有氧气存在的情况发生了大量裂解。因此，第三失重阶段主要发生的是烟叶中难挥发成分的有氧裂解。图7-5为380 ℃温度条件下烟叶释放物的FTIR红外谱图，此温度条件下红外光谱信号较强，但图上出现的特征峰的数目很少，仅存在650~760 cm^{-1}、2217~2319 cm^{-1}的二氧化碳吸收峰以及3500~4000 cm^{-1}范围内的水吸收峰（苏文静等，2018）。据此推断，在第四失重阶段烟叶材料发生了炭化燃烧，生成了水和二氧化碳。

根据烤烟烟叶四个失重阶段的热重-红外结果可以得出，在低温（≤350 ℃）也就是使烤烟烟叶保持加热而不发生燃烧的状态下，烟叶中物质的释放主要集中在第二和第三失重阶段，而这些释放物也是构成加热不燃烧卷烟吃味的重要因素。因此，对烤烟烟叶热失重量的研究应重点关注第二和第三失重阶段的失重过程。

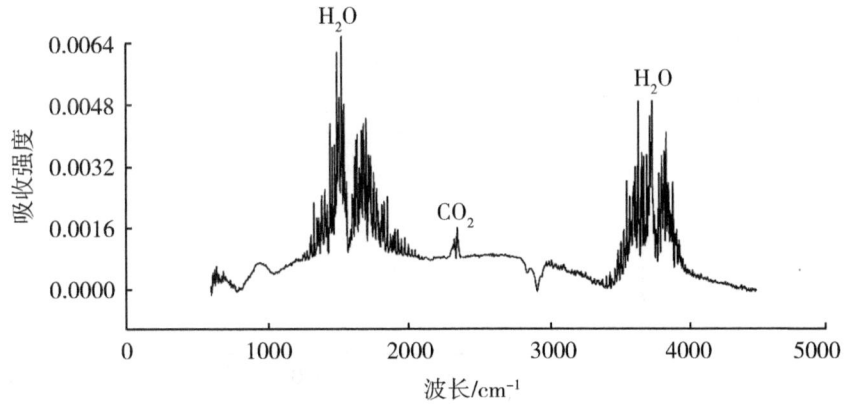

图7-2 70 ℃烤烟烟叶热释放物红外图

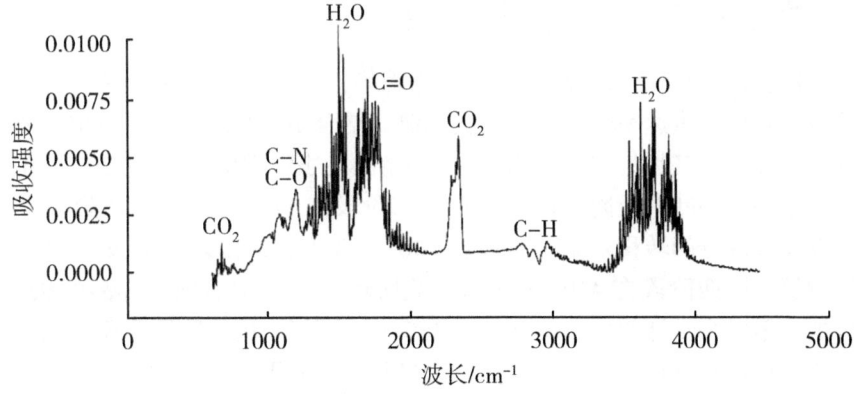

图7-3 200 ℃烤烟烟叶热释放物红外图

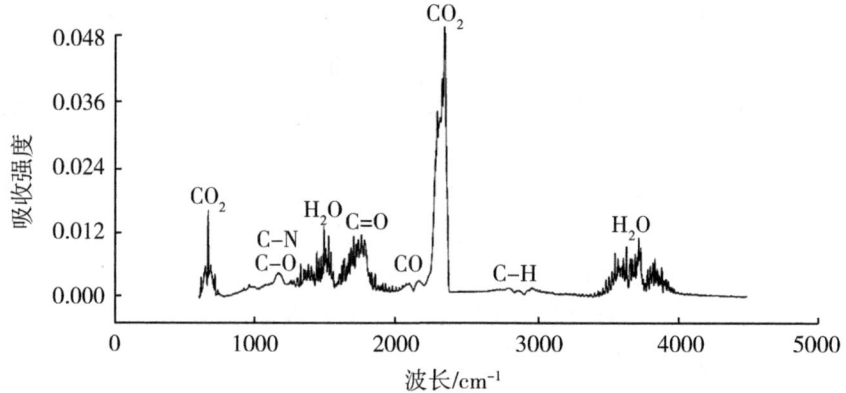

图7-4 280 ℃烤烟烟叶热释放物红外图

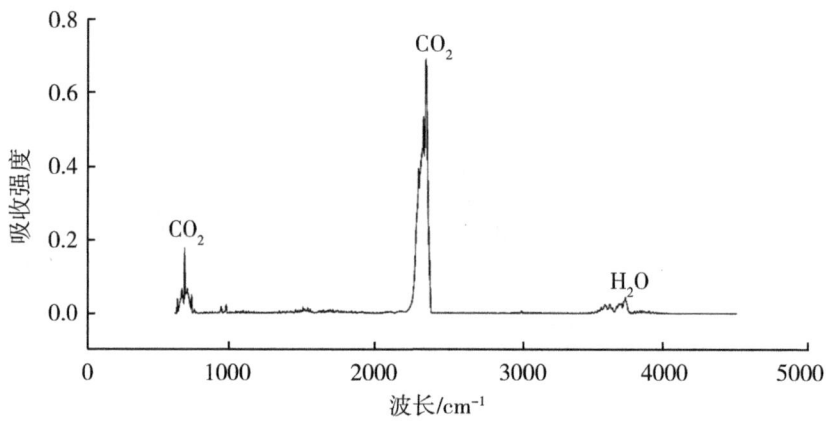

图7-5 380 ℃烤烟烟叶热释放物红外图

7.1.4 产地对云87热重结果分析

TG曲线能够反映样品重量随温度的变化趋势,DTG曲线反映了热失重量与时间的一阶导数也就是热失重速率随温度的变化趋势。结合TG和DTG可以得出,所有进行热重分析的烟叶样品,其热失重过程均分为四个阶段。第一阶段基本在30~110 ℃,这一阶段主要发生的是烟叶中吸附水的蒸发;第二阶段在110~240 ℃,此阶段主要发生的是烟草中挥发性成分的转移;第三阶段在240~410 ℃,此阶段主要发生的是难挥发成分的有氧裂解;第四阶段在410~530 ℃,此阶段主要发生的烟草样品的碳化、燃烧。目前市售加热不燃烧卷烟的加热温度低于350 ℃,而第一失重阶段主要发生的是结合水的蒸发,所以在热重分析过程中,只分析第二和第三失重阶段。

图7-6所示为不同产地所产云87重量随温度的变化。五个不同产地所产云87 TG曲线基本上重合,即五个产地所产云87烟叶随着温度的升高,失重量相同。图7-7为不同产地所产云87热失重速率随温度的变化。第二失重阶段即105~238 ℃温度范围

内，云87失重速率为四川凉山>云南临沧>江西抚州>湖南郴州、福建三明。第三失重阶段，五个产地所产云87失重速率无差别。表7-1显示，第二失重阶段失重量大小为：四川凉山>云南临沧>湖南郴州>江西抚州、福建三明。第三失重阶段，福建三明、江西抚州所产云87失重量较大。105~350 ℃的温度范围内，五个产区所产云87烟叶失重量之间几乎无差异，失重量在62%~63%。五个产区所产云87烟叶在第二失重阶段的最快失重温度在195 ℃左右，在第三失重阶段的最快失重温度在290 ℃左右。不同产区所产云87在≤350 ℃的条件下，失重量总和几乎无差异，因此，产地对烟叶热失重特性的影响不明显。

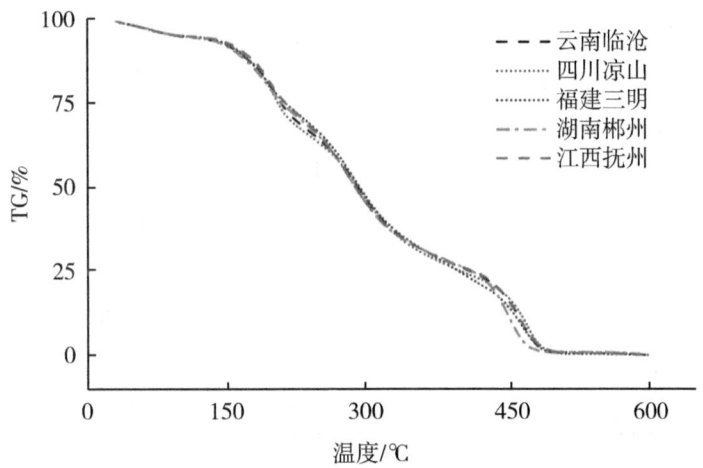

图7-6 不同产地云87热失重曲线

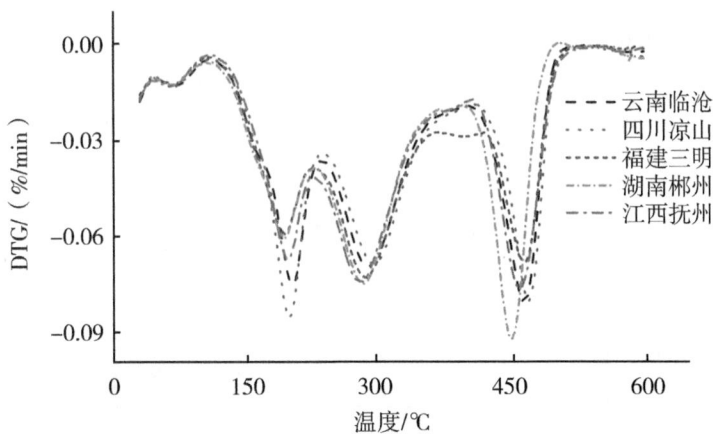

图7-7 不同产地所产云87微分热失重曲线

表 7-1　云 87 在不同产地第二、三阶段失重分析结果

烟叶原料	失重阶段	温度范围/℃	失重量/%	最快失重温度/℃
云南临沧	二	108~236	27.84	201
	三	236~404	41.61	290
		108~350	62.44	ND
四川凉山	二	108~238	29.64	198
	三	238~405	41.24	295
		108~350	63.54	ND
福建三明	二	106~227	23.51	194
	三	227~411	49.28	287
		106~350	62.46	ND
湖南郴州	二	106~227	24.47	193
	三	227~395	43.77	284
		106~350	62.64	
江西抚州	二	105~227	23.78	196
	三	227~405	45.70	281
		105~350	62.75	ND

7.1.5　红花大金元不同部位烟叶热重结果分析

图 7-8 所示为红花大金元不同部位重量随温度的变化。图 7-9 为红花大金元不同

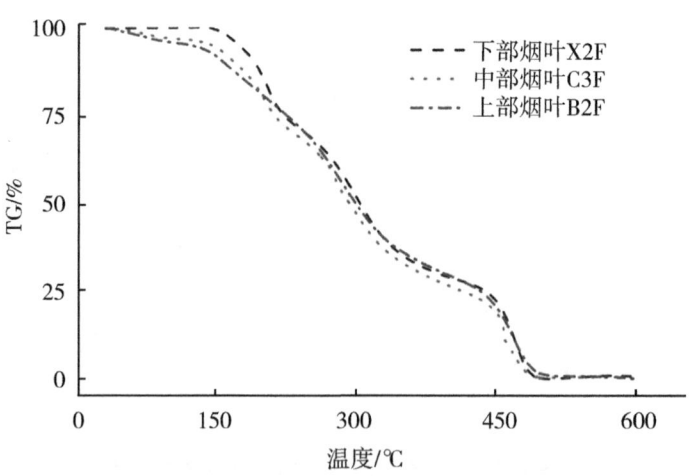

图 7-8　红花大金元不同部位烟叶热失重曲线

部位烟叶热失重速率随温度的变化。由图可见,中部烟叶和下部烟叶分为四个失重阶段,而上部烟叶没有第二失重阶段,热失重过程分为三个失重阶段。红花大金元不同部位烟叶第二、三阶段失重分析结果(表7-2)表明,中部烟叶第二失重阶段在108~239 ℃温度范围内,下部烟叶第二失重阶段在128~240 ℃温度范围内。在第二失重阶段,下部烟叶的失重速率高于中部烟叶,而二者失重量相差不大。中部烟叶和下部烟叶第三失重阶段的温度范围在240~407 ℃范围内,上部烟叶第三失重阶段起始温度相比于中部烟叶和下部烟叶低40 ℃,其温度范围为207~405 ℃。第三阶段失重量大小为:上部烟叶>中部烟叶、下部烟叶。105~350 ℃的温度范围内,热失重总量大小为:下部烟叶(65.25%)>中部烟叶(63.94%)>上部烟叶(58.28%)。因此,烟叶部位对烟叶热失重特性的影响明显,在≤350 ℃的温度条件下,中部烟叶、上部烟叶的热失重性能优于下部烟叶。

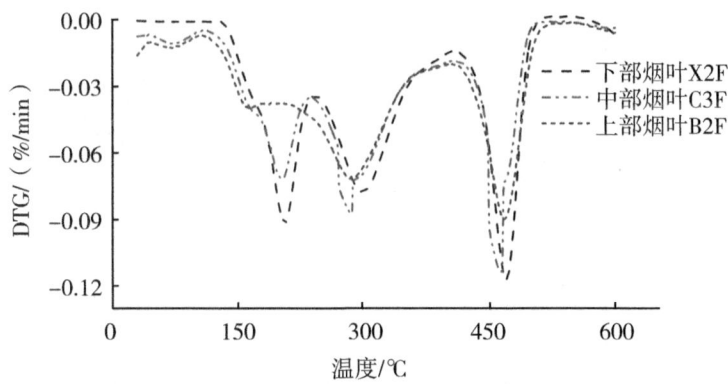

图7-9 红花大金元不同部位烟叶微分热失重曲线

表7-2 红花大金元不同部位烟叶第二、三阶段失重分析结果

烟叶原料	失重阶段	温度范围/℃	失重量/%	最快失重温度/℃
下部烟叶	二	128~240	29.48	202
	三	240~407	42.41	297
		128~350	65.25	ND
中部烟叶	二	108~239	28.14	201
	三	239~404	43.25	284
		108~350	63.94	ND
上部烟叶	二	ND	ND	ND
	三	207~405	50.39	286
		104~350	58.28	ND

7.1.6 红花大金元中部不同等级烟叶热重结果分析

图 7-10 所示为红花大金元中部烟叶不同等级烟叶重量随温度的变化，图 7-11 为红花大金元中部烟叶不同等级烟叶热失重速率随温度的变化。不同等级烟叶热失重过程均分为四个阶段。红花大金元中部不同等级烟叶第二、三阶段失重分析结果（表 7-3）表明，不同等级烟叶第二失重阶段在 106~239 ℃温度范围内，在此阶段，C2F、C3F 的热失重速率高于 C4F，且 C2F、C3F 的热失重量为 28%左右，高于 C4F 的热失重量。不同等级烟叶第三失重阶段在 231~409 ℃，此阶段不同等级烟叶热失重规律与第二失重阶段不同。第三失重阶段，热失重速率大小为：C3F>C4F>C2F。对于热失重量，C4F、C3F 热失重量相差不大，二者分别为 44.76%、43.25%，而 C2F 烟叶热失重为 38.27%。106~350 ℃的温度范围内，不同等级烟叶热失重总量差别不大，分别为 C3F（63.94%）>C4F（61.79%）>C2F（61.23%）。因此，烟叶等级对烟叶热失重特性的

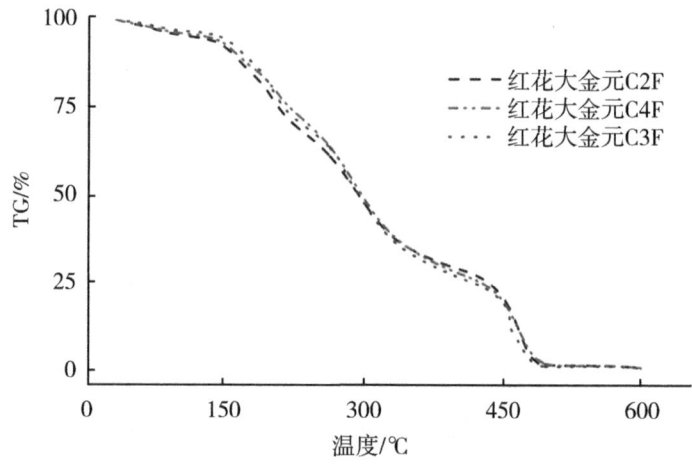

图 7-10　红花大金元不同等级烟叶热失重曲线

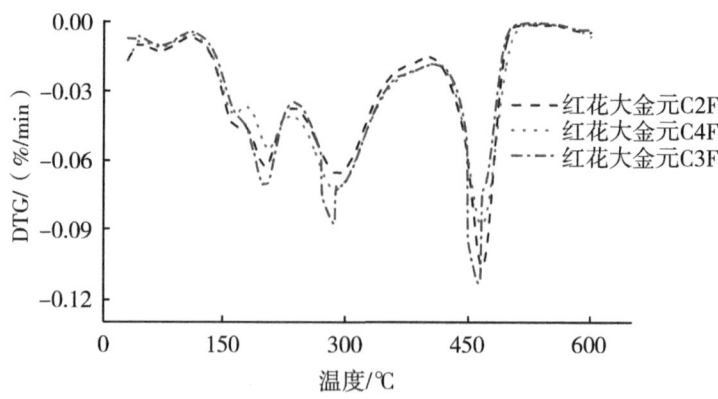

图 7-11　红花大金元不同等级烟叶微分热失重曲线

影响不明显,在≤350 ℃的温度条件下,C3F 烟叶的热失重性能优于 C2F、C4F 烟叶。

表 7-3 红花大金元不同等级烟叶第二、三阶段失重分析结果

烟叶原料	失重阶段	温度范围/℃	失重量/%	最快失重温度/℃
C2F	二	106~238	28.53	200
	三	238~401	38.27	288
		106~350	61.23	ND
C4F	二	107~232	24.27	204
	三	232~405	44.76	286
		107~350	61.79	ND
C3F	二	108~239	28.14	201
	三	239~409	43.25	284
		108~350	63.94	ND

7.1.7 品种对烟叶热失重的影响

图 7-12 所示为典型烟区所产不同品种烟叶重量随温度的变化。图 7-13 为典型烟区所产不同品种烟叶热失重速率随温度的变化。四个不同品种烟叶热失重过程均分为四个阶段。第二失重阶段即 103~239 ℃温度范围内,中烟 100 失重速率小,远低于云 87、红花大金元的热失重速率。表 7-4 显示,第二失重阶段热失重量大小为:红花大金元(28.14%)>云 87(27.84%)>翠碧 1 号(25.81%)>中烟 100(20.58%)。第三失重阶段温度范围为 236~409 ℃,此阶段翠碧 1 号、云 87 热失重速率低于红花大金元、中烟 100。热失重量大小为:中烟 100(47.00%)>翠碧 1 号(46.85%)>红花大金元

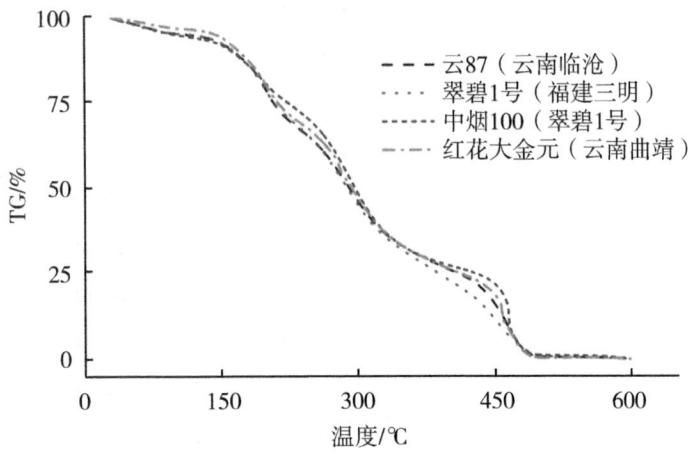

图 7-12 典型烟区所产不同品种烟叶热失重曲线

（43.25%）>云87（41.61%）。在103~350 ℃的温度范围内，四个品种热失重量相差不大，失重范围为62%~63%。四个品种烟叶在第二失重阶段的最快失重温度在195 ℃左右，在第三失重阶段的最快失重温度在290 ℃左右。典型烟区所产不同品种烟叶在≤350 ℃的条件下，失重量总和几乎无差异，因此，品种对烟叶热失重特性的影响不明显。

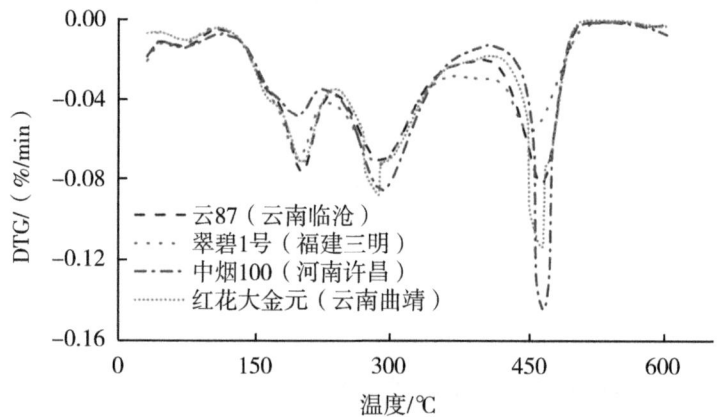

图7-13 典型烟区所产不同品种烟叶微分热失重曲线

表7-4 典型烟区所产不同品种烟叶第二、三阶段失重分析结果

烟叶原料	失重阶段	温度范围/℃	失重量/%	最快失重温度/℃
云87	二	108~236	27.84	201
	三	236~404	41.61	290
		108~350	62.44	—
翠碧1号	二	103~229	25.81	197
	三	229~402	46.83	288
		103~350	63.83	—
中烟100	二	107~228	20.58	196
	三	228~404	47.00	289
		107~350	61.94	—
红花大金元	二	108~239	28.14	201
	三	239~409	43.25	284
		108~350	63.94	—

6种不同烤烟品种（系）初烤烟叶热失重曲线结果如图7-14所示，TG曲线反映了不同温度下烟叶样品的失重量，DTG曲线表示失重量与时间的一阶导数即失重速率随

温度的变化曲线。在 30~700 ℃ 范围内，各品系烤烟均存在四个热失重阶段，各失重阶段的温度范围相差不大，失重量和失重速率有一定差异。表 7-5 为各品系烤烟前三个失重阶段结果分析，包括失重温度、失重比例和最快失重速率所对应的温度值。第四失重阶段温度范围已超过加热卷烟的燃烧温度，烟叶原料发生了炭化燃烧。

第一阶段失重主要由于烟末中水分的蒸发引起的，特 19、特 2 和中烟 100 烟叶失重比例接近，要高于其他品系，最快失重温度与该规律一致。第二阶段的失重量主要由于烟末中一些低沸点化合物的挥发和烟末组分热分解而引起，该阶段失重速率差异较明显，特 8 品系的失重速率最大，其他依次为特 1、特 19、特 2，特 7 和中烟 100 速率基本一致，要低于其他品系。第二阶段的失重比例也存在差异，特 8 失重比例最高，高于中烟 100 品系 4.86%；其次为特 1，高于中烟 100 品系 2.89%；除特 7 与中烟 100 比例接近外，其他品系均略高于中烟 100。第三失重阶段发生的化学反应十分复杂和强烈，主要源于烟草中一些难挥发的化合物发生有氧裂解，化学成分发生进一部转移。该阶段在最快失重温度时的速率表现为特 1 和特 7 品系速率接近，高于其他品系；其次是特 8 和中烟 100 品系速率相接近；特 2 的速率最小。第三阶段失重比例特 7 最高，高于中烟 100 品系 1.80%；特 1 和特 19 品系略高于中烟 100；特 8 和特 2 品系略低于中烟 100。第二和第三失重阶段是烟叶样品中化合物释放的主要阶段，也是加热卷烟重点研究的温度段。第二和第三阶段失重比例总和具体表现为特 8>特 1>特 19>特 7>中烟 100>特 2。

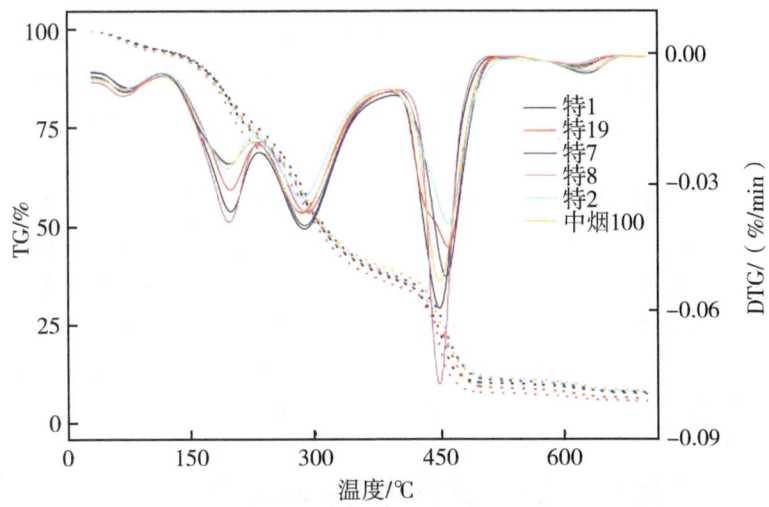

图 7-14　不同品系烤烟烟叶热失重曲线、微分热失重曲线

表 7-5　不同品系烤烟热失重分析

样品	起始温度/℃				失重比例/%				最快失重温度/℃		
	Ⅰ	Ⅱ	Ⅲ	Ⅳ	Ⅰ	Ⅱ	Ⅲ	Ⅱ+Ⅲ	Ⅰ	Ⅱ	Ⅲ
特 1	30	118	233	395	4.83	22.87	37.57	60.44	70	198	288

(续表)

样品	起始温度/℃				失重比例/%				最快失重温度/℃		
	Ⅰ	Ⅱ	Ⅲ	Ⅳ	Ⅰ	Ⅱ	Ⅲ	Ⅱ+Ⅲ	Ⅰ	Ⅱ	Ⅲ
特19	30	117	232	394	5.95	21.57	38.02	59.59	73	198	284
特7	30	119	232	393	5.00	19.80	39.11	58.91	73	198	285
特8	30	118	235	400	5.07	24.73	36.33	61.06	70	196	290
特2	30	117	229	390	5.59	20.75	36.40	57.15	72	195	283
中烟100	30	118	230	398	5.66	19.98	37.31	57.18	73	196	284

小结：

（1）烤烟中部烟叶热失重过程分为四个阶段。第一个失重阶段在30~110 ℃温度范围内，此阶段烟叶中水分的蒸发；第二失重阶段在110~240 ℃温度范围内，主要发生的是烟叶中已有的挥发性成分的转移；第三个失重阶段温度范围为240~410 ℃，主要发生的是烟叶中难挥发物质的有氧裂解；第四个失重阶段温度范围为410~600 ℃，主要发生的是烟叶的碳化、燃烧。

（2）低温（≤350 ℃）条件下，烤烟烟叶原料中热释放物主要来源于第二、三失重阶段，这些释放物也是构成加热不燃烧卷烟吃味的重要因素。

（3）产地对烟叶原料低温加热释放出来物质的总量影响不大，但分开来看，不同产地所产云87烟叶在第二、三失重阶段热失重量有一定差异。四川凉山、云南临沧所产云87烟叶可直接转移的挥发性成分的量高于湖南郴州、福建三明、江西抚州，而福建三明、江西抚州所产云87烟叶难挥发成分的量高于四川凉山、云南临沧、湖南郴州。

（4）烟叶部位对烟叶原料低温加热释放出来的物质的量影响明显，在≤350 ℃的温度条件下，中部烟叶、下部烟叶热失重量高于上部烟叶。上部烟叶易挥发和转移的化合物的量低于中部烟叶和下部烟叶，而难挥发性化合物的量高于中部烟叶和下部烟叶。

（5）烟叶等级对烟叶原料低温加热释放出来的物质的总量影响不明显。

（6）典型烟区所产特色品种烟叶在≤350 ℃的条件下，失重量总和几乎无差异，品种对烟叶低温加热释放出来物质的量影响不明显。

7.2 雾化剂对加热卷烟原料热失重的影响

电子烟、加热不燃烧卷烟在抽吸过程中会产生烟雾，这种烟雾感更接近传统卷烟的抽吸效果，消费者体验感更高。电子烟、加热不燃烧卷烟在抽吸过程中产生的烟雾与传统卷烟有着本质的区别，电子烟、加热不燃烧卷烟加热过程中产生的烟雾是由于添加到烟油或者烟草薄片当中的发烟剂受热蒸发又冷凝液化形成的气溶胶"雾气"（Son等，2019）。目前一致认为，作为电子烟、加热不燃烧卷烟的发烟剂应该具有如下特点：①加热后产生的烟雾量大，保证消费者吸入的"烟雾"在完成肺部循环后，仍可以被吐出；②"烟雾"需无毒无害；③有一定的黏附性，能够附着在烟草薄片或者烟弹上；④"烟雾"无刺激性和令人不愉快的味道，保证产品的感官质量良好（Baassiri 等，2017）。

市售加热卷烟的发烟剂主要为丙三醇，丙三醇一方面能够形成稳定的"烟雾"；另一方面可以携带部分香气成分进入消费者口腔从而提高其感官质量；除此之外，丙三醇本身无毒无害且其能够给予消费者以甘甜感。电子烟更倾向于用丙二醇作为发烟剂，丙二醇的沸点较丙三醇低，低温下更容易蒸发，可能会产生更大量的"烟雾"。采用PY-GC/MS技术，探究添加了不同浓度发烟剂（丙三醇、丙二醇）以及不同比例丙二醇与丙三醇的烤烟烟叶样品在低温条件下的香气化合物释放量的差异，为加热不燃烧卷烟发烟剂配方设计提供参考。

7.2.1 材料与方法

研究所用烟叶均于2019年10月取自华环国际烟草有限公司。所有烟叶原料均为烤烟。丙二醇、丙三醇购于国药集团，纯度均≥99%。将所得烟叶材料置于40℃烘箱中烘2 h，去梗并将烟叶磨碎得到粒径为0.25 mm的烟末样品。

称取1 g、0.75 g、0.5 g、0.25 g丙三醇分别添加到4 g、4.25 g、4.5 g、4.75 g云87（C3F，云南临沧）烟末当中，充分搅拌使二者充分混合且均匀，得到丙三醇含量分别为20%、15%、10%、5%样品。

称取1 g、0.75 g、0.5 g、0.25 g丙二醇分别添加到4 g、4.25 g、4.5 g、4.75 g云87（C3F，云南临沧）烟末当中，充分搅拌使二者充分混合且均匀，得到丙二醇含量分别为20%、15%、10%、5%样品。

称取0.5 g丙二醇和0.5 g丙三醇（丙二醇：丙三醇为1:1），0.25 g丙二醇和0.75 g丙三醇（丙二醇：丙三醇为1:3），0.75 g丙二醇和0.25 g丙三醇（丙二醇：丙三醇为3:1），将丙二醇与丙三醇混合均匀后，分别添加到4 g的烟末当中，充分搅拌混合均匀，得到发烟剂含量为20%，丙二醇与丙三醇比例分别为1:1、1:3、3:1的样品。

7.2.2 不同丙三醇含量烟叶样品热重分析

四个不同丙三醇含量的烟叶样品的热失重过程均分为四个阶段。第二失重阶段即104~235 ℃温度范围内，热失重量大小为：20%（40.93%）>15%（38.75%）>10%（33.67%）>5%（32.11%）。第三失重阶段温度范围为235~405 ℃，此阶段热失重量大小为：5%（38.85%）>10%（37.00%）>15%（33.00%）>20%（30.58%）。在第二失重阶段，随着丙三醇含量的增加，失重量在增加；在第三失重阶段，随着丙二醇含量的增加，失重减少。在104~350 ℃的温度范围内，丙三醇含量为15%和20%的烟叶样品失重量高于丙三醇含量为5%以及10%的烟叶样品。四个丙三醇含量不同的烟叶样品在第二失重阶段的最快失重温度在195 ℃左右，在第三失重阶段的最快失重温度在290 ℃左右。丙三醇含量不同的烟叶样品在≤350 ℃的条件下，失重量有些许差异，丙三醇含量为20%和15%的烟叶样品热失重性能较好（图7-15至图7-18，表7-6）。

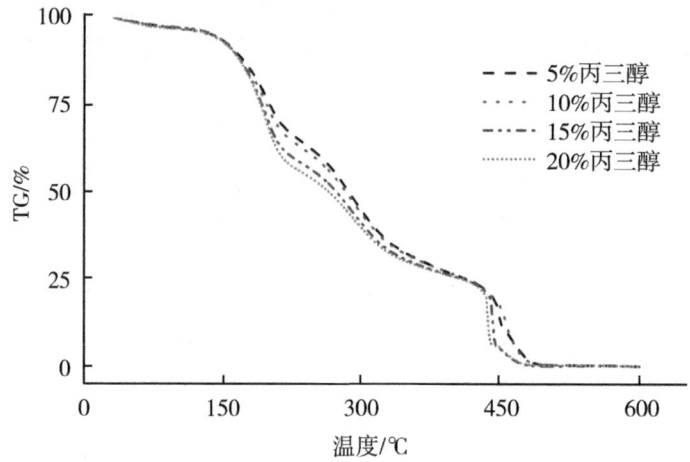

图 7-15　不同丙三醇含量烟叶样品热失重曲线

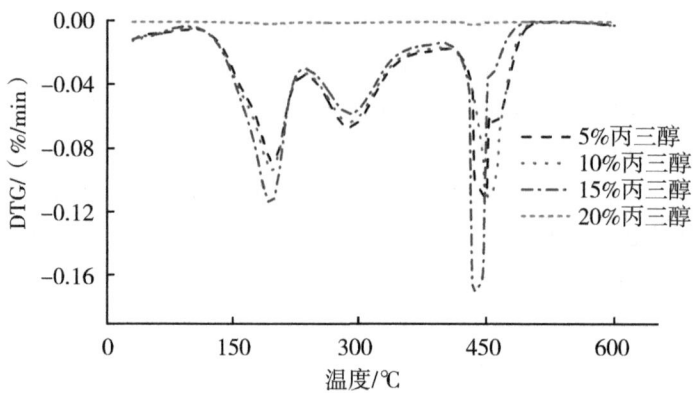

图 7-16　不同丙三醇含量烟叶样品微分热失重曲线

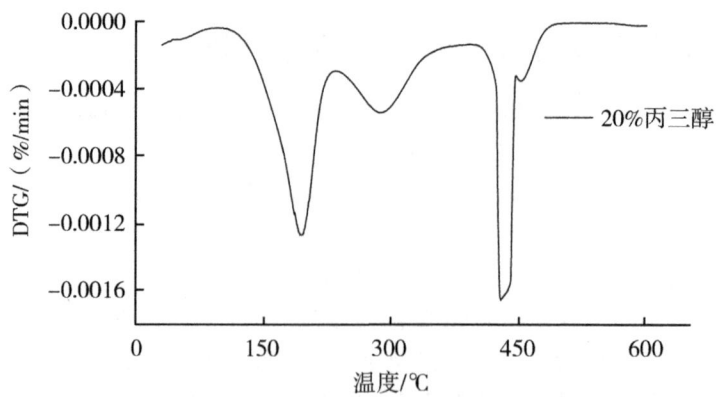

图 7-17　含有 20% 丙三醇的烟末样品的微分热失重曲线

7 加热卷烟原料热失重特性研究

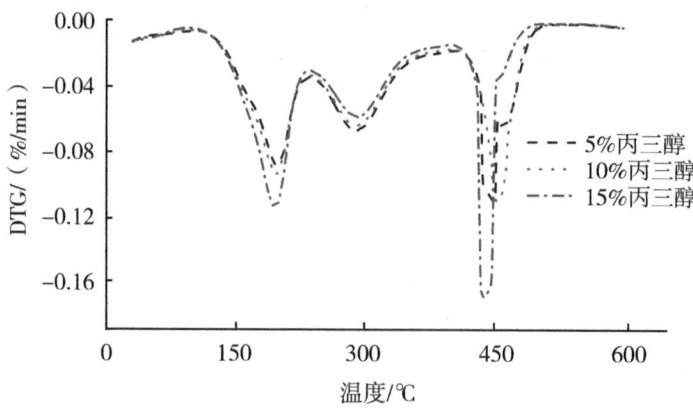

图 7-18 含有 5%、15%、20% 丙三醇的烟末样品的微分热失重曲线

表 7-6 不同丙三醇含量烟叶样品第二、三阶段失重分析结果

烟叶原料	失重阶段	温度范围/℃	失重量/%	最快失重温度/℃
丙三醇 5%	二	108~235	32.11	196
	三	235~405	38.85	291
		108~350	64.55	—
丙三醇 10%	二	108~235	33.67	196
	三	235~405	37.00	290
		108~350	64.66	—
丙三醇 15%	二	104~235	38.75	195
	三	235~404	33.00	291
		104~350	66.80	—
丙三醇 20%	二	104~235	40.93	195
	三	235~404	30.58	290
		104~350	66.92	—

7.2.3 不同丙二醇含量烟叶样品热重结果分析

四个不同丙二醇含量的烟叶样品的热失重过程均分为四个阶段。四个不同丙二醇含量的烟叶样品第二失重阶段结束时的温度相同，但是丙二醇含量为 5% 和 10% 的烟末样品在第二失重阶段的起始温度较低。在第二失重阶段，热失重速率的大小关系为：5% > 10% > 15% > 20%，热失重量大小为：5%（27.00%）> 10%（25.29%）> 15%（22.99%）> 20%（22.38%）。第三失重阶段温度范围为 236~405 ℃，此阶段失重量大

小为：5%（39.41%）>10%（36.65%）>15%（34.08%）>20%（29.29%）。在第二、三失重阶段，随着丙二醇含量的增加，失重量均在减少。从第二失重阶段起始温度到350 ℃温度范围内，丙二醇含量为5%和15%的烟叶样品失重量分别为59.74%、55.90%，高于丙二醇含量为15%的烟叶样品失重量51.65%以及丙二醇含量为20%的烟叶样品失重量47.80%。四个丙二醇含量不同的烟叶样品在第二失重阶段的最快失重温度在200 ℃左右，在第三失重阶段的最快失重温度在290 ℃左右。丙二醇含量不同的烟叶样品在≤350 ℃的条件下，失重量差异明显，丙二醇含量为5%和10%的烟叶样品热失重性能较好（图7-19至图7-22，表7-7）。

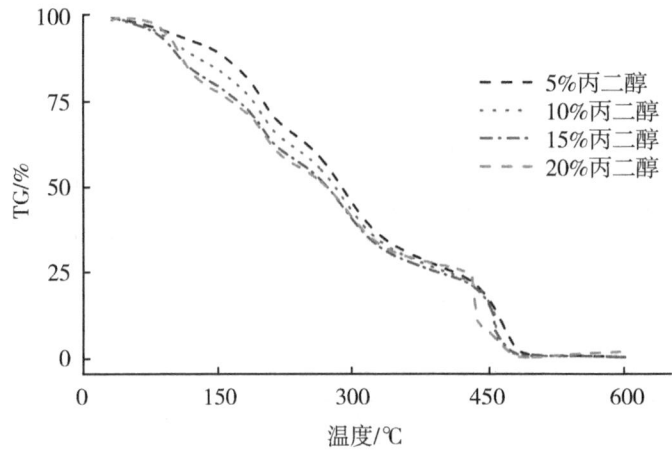

图7-19　不同丙二醇含量烟叶样品热失重曲线

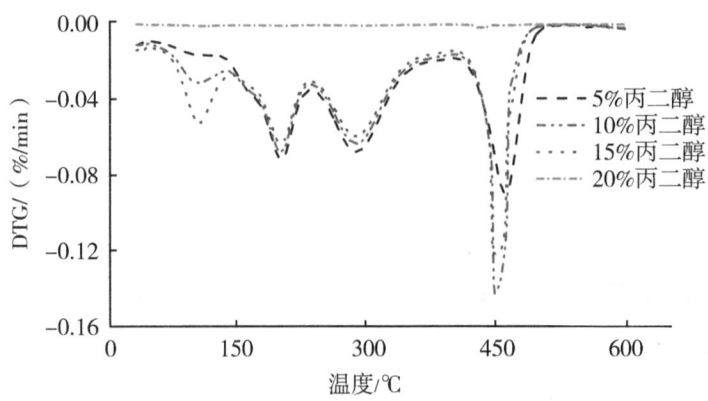

图7-20　不同丙二醇含量烟叶样品微分热失重曲线

7 加热卷烟原料热失重特性研究

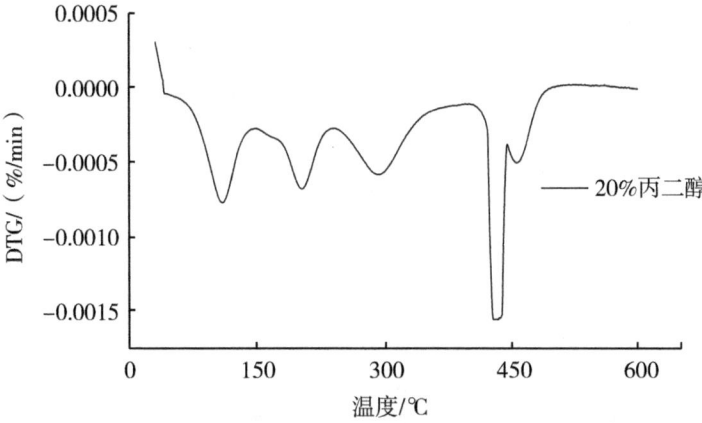

图 7-21 含有 20% 丙二醇的烟末样品的微分热失重曲线

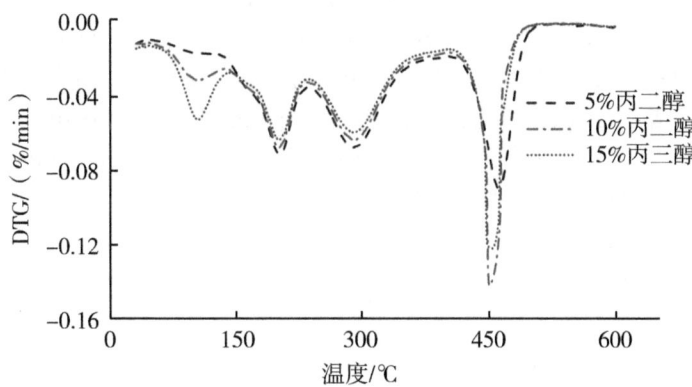

图 7-22 含有 5%、15%、20% 丙二醇的烟末样品的微分热失重曲线

表 7-7 不同丙二醇含量烟叶样品第二、三阶段失重分析结果

烟叶原料	失重阶段	温度范围/℃	失重量/%	最快失重温度/℃
丙二醇 5%	二	130~237	27.00	201
	三	237~405	39.41	290
		130~350	59.74	ND
丙二醇 10%	二	136~236	25.29	201
	三	236~405	36.65	289
		136~405	55.90	ND
丙二醇 15%	二	142~236	22.99	199
	三	236~405	34.08	289
		142~350	51.65	ND
丙二醇 20%	二	148~240	22.38	203
	三	240~405	29.29	295
		148~350	47.81	ND

7.2.4 添加不同比例丙二醇与丙三醇的烟叶样品热重分析

五个添加了不同比例丙二醇与丙三醇的烟叶样品的热失重过程均分为四个阶段。只添加丙三醇以及丙二醇与丙三醇比例为1∶3的烟叶样品相比于其他三个烟叶样品在第二失重阶段起始温度较低。第二失重阶段，热失重速率大小为：只添加丙三醇>丙二醇∶丙三醇=1∶3>丙二醇∶丙三醇=1∶1>丙二醇∶丙三醇=3∶1>只添加丙二醇。失重量大小为只添加丙三醇（40.93%）>丙二醇∶丙三醇=1∶3（34.68%）>丙二醇∶丙三醇=1∶1（30.80%）>丙二醇∶丙三醇=3∶1（25.90%）>只添加丙二醇（22.38%）。在第二失重阶段，随着丙三醇占比的降低以及丙二醇占比的增加，烟叶样品热失重速率在减小，失重量也在减小。第三失重阶段温度范围为235~406℃，此阶段添加了不同比例丙二醇与丙三醇的烟叶样品的热失重速率曲线几乎重合，且失重量在29%~32%范围内，差异较小。从第二失重阶段起始温度到350℃温度范围内，失重量大小为：只添加丙三醇（66.92%）>丙二醇∶丙三醇=1∶3（62.30%）>丙二醇∶丙三醇=1∶1（57.51%）>丙二醇∶丙三醇=3∶1（51.94%）>只添加丙二醇（47.81%）。五个添加了不同比例丙二醇与丙三醇的烟叶样品在第二失重阶段的最快失重温度在200℃左右，在第三失重阶段的最快失重温度在290℃左右。添加了不同比例丙二醇与丙三醇的烟叶样品在≤350℃的条件下，失重量差异明显，丙三醇占比越高，烟叶样品热失重性能较好，只添加丙三醇或者丙二醇与丙三醇比例为1∶3的烟叶样品热失重释放性能较好（图7-23，图7-24，表7-8）。

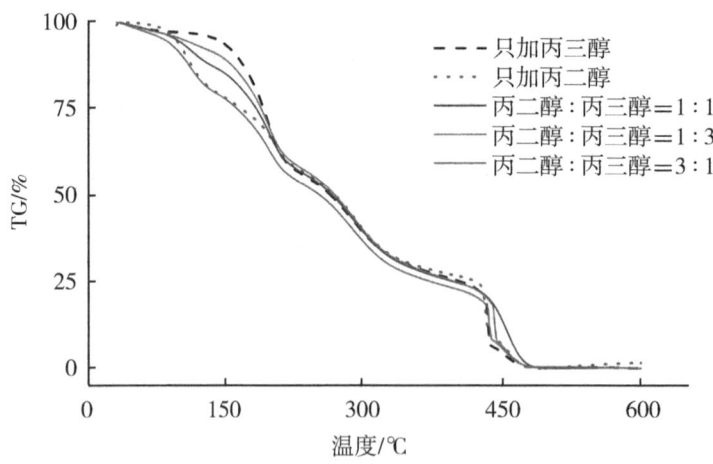

图7-23 含有不同比例丙二醇和丙三醇的烟末样品的热失重曲线

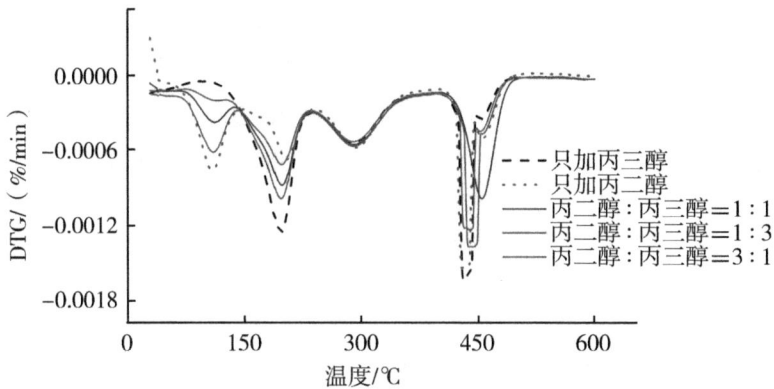

图 7-24 含有不同比例丙二醇和丙三醇的烟末
样品的微分热失重曲线

表 7-8 添加不同比例丙二醇和丙三醇的烟叶样品第二、三阶段失重分析结果

烟叶原料	失重阶段	温度范围/℃	失重量/%	最快失重温度/℃
丙三醇	二	104~235	40.93	195
	三	235~404	30.58	290
		104~350	66.92	ND
丙二醇	二	148~240	22.38	203
	三	240~405	29.29	295
		148~350	47.81	ND
丙二醇:丙三醇=1:1	二	136~236	30.80	196
	三	236~406	31.57	291
		136~350	57.51	ND
丙二醇:丙三醇=1:3	二	126~235	34.68	195
	三	235~400	32.35	293
		126~350	62.30	ND
丙二醇:丙三醇=3:1	二	141~235	25.90	196
	三	235~401	30.11	291
		141~350	51.94	ND

因此，促进烟叶热失重效果最佳的雾化剂比例为丙三醇:丙二醇为 3:1，最佳添加质量分数为 20%。

7.3 低共熔溶剂对加热卷烟原料热失重的影响

低共熔溶剂（DES）具有制备简单、廉价、可生物降解、前体物质是可再生的、无毒和天然化合物的优点（Zeng等，2019）。目前低共熔溶剂在有机合成、生物催化、药物溶出和材料化学等方面有着广泛的应用（Cui等，2015）。对于植物功能成分的分离和提取研究也取得了较大的进展，包括对酚类化合物（Garcia等，2016）、黄酮类化合物（Wang等，2018）和萜类化合物（Zhao等，2015）等提取效率均高于传统有机溶剂。DES是按一定化学计量比，由固态的氢键受体（氯化胆碱等）和氢键供体（天然有机离子等）制备而成的两组分或三组分低共熔混合物，其熔点显著低于各组分纯物质的熔点（Huang等，2019）。

7.3.1 试验材料与仪器

7.3.1.1 试验材料

烟叶原料为烤烟品种云87，将烟叶样品置于60 ℃烘箱中2 h，然后将烟叶磨成粒径为0.25 mm的烟末样品。

7.3.1.2 试验试剂

丙三醇（AR，阿拉丁试剂公司）；丙二醇（AR，阿拉丁试剂公司）；1,4-丁二醇（AR，阿拉丁试剂公司）；氯化胆碱（AR，阿拉丁试剂公司）；脯氨酸（AR，阿拉丁试剂公司）；甜菜碱（AR，阿拉丁试剂公司）；5-羟甲基糠醛（AR，阿拉丁试剂公司）；巨豆三烯酮（AR，阿拉丁试剂公司）。

7.3.1.3 试验仪器

梅特勒托利多TAG-DSCI 1600（瑞士，Mettler-toledo公司）、NETZSCH STA449F3型同步分析仪（瑞士，耐驰公司）；热裂解仪：CDS5250T型（美国 CDS Analytical公司）；气质联用仪（GC/MS）：Agilent6890/5973型（美国 Analytical公司）；XP603S型分析天平（瑞士 Mettler Toledo公司）；IKA磁力搅拌器（德国艾卡公司）。

7.3.2 试验方法

7.3.2.1 低共熔溶剂制备

醇类化合物作为氢键供体，天然氯化胆碱、甜菜碱、脯氨酸为氢键受体，合成的6种低共熔溶剂组成见表7-9。表中所示的每组化合物，按照相应的摩尔比和相对分子质量计算所需化合物的质量比。分别称取一定量的对应化合物置于100 mL的圆底烧瓶中，后置于磁力搅拌器上80 ℃搅拌反应4~6 h，形成无色透明液体，最终合成了DES-1至DES-6六种低共熔溶剂。

表 7-9　低共熔溶剂组成

编号	组分	摩尔比
DES-1	氯化胆碱：丙三醇	1：2
DES-2	脯氨酸：丙三醇	2：5
DES-3	甜菜碱：丙三醇	1：2
DES-4	氯化胆碱：丙二醇	1：3
DES-5	氯化胆碱：1,4-丁二醇	1：5
DES-6	氯化胆碱：丙三醇：丙二醇	1：1：1

7.3.2.2　试验样品的制备

将烟末样品（云烟87）称取 7 份，每份为 5 g，1 份加入常规雾化剂（丙二醇和丙三醇质量比为 1：4 的溶剂），其他 6 份烟末样品分别加入含量 10% 的低共熔溶剂（DES-1、DES-2、DES-3、DES-4、DES-5、DES-6），充分混匀后密封保存，得到后续试验样品。

7.3.3　添加低共熔溶剂烟末烟品热失重分析

谭家能等（2021）采用 TG209 热重分析仪（Netzsch，Germany）分析法研究了室温到 800 ℃下 6 种低共熔溶剂（氯化胆碱：丙三醇 1：2；脯氨酸：丙三醇 2：5；甜菜碱：丙三醇 1：2；氯化胆碱：丙二醇 1：3；氯化胆碱：1,4-丁二醇 1：5；氯化胆碱：丙三醇：丙二醇 1：1：1）的热失重特性。热失重（TG）曲线显示了热解过程中样品的失重量随温度的变化，微分热失重（DTG）曲线显示了相应的热失重速率。图 7-25 至图 7-30 是 6 种低共熔溶剂的 TG 和 DTG 曲线。氯化胆碱：丙三醇（1：2）分为两个失重阶段，第一阶段温度范围 99~243 ℃，失重比例为 49.7%，最大失重速率时温度为 217 ℃；第二阶段温度范围 243~337 ℃，失重比例为 49.7%，最大失重速率时温度为 279 ℃。脯氨酸-丙三醇（2：5）只有一个失重阶段，温度范围 129~291 ℃，失重比例为 93.0%，最大失重速率时温度为 231 ℃。甜菜碱：丙三醇（1：2）分为两个失重阶段，第一阶段温度范围 131~270 ℃，失重比例为 73.4%，最大失重速率时温度为 255 ℃；第二阶段温度范围 270~337 ℃，失重比例为 25.2%，最大失重速率时温度为 231 ℃。氯化胆碱：丙二醇（1：3）分为三个失重阶段，第一阶段温度范围 49~193 ℃，失重比例为 45.8%，最大失重速率时温度为 132 ℃；第二阶段温度范围 193~254 ℃，失重比例为 14.7%，最大失重速率时温度为 234 ℃；第三阶段温度范围 254~337 ℃，失重比例为 38.8%，最大失重速率时温度为 295 ℃。氯化胆碱：1,4-丁二醇 1：5，分为两个失重阶段，第一阶段温度范围 52~222 ℃，失重比例为 66.5%，最大失重速率时温度为 165 ℃；第二阶段温度范围 222~339 ℃，失重比例为 32.7% 最大失重速率时温度为 285 ℃。氯化胆碱：丙三醇：丙二醇（1：1：1）分为两个失重阶段，第一阶段温度范围 52~228 ℃，失重比例为 44.1%，最大失重速率时温度为 158 ℃；第二阶段温度范围 228~358 ℃，失重比例为 54.9%，最大失重速率时温度为 280 ℃。

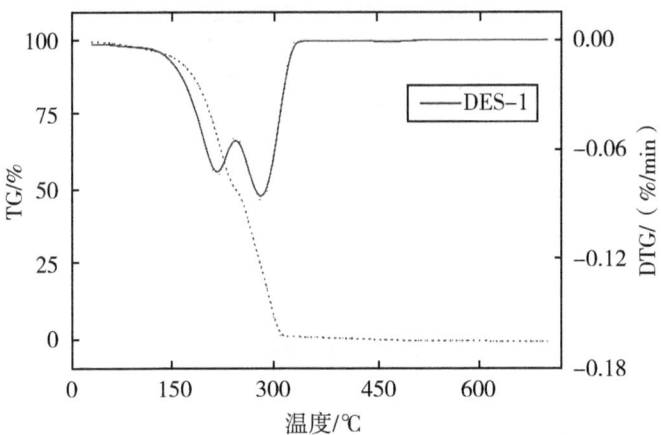

图 7-25　氯化胆碱：丙三醇（1∶2）热失重和微分热失重曲线

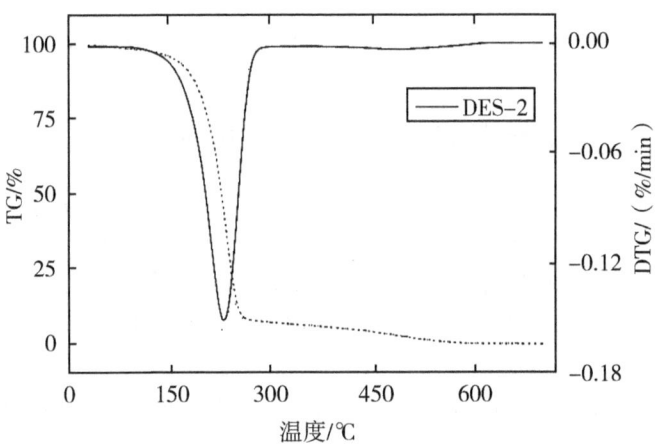

图 7-26　脯氨酸：丙三醇（2∶5）热失重和微分热失重曲线

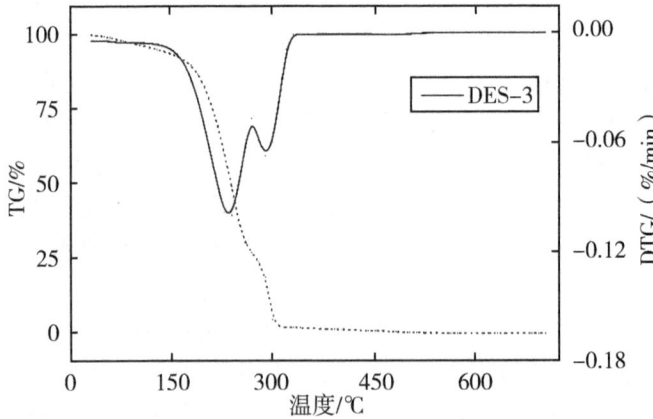

图 7-27　甜菜碱：丙三醇（1∶2）热失重和微分热失重曲线

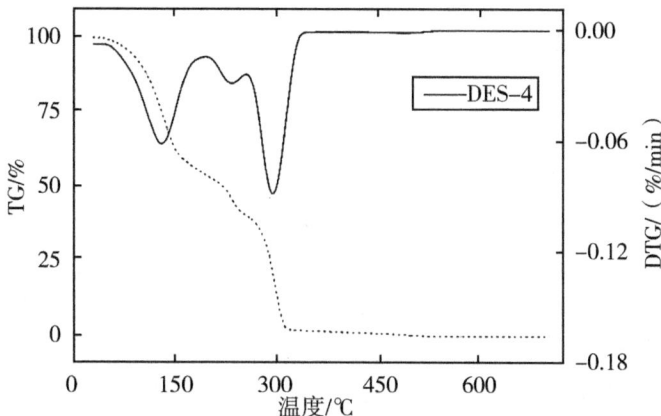

图 7-28　氯化胆碱∶丙二醇 1∶3 热失重和微分热失重曲线

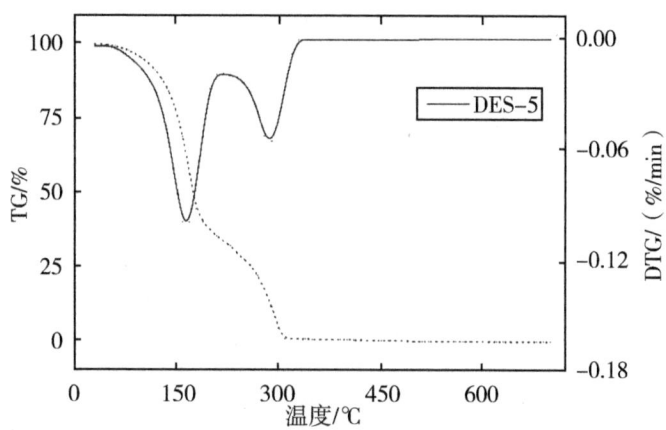

图 7-29　氯化胆碱∶1,4-丁二醇（1∶5）热失重和微分热失重曲线

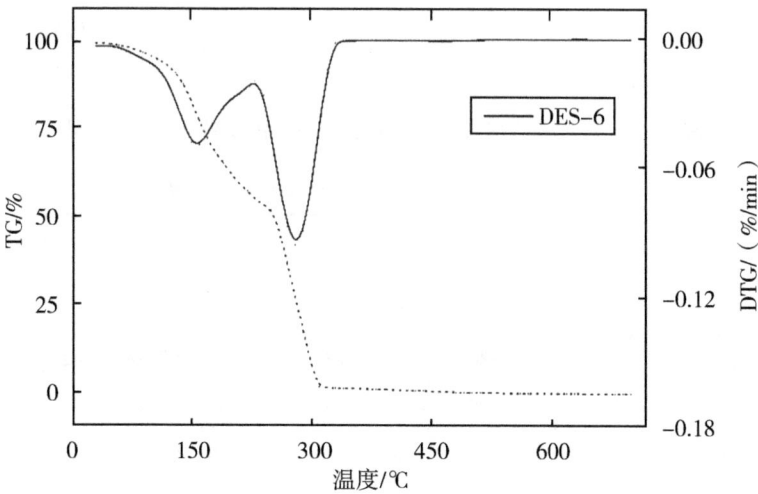

图 7-30　氯化胆碱∶丙三醇∶丙二醇（1∶1∶1）热失重和微分热失重曲线

7.3.4　添加低共熔溶剂烟末烟品热失重分析

在试验温度范围内烟末样品失重分为四个阶段，添加 DES 后失重也分为四个阶段，不同失重阶段的失重比例和速率有一定的差异（图 7-31）。第一失重阶段主要由于烟末中水分的蒸发引起的，加入 DES 处理组的失重比例均略低于烟末组，说明 DES 具有一定保水性，DES-6 的失重最小，这可能由于 DES-6 中丙二醇和丙三醇的占比较多造成的。加入 DES 在第二失重阶段失重速率明显高于烟末样品，失重比例也明显增加，增加范围在 3.5%~4.6%（表 7-10）。可能由于加入 DES 使烟末中一些化学成分提前释放或促进了某些化学成分的转移。第三失重阶段加入 DES 的烟末样品失重速率和比例均低于纯烟末样品，可能由于一些化合物在第二阶段提前释放。表 7-10 还列出第二、三阶段的失重比例总和，DES 处理组均略高于纯烟末样品，但差异很小，具体表现为纯烟末<DES-2<DES-3<DES-1<DES-6<DES-5<DES-4。所以加入 DES 可以显著地增加第二阶段失重速率和比例。

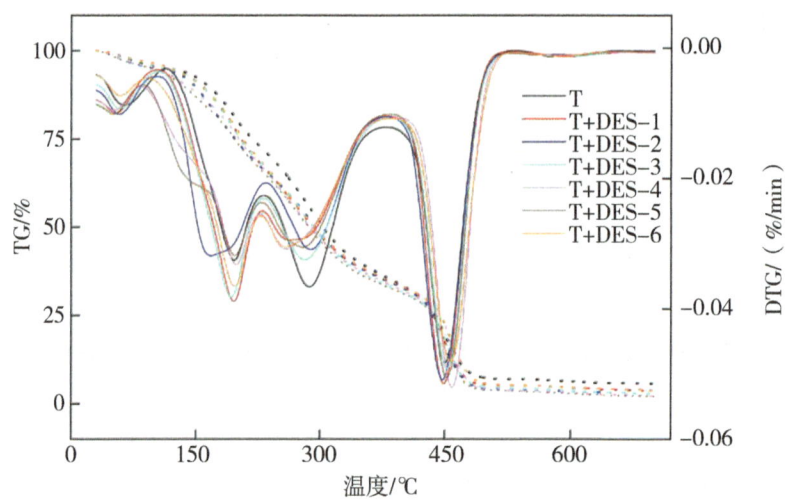

图 7-31　添加低共熔溶剂烟末样品的热失重和微分热失重曲线

表 7-10　添加低共熔溶剂烟末样品热失重结果分析

样品	起始温度/℃				失重比例/%				最快失重温度/℃		
	Ⅰ	Ⅱ	Ⅲ	Ⅳ	Ⅰ	Ⅱ	Ⅲ	Ⅱ+Ⅲ	Ⅰ	Ⅱ	Ⅲ
T	30	113	231	380	5.15	22.80	35.48	58.28	62	196	288
T+DES-1	31	100	229	385	4.97	26.84	31.65	58.49	53	195	275
T+DES-2	31	97	231	384	4.8	27.36	30.98	58.34	56	169	287
T+DES-3	30	106	231	383	4.85	26.95	31.49	58.44	58	192	282

（续表）

样品	起始温度/℃				失重比例/%				最快失重温度/℃		
	Ⅰ	Ⅱ	Ⅲ	Ⅳ	Ⅰ	Ⅱ	Ⅲ	Ⅱ+Ⅲ	Ⅰ	Ⅱ	Ⅲ
T+DES-4	30	83	229	386	4.19	27.29	32.41	59.70	54	197	261
T+DES-5	30	86	230	382	4.53	26.26	33.15	59.41	51	195	280

6种低共熔溶剂在300℃前失重95%以上，在香气物质释放的温度段前便可释放，而且添加DES有利于增加烟末第二失重阶段的失重比例。

8 烤烟烟叶热裂解成分释放规律研究

8.1 低温下烤烟原料热裂解成分释放研究

8.1.1 材料与方法

8.1.1.1 试验材料

研究所用烤烟烟叶原料均于2018年10月取自华环国际烟草有限公司。烤烟烟叶：云南临沧C3F云87、四川凉山C3F云87、福建三明C3F云87、江西抚州C3F云87、湖南郴州C3F云87、福建三明C3F翠碧1号、河南许昌C3F中烟100、云南曲靖（C2F、C3F、C4F、B2F、X2F、C3F）红花大金元。将所得烟叶材料置于40℃烘箱中烘2h，去梗并将烟叶磨碎得到粒径为0.25 mm的烟末样品。

8.1.1.2 仪器

EGA/PY-3030D热裂解器（日本，Frontier公司）、7890A/5975C气相色谱质谱联用仪（美国，Agilent公司）。

8.1.2 试验方法

8.1.2.1 试验设计

（1）选取不同产地所产云87烤烟，分别为云南临沧、四川凉山、福建三明、江西抚州、湖南郴州，比较不同产地所产云87烟叶香气释放差异。

（2）选取红花大金元不同部位烟叶，分别为B2F、X2F、C3F，比较红花大金元上、中、下三个部位烟叶香气释放差异。

（3）选取红花大金元不同等级烟叶，分别为C2F、C3F、C4F，比较红花大金元三个等级烟叶香气释放差异。

（4）选取典型烟区所产特色品种烟叶，分别为福建三明所产翠碧1号、河南许昌所产中烟100、云南曲靖所产红花大金元、云南临沧所产云87，比较典型烟区所产特色品种烟叶香气释放差异。

（5）分析烤烟烟叶香气释放量与其常规化学成分的相关关系。

8.1.2.2 热裂解方法

称取0.1 mg烟末样品于样品杯中，并在烟末样品上铺两层石英棉。选择空气氛围，冷肼在-176℃条件下进行捕集。设定裂解程序为：初始温度30℃，以600℃/min升温到350℃，并保持4 min。

8.1.3 结果分析

8.1.3.1 不同产地云87烟叶低温状态下香气释放规律

五个不同产地云87香气物质释放情况如图8-1所示。不同产区云87热裂解产物中的香气化合物可分为六大类,且这六大类香气物质的相对释放总量大小为:呋喃类>酮类>酸类>醛类>醇类>酯类。江西抚州所产云87烟叶热裂解产物中呋喃类物质相对含量最高为59.1%,而云南临沧最低为29.9%,湖南郴州为38.4%,福建三明、四川凉山所产云87烟叶呋喃类物质释放量分别为40.1%、42.8%。湖南郴州、四川凉山所产烟叶酮类释放量均超过30%,高于云南临沧、福建三明以及江西抚州所产云87烟叶酮类物质的释放量,福建三明所产云87酮类物质的释放量最低仅为20.9%。江西抚州所产云87烟叶醇类物质(西柏三烯二醇、叶绿醇)的释放量最低仅为1.0%,远远低于其他四个产区。对于醛类物质,福建三明所产云87烟叶释放量最好,云南临沧次之,湖南郴州、四川凉山、江西抚州云87烟叶醛类物质释放量相差不大且较小。云南临沧、福建三明所产烟叶酸类物质释放量分别为23.2%和15.9%,远高于湖南郴州、四川凉山以及江西抚州。江西抚州所产云87烟叶在酯类物质的释放量最低,其他四个产区酯类物质释放量没有差异。

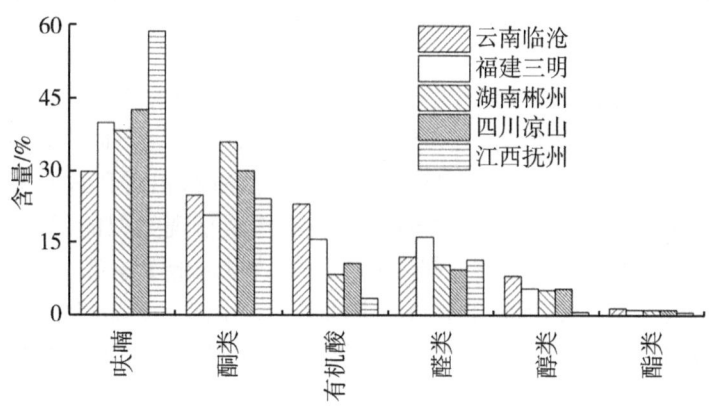

图8-1 不同产地云87香气释放量

不同产地云87烟叶呋喃和酮类物质中主要化合物(含量>1%)香气释放量如表8-1所示。5-羟甲基糠醛(5-HMF)、2,3-二氢-3,5-二羟基-6-甲基-4(4H)-吡喃-4-酮(DDMP)、糠醛这三种化合物的释放量排在前三位。江西抚州所产云87烟叶5-HMF、糠醛的释放量均高于其他四个产地。湖南郴州所产云87烟叶DDMP的释放量高于其他产区,而江西抚州所产云87烟叶DDMP的释放量最低。不同产地云87烟叶2-呋喃酮、5-甲基糠醛、1,3-二酮环戊烯的释放量相差不大。四川凉山、江西抚州所产云87烟叶糠醇、2,5-呋喃甲醛的释放量高于其他三个产区。作为主要的香气物质,呋喃类物质和酮类物质在江西抚州所产云87烟叶中的释放总量最高。

表 8-1　不同产地云 87 烟叶呋喃和酮类主要化合物香气释放量

保留时间/min	化合物名称	相对含量/%				
		云南临沧	福建三明	湖南郴州	四川凉山	江西抚州
10.0	羟基丙酮	6.7	4.5	6.8	7.6	7.4
17.2	1,3-二酮环戊烯	3.3	4.2	3.2	4.9	3.8
20.6	1,3-环戊二酮	1.9	0.6	1.5	1.4	1.7
26.3	2,5-呋喃甲醛	0.8	1.1	0.7	1.8	2.2
28.6	2,3-二氢-3,5-二羟基-6-甲基-4（4H）-吡喃-4-酮	8.9	5.7	16.2	9.1	4.9
16.9	糠醛	8.2	9.8	7.4	12.5	13.1
17.6	糠醇	3.6	3.7	3.8	6.3	4.7
20.0	2-呋喃酮	2.0	2.1	2.1	2.6	1.8
22.0	5-甲基糠醛	1.4	1.8	2.0	1.8	1.9
30.9	5-羟甲基糠醛	12.9	20.3	20.7	16.4	33.5

8.1.3.2　红花大金元不同部位烟叶低温状态下香气释放的规律

红花大金元不同部位烟叶香气释放结果如图 8-2 所示。不同部位烟叶热裂解产物中的香气化合物可被分为六类，且这六大类香气物质的相对释放总量大小为：呋喃类>酮类>醛类>酸类>醇类>酯类。呋喃类和酸类物质呈现类似的规律，上部叶>中部叶>下部叶。对于酮类物质，其在上部烟叶中的释放量远低于中部、下部烟叶。下部叶裂解释放出来的醛类物质远远高于上部、中部烟叶。中部、下部烟叶醇类物质释放量相差不大，且均逊于上部烟叶。红花大金元不同部位烟叶呋喃类和酮类物质中主要化合物

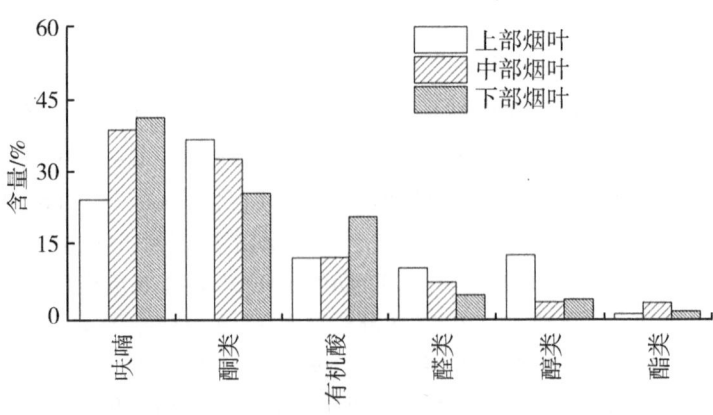

图 8-2　不同部位红花大金元香气释放量

(含量>1%) 香气释放量如表 8-2 所示。上部烟叶 DDMP 的释放量最高为 19.6%,中部烟叶次之为 12.2%,下部烟叶最低仅为 4.6%。中部、下部烟叶裂解释放出来的 5-HMF 高于上部叶。不同部位烟叶 2-呋喃酮、5-甲基糠醛的释放量差异不大。中部烟叶和下部烟叶糠醇的释放量几乎为上部烟叶的 2 倍。下部烟叶 1,3-二酮环戊烯、2,5-呋喃甲醛、羟基丙酮的释放量高于中部烟叶和上部烟叶。作为主要的香气物质,呋喃类物质和酮类物质在中部烟叶中的释放总量最高。

表 8-2 红花大金元不同部位烟叶呋喃和酮类主要化合物香气释放量

保留时间/min	化合物名称	相对含量/%		
		上部烟叶	中部烟叶	下部烟叶
10.0	羟基丙酮	7.8	9.8	11.3
17.2	1,3-二酮环戊烯	4.8	4.9	6.5
26.3	2,5-呋喃甲醛	ND	1.6	2.3
28.6	2,3-二氢-3,5-二羟基-6-甲基-4(4H)-吡喃-4-酮	19.6	12.2	4.6
16.9	糠醛	8.7	11.3	15.8
17.6	糠醇	4.8	8.1	8.4
20.0	2-呋喃酮	2.6	2.6	2.4
22.0	5-甲基糠醛	2.7	1.8	2.2
30.9	5-羟甲基糠醛	3.8	11.4	9.1

注:"ND"代表未检测到该化合物,下同。

8.1.3.3 红花大金元不同等级烟叶低温状态下香气释放的规律

红花大金元中部不同等级烟叶香气释放结果如图 8-3 所示。不同等级烟叶热裂解产物中呋喃类、酮类、醛类、酸类物质相对释放量较多,而醇类、酯类相对释放量较少。C2F、C3F 烟叶呋喃类物质的释放量分别为 44.4%、33.2%,而 C4F 烟叶释放量仅为 20.2%。不同等级烟叶酮类物质的释放规律与呋喃类类似。C2F、C4F 烟叶酮类物质的相对释放量几乎为 C4F 烟叶的 2 倍。等级较高的烟叶酮类和呋喃类香气物质的释放量较高。不同等级烟叶醛类物质的释放量差异较大。C4F 烟叶醛类物质的相对释放量为 32.8%,而 C2F、C3F 烟叶的相对释放量分别为 9.6%、14.8%,远远低于 C4F。对于酸类物质的释放量,C4F 烟叶的释放量值为 C2F、C3F 烟叶释放量的 2 倍之多。C3F 烟叶醇类物质释放量低于 C2F、C4F,而酯类物质的释放量高于 C2F 以及 C4F。

红花大金元不同等级烟叶呋喃类和酮类物质中主要化合物(含量>1%)香气释放量如表 8-3 所示。C2F、C3F 烟叶 DDMP、5-MHF 的释放量远远高于 C4F。C3F 烟叶糠醇的释放量为 8.4%,高于 C2F 烟叶(5.8%)、C4F 烟叶(3.3%)。不同等级烟叶 1,3-二酮环戊烯、5-甲基糠醛的释放量相差不大。C3F、C4F 烟叶糠醛的释放量高于 C2F 烟叶。C2F 烟叶、C3F 烟叶羟基丙酮、2-羟基-2-环戊烯-1-酮的释放量高于 C4F。作为主要的香气物质，呋喃类物质和酮类物质在等级较高的烟叶中释放总量最高。

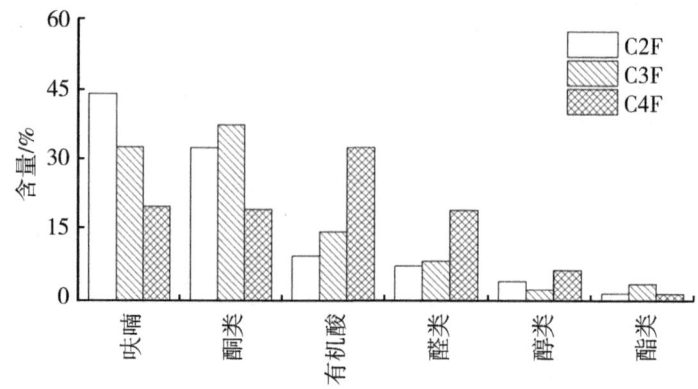

图 8-3　红花大金元不同等级烟叶香气释放量

表 8-3　红花大金元不同等级烟叶呋喃和酮类主要化合物香气释放量

保留时间/min	化合物名称	相对含量/%		
		C2F	C3F	C4F
10.0	羟基丙酮	9.4	8.2	6.9
17.2	1,3-二酮环戊烯	5.2	5.1	4.9
20.6	2-羟基-2-环戊烯-1-酮	1.3	2.0	0.2
26.3	2,5-呋喃甲醛	0.4	1.7	0.6
28.6	2,3-二氢-3,5-二羟基-6-甲基-4(4H)-吡喃-4-酮	23.0	12.7	2.6
16.9	糠醛	9.8	11.8	10.2
17.6	糠醇	5.8	8.4	3.3
22.0	5-甲基糠醛	2.4	1.9	2.3
30.9	5-羟甲基糠醛	12.7	11.9	2.3

8.1.3.4　典型烟区所产特色品种烟叶低温状态下香气释放的规律

典型烟区所产不同品种烟叶香气释放量见图 8-4。典型烟区所产不同品种烟叶热裂解产物中的香气化合物中呋喃类、酮类、醛类、酸类物质相对释放量较多，而醇类、酯类相对释放量较少。翠碧 1 号热裂解产物中呋喃类物质的量为 53.65%，远远高于中烟 100、红花大金元、云 87。红花大金元热裂解产物中酮类释放量为 42.8%，几乎是其他三个品种酮类释放量的 2 倍。红花大金元酯类物质的相对释放量高于其他三个品种。中烟 100 醛类物质的释放量为 21.6%，云 87 为 10.9%，而红花大金元、翠碧 1 号烟叶醛类物质的释放量均不足10%。对于酸类物质释放量,云87(22.4%)>翠碧1号(11.0%)>中烟100(6.6%)>红花大金元(6.3%)。云87醇类物质释放量高于其他三个品种。翠碧1号、红花大金元烟叶呋喃类和酮类物质释放总量分别为78.1%、79.1%,而中烟100、云87呋喃类和酮类物质释放总量分别为64.1%、54.4%。

典型烟区所产特色品种烟叶呋喃类和酮类物质中主要化合物(含量>1%)香气释放量如表8-4所示。翠碧1号、红花大金元烟叶DDMP的释放量约为11%,云87烟叶为8.9%,而中烟100仅为2.6%。中烟100烟叶热裂解产物中未检测到5-HMF,而翠碧1号烟叶5-羟甲基糠醛的释放量为32.8%,远远高于红花大金元和云87烟叶。不同品种烟叶2-呋喃酮、5-甲基糠醛的释放量差异不大。中烟100、红花大金元烟叶热裂解产物中糠醇、1,3-二酮环戊烯的释放量高于翠碧1号和云87烟叶。中烟100烟叶糠醛、1,4-戊二烯-3-酮、5-羟基-2-戊酮、1-(乙酰氧基)-2-丙酮的释放量高于其他三个特色品种烟叶。云87烟叶2,5-二甲基呋喃醛的释放量最低。作为主要的香气物质,呋喃类物质和酮类物质在红花大金元和翠碧1号烟叶中释放总量最高。

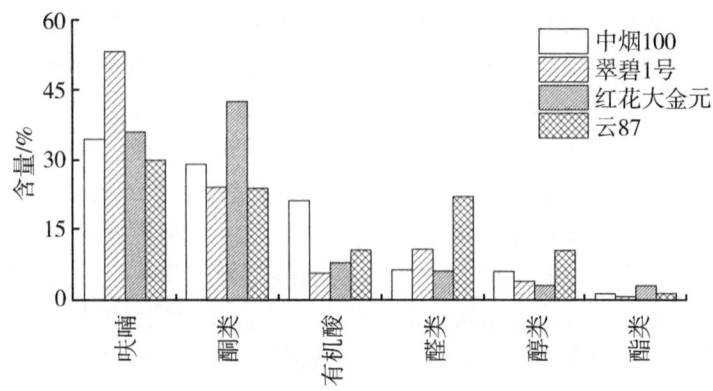

图8-4 典型烟区所产特色品种烟叶香气释放量

表8-4 典型烟区所产特色品种烟叶呋喃和酮类主要化合物香气释放量

保留时间/min	化合物名称	相对含量/%			
		中烟100	翠碧1号	红花大金元	云87
10.0	羟基丙酮	7.5	4.7	7.1	6.7
13.4	1,4-戊二烯-3-酮	4.2	0.5	0.3	0.3
14.8	5-羟基-2-戊酮	4.2	0.5	0.3	0.3
17.2	1,3-二酮环戊烯	5.4	3.0	4.3	3.3
18.0	1-(乙酰氧基)-2-丙酮	2.3	0.4	1.5	3.0
20.6	1,3-环戊二酮	1.5	0.9	1.9	0.8
26.2	2,5-二甲基呋喃醛	2.4	1.1	1.5	0.8

(续表)

保留时间/min	化合物名称	相对含量/%			
		中烟100	翠碧1号	红花大金元	云87
28.6	2,3-二氢-3,5-二羟基-6-甲基-4(4H)-吡喃-4-酮	2.6	11.5	11.1	8.9
16.9	糠醛	16.1	9.9	10.4	8.2
17.6	糠醇	7.8	4.3	7.4	3.6
20.0	2-呋喃酮	3.0	1.7	2.4	2.0
22.0	5-甲基糠醛	1.9	2.0	1.7	1.4
30.9	5-羟甲基糠醛	ND	32.8	10.5	12.9

8.1.3.5 香气化合物释放量与常规化学成分的相关关系

香气化合物释放量与常规化学成分的相关关系见表8-5。烟碱含量（$r=-0.73$）、总氮含量（$r=-0.70$）与糠醛释放量呈显著负相关，钾含量则与其呈极显著正相关。烟碱含量与糠醇释放量呈极显著负相关，总糖含量、钾含量与之呈极显著正相关。5-HMF释放量与烟碱含量呈极显著负相关关系，与还原糖、总糖、钾含量、糖碱比比值有极显著的正相关关系。羟基丙酮释放量与烟碱含量呈极显著负相关关系，与氮碱比呈极显著正相关关系，与糖碱比呈显著正相关关系。1,3-二酮环戊烯的释放量与氮碱比呈显著正相关，与钾含量呈显著负相关。2-呋喃酮与钾含量呈极显著负相关。叶绿醇释放量与还原糖、总氮含量呈极显著正相关关系。丁内酯释放量与烟碱呈显著负相关关系，与钾含量呈极显著正相关关系。苯甲醛释放量与烟碱含量呈显著正相关关系，与糖碱比呈显著负相关关系。

表8-5 香气化合物释放量与常规化学成分含量的相关性

化合物	烟碱	总糖	还原糖	总氮	糖碱比	氮碱比	K	Cl
糠醛	-0.73*	0.57	0.41	-0.70*	-0.23	0.34	0.82**	0.48
糠醇	-0.74**	0.62**	0.38**	-0.53	-0.38	0.16	0.85**	0.64*
5-羟甲基糠醛	-0.71**	1.00**	0.72**	-0.63*	0.002	0.00**	0.81**	0.41
2,3-二氢-3,5-二羟基-6-甲基-4(4H)-吡喃-4-酮	-0.08	0.34	0.22	0.20	0.15	-0.37	0.11	0.21
羟基丙酮	-0.75**	0.38	0.07	-0.12	0.70*	0.82**	-0.39	0.35
1,3-二酮环戊烯	-0.43	0.10	-0.13	0.03	0.42	0.61*	-0.66*	0.23
2-呋喃酮	-0.07	-0.19	-0.38	0.12	0.03	0.22	-0.89**	-0.16

(续表)

化合物	烟碱	总糖	还原糖	总氮	糖碱比	氮碱比	K	Cl
5-甲基糠醛	0.24	-0.36	-0.25	0.59	-0.17	0.14	0.00	0.37
叶绿醇	0.18	0.44	0.79**	0.83**	-0.37	-0.19	0.40	-0.40
棕榈酸	0.15	0.06	-0.31	0.17	0.09	-0.54	-0.35	-0.13
丁内酯	-0.69*	0.48	0.09	-0.36	-0.47	-0.05	0.66**	0.70
苯甲醛	0.92*	-0.41	-0.57	0.22	-0.70*	-0.32	-0.34	0.04

注：*代表0.05水平的显著性，**代表0.01水平的显著性。

红花大金元中部等级较高的烟叶呋喃类和酮类物质的释放量高，此结果与红花大金元中部烟叶第二、三失重阶段总失重量较大有一定的一致性，这也从侧面说明了醛类、酮类物质在热释放物中所占的比重较大。中部烟叶在生长时期整个烟株正处于旺长期，光照充足、营养条件较好，积累的有机物多，糖类物质最多（马爱国等，2009）。糖类物质是形成许多香气化合物的重要载体，因此香气较足。不同产地烟叶由于与生长有关的因子有差异，所以烟叶本身的物理、化学特性有一定差异，最终引起香气释放量的差异。

通过香气化合物释放量与常规化学成分的相关关系发现，还原糖、总糖含量与糠醇、5-甲基糠醛呈正相关关系。这可能是因为这些化合物大多来源于美拉德反应产物或者糖类物质的降解（许春平等，2014），因而与糖类物质的含量关系较大。烟碱含量与糠醛、糠醇、5-羟甲基糠醛释放量呈负相关关系，说明烟叶烟碱含量高不利于糠醛、糠醇、5-羟甲基糠醛的释放。钾含量与糠醛、糠醇、5-羟甲基糠醛释放量呈正相关关系，且相关系数较大，这可能是因为烟叶烟碱与钾的含量呈负相关关系，钾含量高的烟叶，烟碱含量会降低（舒海燕等，2007）。

8.1.4 小结

本研究选择不同的烤烟原料，利用PY-GC/MS分析手段，研究其在低温状态下香气物质释放的差异。研究结果表明：

（1）作为主要的香气物质，江西抚州所产云87烟叶呋喃类物质和酮类物质释放总量最高。

（2）作为主要的香气物质，红花大金元中部烟叶呋喃类物质和酮类物质的释放总量最高。

（3）作为主要的香气物质，红花大金元等级较高的烟叶呋喃类物质和酮类物质的释放总量最高。

（4）作为主要的香气物质，红花大金元和翠碧1号烟叶呋喃类物质和酮类物质的释放总量最高。

（5）几种主要的香气化合物的释放量与烟叶常规化学成分的量存在一定的相关关系：呋喃类物质中的糠醛、糠醇、5-羟甲基糠醛的释放量与烟碱呈负相关，与钾含量呈正相关关系，此外，糠醇、5-羟甲基糠醛还与总糖、还原糖含量呈显著正相关关系。

羟基丙酮、1,3-二酮环戊烯均与氮碱比值呈正相关关系。叶绿醇释放量与还原糖、总氮含量呈极显著正相关关系。丁内酯释放量与烟碱呈显著负相关关系，与钾含量呈极显著正相关关系。苯甲醛释放量与烟碱含量呈显著正相关关系，与糖碱比呈显著负相关关系。

8.2 不同等级烤烟热解产物及其与加热卷烟感官指标的相关性分析

8.2.1 仪器与材料

8.2.1.1 仪器

CDS6200 热裂解仪（美国，CDS 公司），配有石英管和石英棉（美国，CDS 公司）；Agilent8890 气相色谱质谱联用仪（美国，Agilent 公司）；XP603S 分析天平（瑞士，Mettler Toledo 公司）；HNB-2020 烟草薄片制浆仪（中国，帕夫曼公司）；HNB-2060 烟草薄片打样仪（中国，帕夫曼公司）；DHG92404 烘箱（中国，蓝天公司）。

8.2.1.2 试验原料

烟叶热解产物分析及加热卷烟再造烟叶所用原料为不同等级烤烟粉末；正十七烷（农残级）；二氯甲烷（农残级）；试验前配置好浓度为 5 μL/mL 的正十七烷-二氯甲烷内标溶液备用。

8.2.2 试验方法

8.2.2.1 热裂解试验方法

制作样品步骤：先装填约 2 mg 石英棉（农残级）于热裂解炉样品管中并压实至约 2 mm 长度，再精确称取（1.00±0.02）mg 样品至石英后继续装填约为 2 mm 长度石英棉压实，加入 1 μL 内标溶液。进行裂解产物分析试验时，相邻样品间需要放入空白管（仅装填石英棉）以确保仪器中没有残留物对试验结果造成影响。每个等级烟叶进行 3 次重复。

热裂解条件设定：热裂解氛围为空气；气流速度为 275 mL/min；热裂解温度设定为 300 ℃；加热时长 5 min；解吸温度为 280 ℃。

8.2.2.2 气相色谱-质谱方法

气相色谱条件：色谱柱为 19091N-1361 毛细管色谱柱（60 m×0.25 mm×0.25 μm）；采用分流模式且分流比设置为 50∶1；载气为氦气，载气流量 1 mL/min；进样口温度为 250 ℃；升温程序为 40 ℃维持 3 min，以速率 10 ℃/min 升温至 280 ℃并保持 15 min。

质谱分析条件：溶剂延迟 2.5 min；使用电子轰击源（EI）；电离能量 700 V；离子源温度 230 ℃；四极杆温度 150 ℃；全扫描，扫描范围：29~400 amu。

采用 NIST20 标准谱库进行定性分析，检测过程中加入正十七烷-二氯甲烷内标溶液作为参照对样品粉末热裂解产物进行相对定量分析，计算公式为目标化合物的量=（目标化合物的峰面积/内标峰面积）×（内标浓度/内标体积）。

8.2.3 不同等级烤烟原料热解产物差异分析

图 8-5 为 B1F 等级烟叶粉末热裂解质谱检测分析总离子流图，使用 Agilent Data Analysis 软件对所有样品的离子流图进行分析，并使用 SPSS 对不同等级样品热解产物中各物质的含量进行显著性方差分析，各类物质详细信息及不同等级热解气溶胶中各物质含量差异如下。

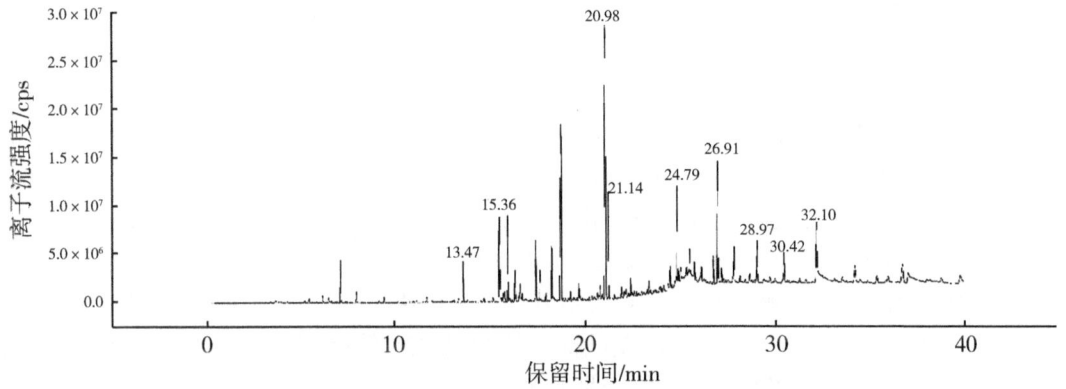

图 8-5 烟叶样品质谱检测分析总离子流图

图 8-6 为 13 个等级烤烟原料粉末热裂解气溶胶中各组分含量汇总，由图可知，在

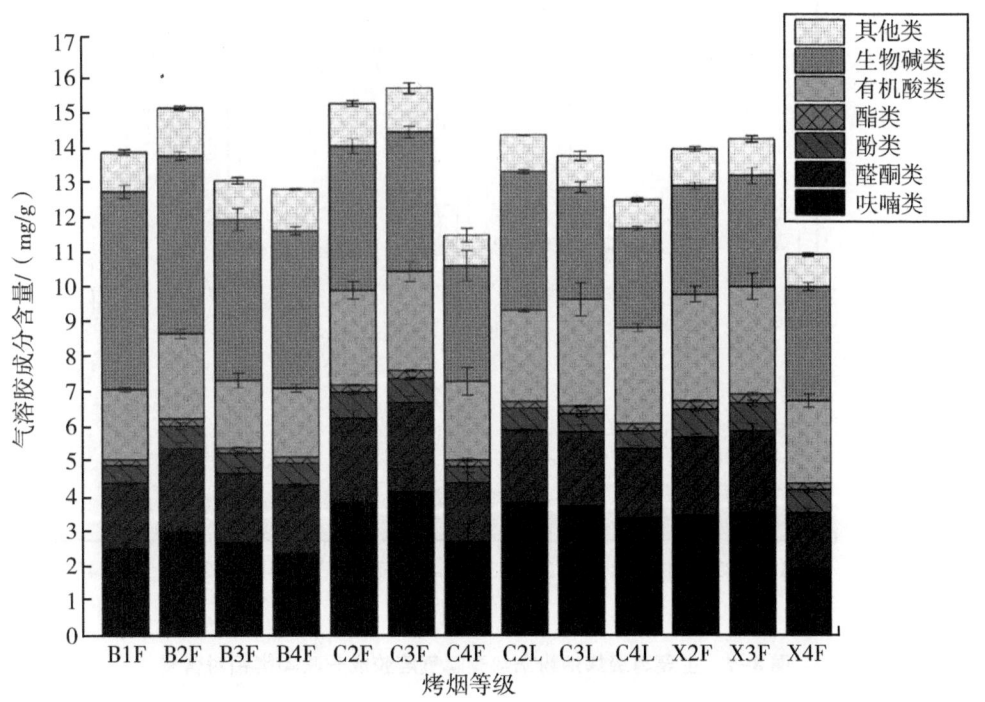

图 8-6 主要等级烤烟粉末热裂解气溶胶成分含量

主要等级烤烟原料热裂解气溶胶中均检测出呋喃类、醛酮类、酚类、酯类、生物碱类、有机酸类等热裂解产物。其中 B1F、B2F、C2F、C3F 等级烟叶热裂解气溶胶相对含量总和显著高于其余等级，C4L、C4F、X4F 等级烟叶热裂解产物释放量最少。所有等级烟叶热裂解气溶胶中相对含量最高的组分均为生物碱类，其次为有机酸类、呋喃类。

8.2.3.1 呋喃类热解产物

呋喃类物质总量最高的是 C3F 等级烟叶，每克 C3F 等级烟叶热解产生的气溶胶中呋喃总量达到 4.25 mg；其次为 C2F、C2L 等级烟叶；X4F 等级烟叶呋喃类总量显著低于除 B1F、B4F 外其他等级烟叶（图 8-7）。由表 8-6 可知，5-羟甲基糠醛在所有等级烟叶热解呋喃类产物中含量均为最高，其中 C3F、C2L 等级烟叶热解产物中 5-羟甲基糠醛含量分别达到 1.483 mg/g 和 1.476 mg/g，为所有等级烟叶中最高。除 5-羟甲基糠醛外，C3F 等级烟叶热解产物中 2-甲基呋喃、5-甲基-2（3H）-呋喃酮、糠醛、2-乙酰基呋喃、2,4-二羟基-2,5-二甲基-3-呋喃酮、4-甲基-2（5H）-呋喃酮、5-甲基糠醛、4-环戊烯-1,3-二酮、糠醇、5-甲基糠醇、2（5H）-呋喃酮、N-甲基-N-异丁基-2-呋喃甲酰胺、5-乙酰氧基甲基-2-呋喃醛等呋喃类物质含量均为所有等级烟叶中最高。B1F 等级烟叶热解产物中 3,4-二甲基-2,5-呋喃二酮、2（5H）-呋喃酮含量为所有等级烟叶中最高。2,5-二酰基呋喃释放量以 C2L 等级烟叶最高；5-乙酰氧基甲基-2-呋喃醛释放量以 X2F、X3F 等级烟叶最高。

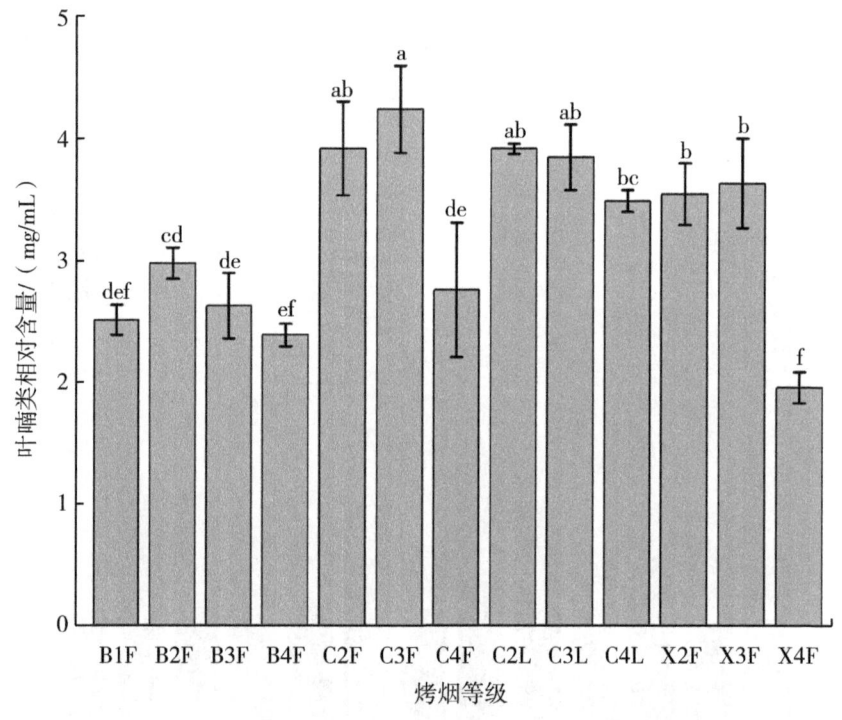

图 8-7 主要等级烤烟粉末热裂解气溶胶成分呋喃类相对含量

表 8-6 主要等级烤烟原料呋喃类热解产物

单位：mg/g

呋喃类热解产物	B1F	B2F	B3F	B4F	C2F	C3F	C4F	C2L	C3L	C4L	X2F	X3F	X4F
2-甲基呋喃	0.028±0.002cd	0.040±0.001ab	0.035±0.006bc	0.034±0.001bc	0.040±0.006ab	0.043±0.006a	0.027±0.007cd	0.039±0.001ab	0.037±0.003ab	0.034±0.002bc	0.039±0.004ab	0.039±0.006ab	0.024±0.003d
5-甲基-2(3H)-呋喃酮	0.027±0.000f	0.038±0.005def	0.032±0.006ef	0.025±0.001f	0.073±0.02abc	0.084±0.016a	0.052±0.015cde	0.061±0.002bcd	0.095±0.009a	0.079±0.012ab	0.077±0.016ab	0.080±0.018ab	0.035±0.003ef
糠醛	0.395±0.021e	0.478±0.017cde	0.441±0.046de	0.401±0.017e	0.583±0.057ab	0.626±0.056a	0.403±0.087e	0.599±0.012a	0.553±0.036abc	0.506±0.009bcd	0.494±0.036cd	0.511±0.056bcd	0.285±0.017f
2-乙酰基呋喃	0.020±0.001c	0.030±0.004c	0.026±0.009c	0.023±0.001c	0.048±0.006ab	0.054±0.006a	0.026±0.007c	0.042±0.003b	0.051±0.007ab	0.046±0.002ab	0.045±0.005ab	0.052±0.008ab	0.022±0.004c
2,4-二羟基-2,5-二甲基-3-呋喃酮	0.113±0.009f	0.174±0.017abc	0.137±0.025def	0.141±0.006bcdef	0.177±0.021ab	0.190±0.021a	0.127±0.031ef	0.156±0.005abcde	0.149±0.018bcde	0.147±0.004bcdef	0.165±0.015abcd	0.186±0.024a	0.119±0.012f
4-甲基-2(5H)-呋喃酮	0.018±0.002de	0.025±0.003abc	0.022±0.004bcde	0.024±0.001abc	0.026±0.004ab	0.028±0.002a	0.017±0.003e	0.023±0.002abcde	0.023±0.004abcd	0.023±0.001abc	0.024±0.003abc	0.027±0.004a	0.019±0.002cde
5-甲基糠醛	0.285±0.015cde	0.372±0.017a	0.336±0.042ab	0.323±0.015abc	0.358±0.043ab	0.372±0.040a	0.256±0.062de	0.349±0.009abc	0.302±0.031bcd	0.286±0.008cde	0.315±0.026abcd	0.338±0.046abc	0.229±0.017e
4-环戊烯-1,3-二酮	0.175±0.008ef	0.225±0.009abc	0.192±0.019cde	0.196±0.007cde	0.250±0.026a	0.260±0.020a	0.182±0.033de	0.212±0.003bcd	0.224±0.019abc	0.213±0.006bcd	0.24±0.017ab	0.244±0.027ab	0.140±0.006e
糠醇	0.305±0.019de	0.379±0.019cd	0.307±0.041de	0.285±0.010e	0.472±0.053ab	0.525±0.055a	0.314±0.073de	0.439±0.012bc	0.483±0.045ab	0.439±0.013bc	0.405±0.030cd	0.458±0.052abc	0.241±0.020e
5-甲基糠醇	0.021±0.002de	0.031±0.004abc	0.027±0.004abcde	0.031±0.002abc	0.033±0.004ab	0.035±0.006a	0.020±0.005de	0.028±0.002abcd	0.026±0.005abcde	0.019±0.005e	0.025±0.004bcde	0.024±0.004cde	0.018±0.001e

(续表)

呋喃类热解产物	烤烟等级												
	B1F	B2F	B3F	B4F	C2F	C3F	C4F	C2L	C3L	C4L	X2F	X3F	X4F
3,4-二甲基-2,5-呋喃二酮	0.031±0.003a	0.011±0.001e	0.007±0.001f	0.010±0.001e	0.015±0.001d	0.007±0.001f	0.028±0.001b	0.015±0.001d	0.027±0.002b	0.031±0.001a	0.015±0.002d	0.018±0.001c	0.011±0.001e
2(5H)-呋喃酮	0.019±0.003d	0.029±0.002ab	0.028±0.004abc	0.030±0.002ab	0.028±0.004abc	0.031±0.003a	0.021±0.005cd	0.027±0.002abc	0.027±0.007abc	0.025±0.000abcd	0.031±0.002a	0.031±0.005a	0.023±0.001cde
N-甲基-N-异丁基-2-呋喃甲酰胺	0.022±0.003d	0.032±0.001abc	0.027±0.005bcd	0.030±0.001bcd	0.023±0.008d	0.037±0.008a	0.020±0.004d	0.030±0.004abc	0.028±0.001cd	0.025±0.001cd	0.028±0.002abc	0.033±0.009ab	0.020±0.001d
2,5-二甲酰基呋喃	0.060±0.005fg	0.060±0.003efg	0.052±0.003gh	0.040±0.007i	0.084±0.003ab	0.079±0.006abc	0.063±0.004def	0.088±0.006a	0.084±0.012ab	0.077±0.003abc	0.070±0.004bcd	0.069±0.002cde	0.052±0.002hi
呋喃酮	0.124±0.004cdefg	0.143±0.007abcd	0.108±0.014fg	0.119±0.011defg	0.148±0.018abc	0.157±0.016ab	0.115±0.023def	0.128±0.000cdef	0.145±0.008abcd	0.136±0.006bcde	0.159±0.013a	0.161±0.011a	0.104±0.007g
5-乙酰基四氢呋喃-2-酮	0.044±0.004a	0.044±0.016ab	0.024±0.002de	0.023±0.001d	0.034±0.005abc	0.037±0.004abc	0.028±0.007cd	0.032±0.002bcd	0.035±0.003abcd	0.032±0.000bcd	0.036±0.004abc	0.038±0.006abc	0.025±0.002cd
5-乙酰氧基甲基-2-呋喃醛	0.053±0.006c	0.055±0.007c	0.053±0.006c	0.105±0.011b	0.184±0.023a	0.204±0.019a	0.115±0.057b	0.185±0.007a	0.186±0.023a	0.165±0.013a	0.180±0.014a	0.183±0.028a	0.088±0.026bc
5-羟甲基糠醛	0.778±0.044e	0.815±0.043de	0.780±0.039e	0.554±0.019f	1.351±0.103ab	1.483±0.078a	0.949±0.132d	1.476±0.013a	1.382±0.063a	1.212±0.055bc	1.161±0.072c	1.151±0.069c	0.505±0.014f
总和	2.517±0.125def	2.983±0.127cd	2.634±0.271de	2.394±0.095ef	3.928±0.386ab	4.252±0.358a	2.765±0.553de	3.927±0.041ab	3.856±0.269ab	3.497±0.091bc	3.554±0.255b	3.643±0.370b	1.961±0.127f

注：同行数字后字母代表0.05水平的显著性。

8.2.3.2 醛酮类热解产物

由图8-8可知，热解醛酮类物质释放规律与呋喃类产物相似，即C3F等级烟叶为所有等级中最高，其次为C2F、C2L；X4F、C4F等级烟叶释放量最；此外，X2F、X3F等级烟叶也有较高的醛酮类热解产物释放总量。表8-7可知，在所有热解产物中共发现14种醛酮类物质，其中含量最高的醛酮类物质为2,3-二氢-3,5-二羟基-6-甲基-4（4H）-吡喃-4-酮。除羟乙醛、3-吡啶甲醛、甲基环戊烯醇酮、巨豆三烯酮、5,6-二氢-6-戊基-2H-吡喃-2-酮、1H-吡咯-2,5-二酮、9-羟基-4,7-巨豆二烯-3-酮外，所有醛酮类物质含量均为C3F最高。C3L羟乙醛含量最高；3-吡啶甲醛含量最低。B2F热解产物中的3-吡啶甲醛、巨豆三烯酮、5,6-二氢-6-戊基-2H-吡喃-2-酮、1H-吡咯-2,5-二酮含量为所有等级中最高。B2F、B4F等级烟叶热解产物中9-羟基-4,7-巨豆二烯-3-酮含量相同，均为所有等级中最高。X4F等级烟叶热解产生的醛酮类物质含量较低。

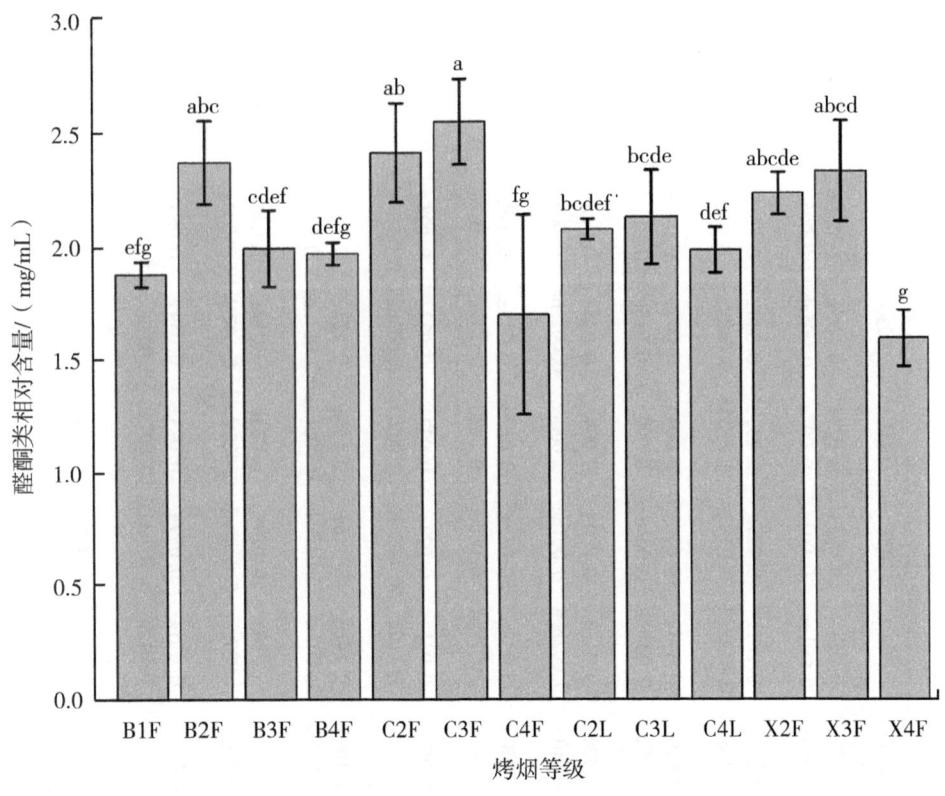

图8-8 主要等级烤烟粉末热裂解气溶胶成分醛酮类相对含量

表8-7 主要等级烤烟原料醛酮类热解产物

单位：mg/g

醛酮类热解产物	烤烟等级												
	B1F	B2F	B3F	B4F	C2F	C3F	C4F	C2L	C3L	C4L	X2F	X3F	X4F
2,3-戊二酮	0.022± 0.001c	0.028± 0.001bc	0.023± 0.003c	0.023± 0.002c	0.035± 0.005ab	0.038± 0.005a	0.025± 0.007c	0.029± 0.001bc	0.034± 0.006ab	0.033± 0.000ab	0.037± 0.003a	0.038± 0.005a	0.022± 0.002c
羟基丙酮	0.230± 0.018de	0.287± 0.012bcd	0.227± 0.033de	0.233± 0.012de	0.340± 0.040abc	0.366± 0.042a	0.239± 0.058de	0.281± 0.009cde	0.348± 0.032ab	0.325± 0.006abc	0.348± 0.030ab	0.361± 0.040a	0.22± 0.016e
羟乙醛	0.010± 0.002e	0.015± 0.000de	0.012± 0.001de	0.009± 0.000e	0.042± 0.013b	0.046± 0.011ab	0.024± 0.006cd	0.036± 0.005bc	0.056± 0.001a	0.040± 0.005b	0.040± 0.009b	0.044± 0.002ab	0.011± 0.002e
2-环戊烯酮	0.008± 0.001e	0.012± 0.002bcd	0.009± 0.001de	0.009± 0.000ed	0.014± 0.002abc	0.016± 0.003a	0.011± 0.003cd	0.011± 0.001d	0.015± 0.000a	0.012± 0.000bcd	0.014± 0.001ab	0.016± 0.001a	0.01± 0ed
1-羟基-2-丁酮	0.030± 0.002d	0.037± 0.002bcd	0.031± 0.005d	0.032± 0.002d	0.046± 0.006ab	0.049± 0.007a	0.032± 0.009d	0.036± 0.001cd	0.045± 0.005abc	0.043± 0.001abc	0.046± 0.004ab	0.049± 0.007a	0.031± 0.002d
3-吡啶甲醛	0.019± 0.004def	0.031± 0.001a	0.027± 0.003abc	0.027± 0.002ab	0.023± 0.003bcd	0.023± 0.004bcde	0.016± 0.004ef	0.021± 0.001cdef	0.015± 0.005f	0.017± 0.001ef	0.021± 0.002def	0.022± 0.003bcde	0.021± 0.002bcde
环辛烷-1,2-二酮	0.100± 0.011de	0.141± 0.007ab	0.116± 0.016cde	0.116± 0.006cde	0.128± 0.019abc	0.144± 0.017a	0.092± 0.019e	0.119± 0.006bcd	0.125± 0.009abc	0.115± 0.004cde	0.126± 0.011abc	0.134± 0.017abc	0.094± 0.007de
甲基环戊烯醇酮	0.022± 0.002e	0.036± 0.007abc	0.029± 0.008bcde	0.033± 0.003abcd	0.039± 0.007ab	0.040± 0.005a	0.026± 0.010cde	0.034± 0.002abcd	0.039± 0.002ab	0.035± 0.001abcd	0.039± 0.004ab	0.041± 0.006a	0.025± 0.003de
巨豆三烯酮	0.064± 0.012abcd	0.075± 0.015a	0.059± 0.007abcd	0.073± 0.007ab	0.059± 0.007abcd	0.068± 0.007abc	0.041± 0.020d	0.049± 0.001cd	0.049± 0.005cd	0.053± 0.012abcd	0.052± 0.005bcd	0.057± 0.008abcd	0.054± 0.018abcd
5,6-二氢-6-甲基-2H-吡喃-2-酮	0.286± 0.016c	0.389± 0.025a	0.339± 0.037b	0.344± 0.008ab	0.270± 0.025cd	0.228± 0.021de	0.142± 0.051f	0.202± 0.002e	0.144± 0.013f	0.118± 0.010f	0.137± 0.010f	0.148± 0.018f	0.140± 0.013f

(续表)

醛酮类热解产物	烤烟等级											
	B1F	B2F	B3F	B4F	C2F	C3F	C4F	C2L	C3L	C4L	X2F	X3F	X4F
1H-吡咯-2,5-二酮	0.104±0.011abcd	0.135±0.012a	0.106±0.012abcd	0.117±0.003abc	0.127±0.019ab	0.116±0.01abc	0.060±0.042ef	0.076±0.001def	0.100±0.005bcd	0.051±0.025f	0.079±0.004def	0.084±0.010cde	0.058±0.011ef
2,3-二氢-3,5-二羟基-6-甲基-4(4H)-吡喃-4-酮	0.728±0.016ef	0.857±0.055cde	0.717±0.043f	0.655±0.018f	0.961±0.081abc	1.049±0.071a	0.746±0.147def	0.877±0.024bcd	0.883±0.089bc	0.867±0.026cd	0.984±0.029abc	1.007±0.081ab	0.658±0.049f
3,5-二羟基-2-甲基-4H-吡喃-4-酮	0.191±0.008cd	0.250±0.046ab	0.229±0.012bcd	0.219±0.009bcd	0.267±0.025ab	0.293±0.015a	0.185±0.060d	0.252±0.012ab	0.217±0.036bcd	0.226±0.017bcd	0.243±0.014abc	0.264±0.017ab	0.181±0.031d
9-羟基-4,7-巨豆二烯-3-酮	0.072±0.001bcd	0.086±0.002a	0.077±0.003abc	0.086±0.002a	0.071±0.009bcd	0.084±0.004ab	0.067±0.014cde	0.061±0.011de	0.067±0.001cde	0.057±0.005e	0.075±0.006abcd	0.076±0.011abc	0.076±0.003abc
总和	1.885±0.055efg	2.380±0.185abc	2.000±0.168cdef	1.977±0.049defg	2.423±0.219ab	2.560±0.189a	1.707±0.441fg	2.084±0.045bcdef	2.138±0.209bcde	1.991±0.100def	2.242±0.094abcde	2.342±0.223abcd	1.603±0.126g

注：同行数字后字母代表 0.05 水平的显著性。

8.2.3.3 酚类热解产物

由图 8-9 可知，C2F、C3F、C2L、X2F、X3F 等级烟叶热解产生的酚类物质相对含量较高，其中以 C2F 等级最高，达到 0.503 mg/g；B1F、X4F、C4F 等级烟叶热解气溶胶中酚类物质含量最低。表 8-8 可知，在所有热解产物中共发现 4 种酚类物质。B4F 等级烟叶热解产物中愈创木酚含量显著高于其余等级烟叶；C2F 等级烟叶热解产物中邻氨基苯酚含量为所有等级烟叶中最高；C3F 等级烟叶热解产物中麦芽酚、2,6-二甲氧基苯酚相对含量为所有等级烟叶中最高。

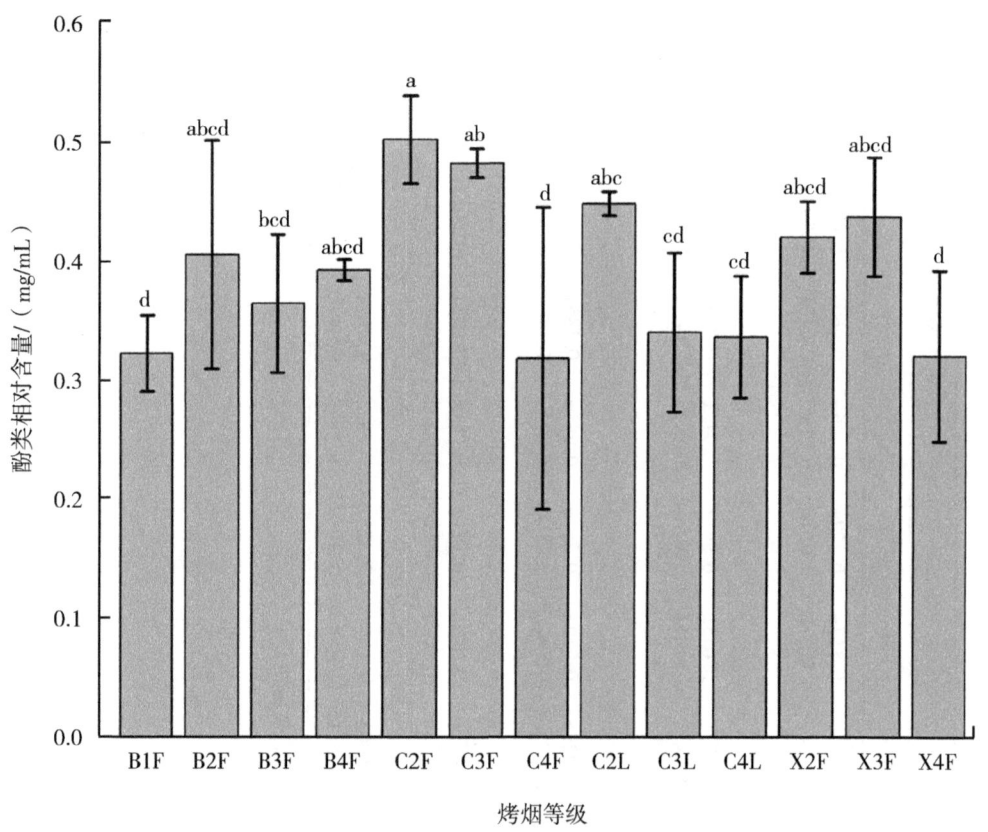

图 8-9 主要等级烤烟粉末热裂解气溶胶成分酚类相对含量

表 8-8 主要等级烤烟原料酚类热解产物

单位：mg/g

酚类热解产物	B1F	B2F	B3F	B4F	C2F	C3F	C4F	C2L	C3L	C4L	X2F	X3F	X4F
愈创木酚	0.023±0.001cde	0.031±0.001ab	0.027±0.005bc	0.035±0.002a	0.025±0.004cde	0.024±0.005cd	0.016±0.005e	0.018±0.001de	0.021±0.005cde	0.020±0.001cde	0.021±0.003cde	0.024±0.005cd	0.020±0.002de
麦芽酚	0.078±0.006ab	0.086±0.002ab	0.071±0.012bc	0.079±0.002ab	0.088±0.013ab	0.095±0.014a	0.060±0.013c	0.080±0.000ab	0.085±0.002ab	0.082±0.006ab	0.084±0.006ab	0.089±0.010a	0.060±0.004c
2,6-二甲氧基苯酚	0.131±0.009cd	0.166±0.031abcd	0.128±0.031cd	0.156±0.007abcd	0.179±0.019abc	0.207±0.013a	0.106±0.061d	0.162±0.004abcd	0.143±0.036bcd	0.155±0.018abcd	0.171±0.020abc	0.193±0.016ab	0.140±0.055bcd
邻氨基苯酚	0.091±0.019cd	0.123±0.065bcd	0.139±0.036abcd	0.123±0.011bcd	0.212±0.069a	0.158±0.027abc	0.137±0.055abcd	0.189±0.009ab	0.092±0.025cd	0.079±0.027d	0.145±0.036abcd	0.132±0.045bcd	0.102±0.012cd
总和	0.323±0.032d	0.406±0.096abcd	0.365±0.058bcd	0.393±0.009abcd	0.503±0.037a	0.483±0.012ab	0.319±0.127d	0.449±0.010abc	0.341±0.067cd	0.337±0.051cd	0.421±0.030abcd	0.438±0.050abcd	0.321±0.072d

注：同行数字后字母代表 0.05 水平的显著性。

8.2.3.4 酯类热解产物

由图 8-10 可知，X3F、C3F 等级烟叶热解酯类释放量在所有等级烟叶中最高；B1F 等级烟叶酯类热解释放量最低。由表 8-9 可知，在所有热解产物中共发现 5 种酯类物质，酯类物质总量相较其他种类热解产物较低且不同等级烤烟粉末间释放总量差距较小。C3F 等级烟叶热解产物中甲酸甲酯、2-羟基-γ-丁内酯含量相较其他等级烟叶最高。X3F 等级烟叶热解产物中碳酸乙烯酯、丙酮酸甲酯、双乙酸酯含量均为所有等级烟叶中最高。

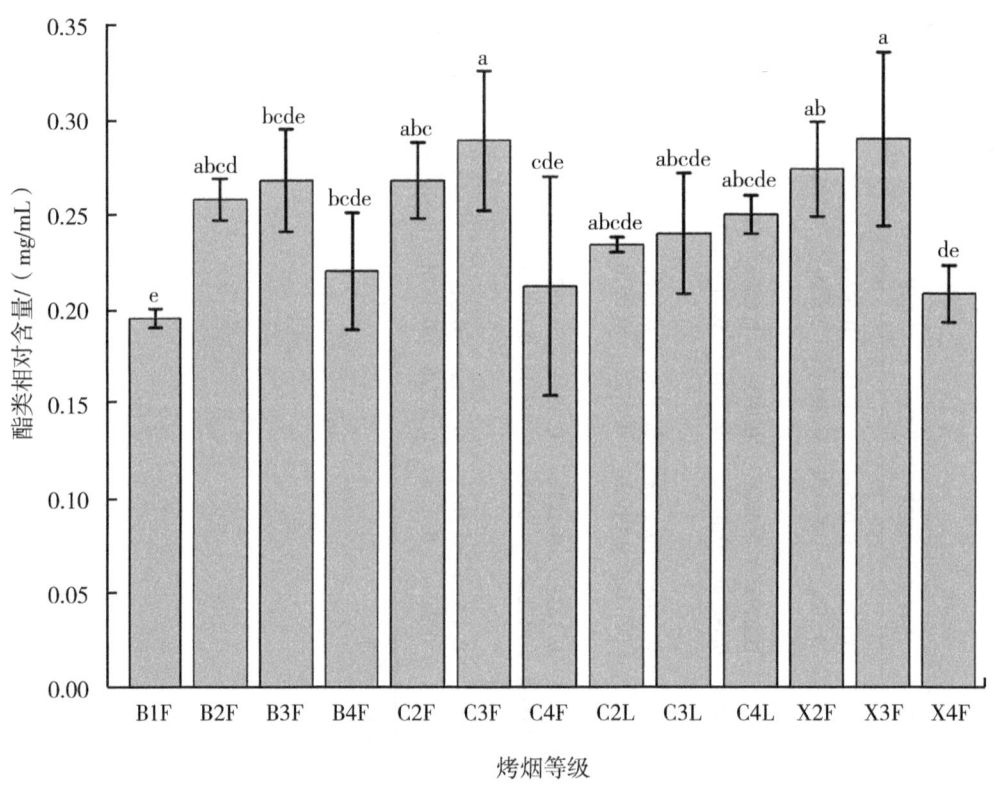

图 8-10 主要等级烤烟粉末热裂解气溶胶成分酯类相对含量

表 8-9 主要等级烤烟原料酯类热解产物

单位：mg/g

酯类热解产物	B1F	B2F	B3F	B4F	C2F	C3F	C4F	C2L	C3L	C4L	X2F	X3F	X4F
甲酸甲酯	0.031±0.007b	0.030±0.001b	0.026±0.001b	0.031±0.003b	0.044±0.009a	0.047±0.001a	0.043±0.008a	0.042±0.002a	0.031±0.008b	0.044±0.002a	0.042±0.003a	0.045±0.005a	0.042±0.004a
碳酸乙烯酯	0.014±0.004d	0.029±0.001abc	0.021±0.003cd	0.023±0.004bc	0.026±0.011abc	0.031±0.004ab	0.025±0.004abc	0.026±0.001abc	0.033±0.005ab	0.030±0.002abc	0.031±0.002ab	0.034±0.008a	0.021±0.002cd
丙酮酸甲酯	0.035±0.006f	0.050±0.003cde	0.041±0.006ef	0.040±0.001ef	0.062±0.006bc	0.068±0.009ab	0.051±0.016cde	0.052±0.004cde	0.063±0.007bc	0.060±0.004bcd	0.072±0.006ab	0.078±0.010a	0.046±0.004def
双乙酸酯	0.048±0.004bcd	0.062±0.003ab	0.053±0.010abcd	0.058±0.004abcd	0.057±0.007abcd	0.059±0.009abc	0.043±0.013d	0.046±0.003cd	0.050±0.007abcd	0.050±0.002abcd	0.057±0.006abcd	0.064±0.011a	0.055±0.006abcd
2-羟基-γ-丁内酯	0.069±0.005bc	0.088±0.004a	0.077±0.021a	0.070±0.026abc	0.081±0.004a	0.084±0.017a	0.05±0.019bc	0.068±0.004abc	0.065±0.005abc	0.066±0.003abc	0.073±0.009ab	0.071±0.012abc	0.046±0.009c
总和	0.196±0.005e	0.259±0.011abcd	0.218±0.027bcde	0.221±0.031bcde	0.269±0.020abc	0.290±0.037a	0.213±0.058cde	0.235±0.004abcde	0.241±0.032abcde	0.251±0.010abcde	0.275±0.025ab	0.291±0.046a	0.209±0.015de

注：同行数字后字母代表 0.05 水平的显著性。

8.2.3.5 生物碱类热解产物

由图 8-11 可知，在所有热解产物中共发现 2 种生物碱类物质。生物碱类物质热解释放总量在所有热解产物种类中最高，其中烟碱释放量显著高于其他所有热解产物。13 个等级的烟叶热解产物中生物碱总量及烟碱含量最高的均为 B1F 等级烟叶，其烟碱释放量达到 5.44 mg/g，显著高于其他等级；含量最低的是 X4F 和 X3F 等级烟叶。生物碱类热解产物释放总量随部位下降而降低，具体规律为上部等级烟叶生物碱热解产物释放总量显著高于中部等级烟叶，中部等级烟叶生物碱热解产物释放总量显著高于下部烟叶。B3F 等级烟叶热解气溶胶中二烯烟碱含量为所有等级烟叶中最高（表 8-10）。

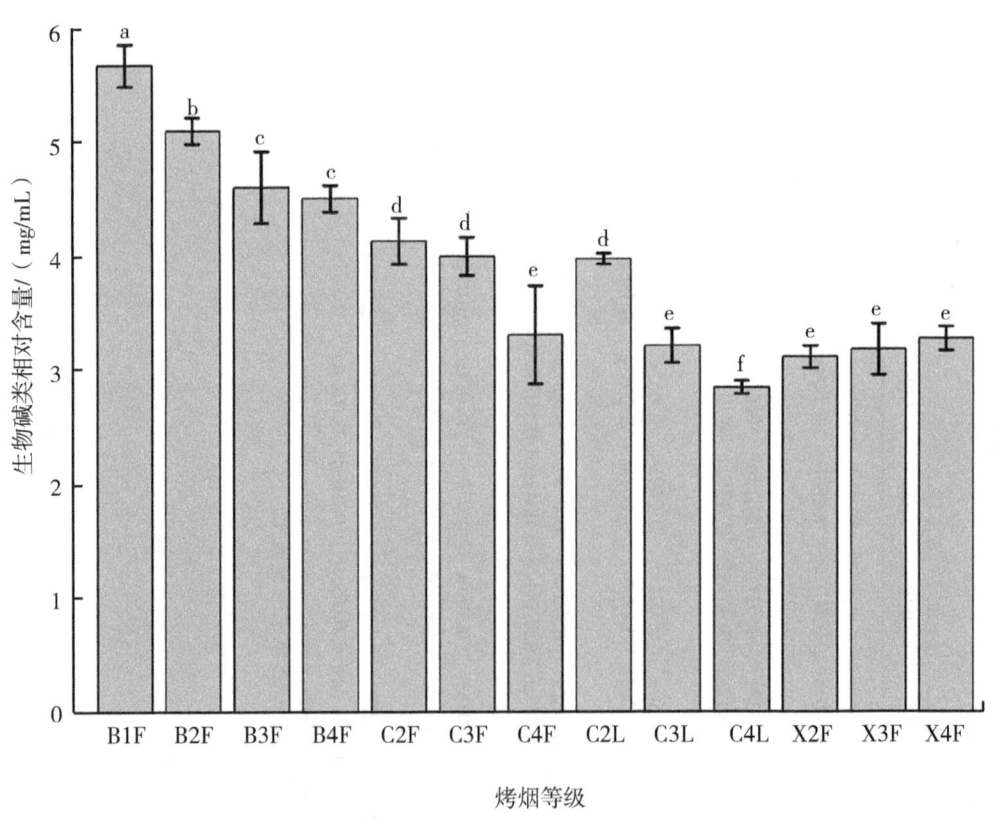

图 8-11 主要等级烤烟粉末热裂解气溶胶成分生物碱类相对含量

表8-10 主要等级烤烟原料生物碱类热解产物

单位：mg/g

生物碱类热解产物	烤烟等级												
	B1F	B2F	B3F	B4F	C2F	C3F	C4F	C2L	C3L	C4L	X2F	X3F	X4F
烟碱	5.440±0.170a	4.732±0.096b	4.164±0.256c	4.133±0.069c	3.795±0.226cd	3.660±0.250d	3.011±0.363e	3.645±0.056d	2.946±0.171e	2.674±0.043e	2.807±0.134e	2.933±0.225e	2.901±0.088e
二烯烟碱	0.255±0.024cd	0.386±0.053ab	0.458±0.108a	0.39±0.045ab	0.353±0.022abc	0.352±0.089abc	0.312±0.070bc	0.347±0.066abc	0.281±0.025bcd	0.186±0.030d	0.320±0.047bc	0.261±0.061cd	0.388±0.02ab
总和	5.695±0.184a	5.118±0.116b	4.622±0.315c	4.523±0.114c	4.148±0.205d	4.013±0.169d	3.323±0.431e	3.992±0.049d	3.227±0.149e	2.860±0.057f	3.127±0.098e	3.194±0.225e	3.288±0.106e

注：同行数字后字母代表0.05水平的显著性。

8.2.3.6 有机酸类热解产物

由图 8-12 可知,13 个等级的烟叶样品中热解有机酸类释放总量最高的为 X2F、X3F、C3L 等级烟叶,最低的为 B1F、B3F、B4F 等级烟叶。在所有热解产物中共发现 6 种有机酸类物质,其中含量最高的物质是乙酸、棕榈酸。C3F 等级烟叶乙酸、丙酸热解释放量为所有等级烟叶中最高。热解产物中甲酸含量以 C3F、C3L 等级烟叶最高;甲基丁酸含量以 B2F 等级烟叶最高;棕榈酸含量以 X1F 等级烟叶最高;硬脂酸含量以 X3F 等级烟叶最高(表 8-11)。

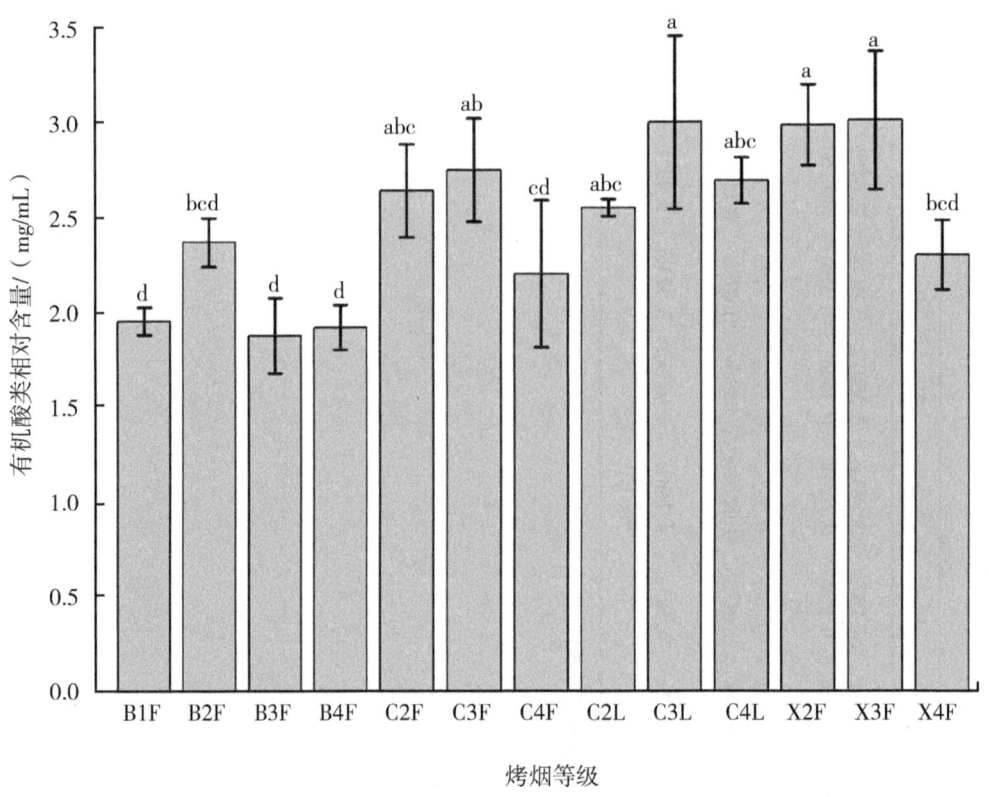

图 8-12 主要等级烤烟粉末热裂解气溶胶成分有机酸类相对含量

表 8-11 主要等级烤烟原料有机酸类热解产物

单位：mg/g

热解产物	B1F	B2F	B3F	B4F	C2F	C3F	C4F	C2L	C3L	C4L	X2F	X3F	X4F
乙酸	0.953±0.062def	1.093±0.034bcde	0.900±0.096ef	0.895±0.033ef	1.221±0.112abc	1.306±0.135a	0.951±0.194def	1.044±0.020bcde	1.192±0.113abc	1.15±0.025abcd	1.249±0.096ab	1.286±0.143ab	0.865±0.046f
甲酸	0.231±0.021cd	0.249±0.016cd	0.222±0.025d	0.213±0.011d	0.468±0.056ab	0.514±0.052a	0.317±0.086c	0.411±0.014b	0.512±0.053a	0.468±0.026ab	0.461±0.022ab	0.471±0.059ab	0.241±0.031cd
丙酸	0.041±0.003d	0.069±0.015abc	0.052±0.017cd	0.066±0.002bc	0.085±0.010ab	0.091±0.010a	0.051±0.017cd	0.068±0.010bc	0.080±0.010ab	0.077±0.003ab	0.07±0.0120abc	0.088±0.013ab	0.049±0.009cd
甲基丁酸	0.099±0.007cde	0.155±0.006a	0.124±0.018abcd	0.140±0.005ab	0.136±0.009abc	0.150±0.020ab	0.118±0.031abcd	0.136±0.005abc	0.113±0.013bcde	0.115±0.011bcde	0.093±0.042de	0.081±0.020e	0.102±0.014cde
棕榈酸	0.569±0.120def	0.680±0.050cdef	0.512±0.047f	0.535±0.065ef	0.663±0.086cdef	0.615±0.043def	0.646±0.160def	0.724±0.027bcde	0.918±0.196ab	0.747±0.072abcd	0.948±0.038a	0.913±0.142ab	0.852±0.089abc
硬脂酸	0.065±0.043d	0.127±0.010abcd	0.070±0.012cd	0.076±0.039cd	0.071±0.013cd	0.076±0.017cd	0.121±0.083bcd	0.171±0.007ab	0.189±0.073ab	0.141±0.010abc	0.169±0.025abc	0.177±0.023ab	0.197±0.022a
总和	1.958±0.072d	2.372±0.128bcd	1.880±0.199d	1.924±0.117d	2.644±0.245abc	2.753±0.272ab	2.206±0.387cd	2.555±0.044abc	3.005±0.456a	2.698±0.121abc	2.991±0.213a	3.015±0.365a	2.306±0.183bcd

注：同行数字后字母代表 0.05 水平的显著性。

8.2.3.7 其他热解产物

烟叶粉末热解产物中其他物质如图8-13及表8-12所示。B2F等级烟叶热裂解气溶胶中新植二烯释放量达到0.839 mg/g，为所有等级烟叶中含量最高；新植二烯含量最低的是C4F等级烟叶。热解产物中3-羟基吡啶含量以B4F等级烟叶最高，C4L等级烟叶最低；2,3'-联吡啶含量以B2F等级烟叶最高，C4L等级烟叶最低；4-（4-氯苯基）-1H-吡唑含量以C3F等级烟叶最高，X4F等级烟叶最低。

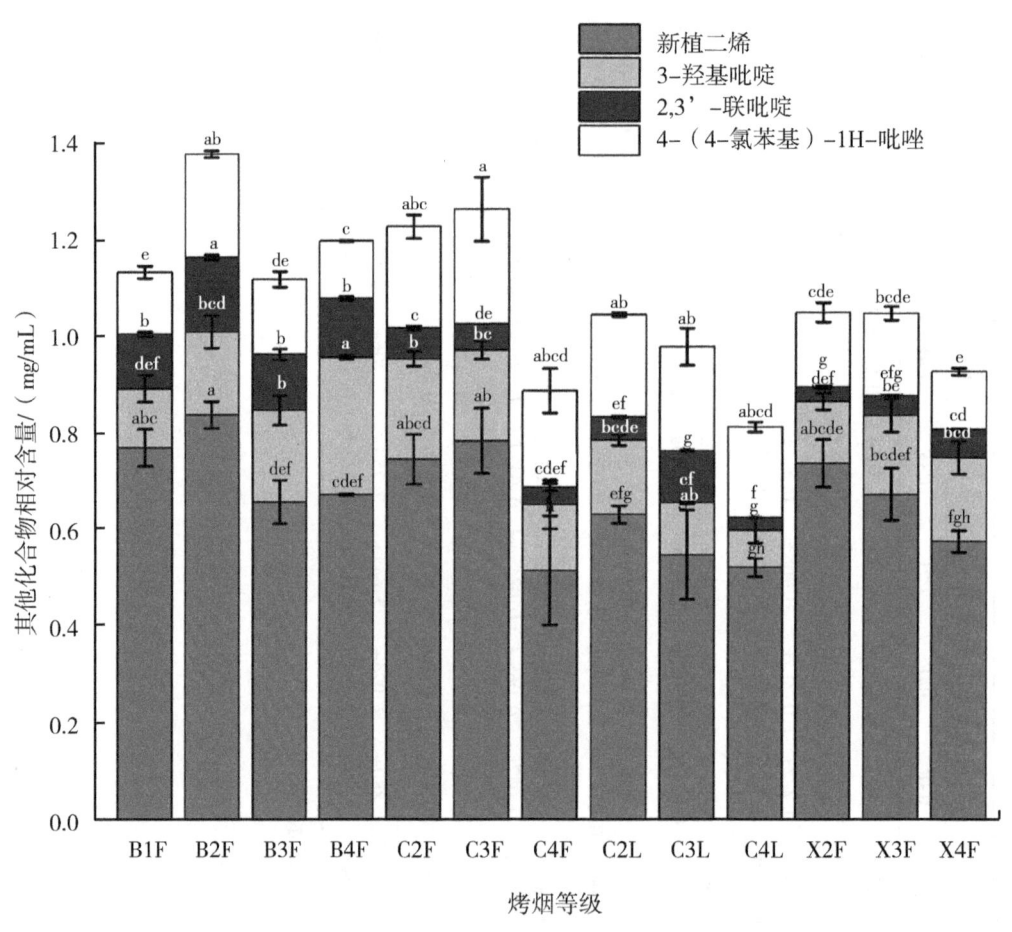

图8-13 主要等级烤烟粉末热裂解气溶胶成分其他化合物相对含量

8 烤烟烟叶热裂解成分释放规律研究

表 8-12 主要等级烤烟原料其他类热解产物

单位：mg/g

其他热解产物	B1F	B2F	B3F	B4F	C2F	C3F	C4F	C2L	C3L	C4L	X2F	X3F	X4F
新植二烯	0.770±0.039abc	0.839±0.027a	0.658±0.045def	0.674±0.002cdef	0.746±0.052abcd	0.784±0.068ab	0.516±0.113h	0.632±0.018efg	0.548±0.092gh	0.523±0.019gh	0.738±0.050abcde	0.674±0.054bcdef	0.576±0.022fgh
3-羟基吡啶	0.122±0.028def	0.171±0.034bcd	0.190±0.030b	0.283±0.003a	0.207±0.015b	0.188±0.019bc	0.136±0.050cdef	0.154±0.011bcde	0.108±0.002ef	0.077±0.026f	0.128±0.016def	0.163±0.034bcd	0.174±0.034bcd
2,3'-联吡啶	0.112±0.005b	0.154±0.005a	0.115±0.011b	0.122±0.004b	0.063±0.004c	0.053±0.001de	0.036±0.008fg	0.047±0.002ef	0.031±0.002g	0.026±0.001g	0.030±0.003g	0.041±0.004efg	0.058±0.002cd
4-（4-氯苯基）-1H-吡唑	0.128±0.013e	0.214±0.007ab	0.155±0.016de	0.118±0.001e	0.21±0.024abc	0.238±0.066a	0.200±0.046abcd	0.211±0.005ab	0.214±0.038ab	0.188±0.010abcd	0.155±0.020cde	0.171±0.014bcde	0.120±0.007e

注：同行数字后字母代表 0.05 水平的显著性。

8.2.4 热解产物与加热卷烟感官质量相关性分析

使用SPSS将不同等级烤烟原料热解产物检测结果与加热卷烟感官质量评价结果进行相关分析，并使用Rstusio进行相关性热图绘制得到图8-14。图中越接近红色表示正相关性越强，越接近蓝色则表示负相关性越强，越接近白色表示相关性越接近于0。气溶胶中约80.70%的热解产物与加热卷烟感官质量呈正相关；其中与残留、干燥感呈正相关的香气物质最多，均达51种。全部热裂解产物可被划分为三类，第Ⅰ类包括硬脂酸、甲酸甲酯、碳酸乙烯酯及棕榈酸，此4种物质可为加热卷烟感官质量带来负面影响，其中硬脂酸、棕榈酸与所有感官指标均呈负相关，甲酸甲酯与除残留外所有指标呈负相关，碳酸乙烯酯与除干燥感外所有指标均呈负相关。第Ⅱ类包括1H-吡咯-2,5-二酮、5-甲基糠醇、二烯烟碱、烟碱、新植二烯等26种香气物质，主要由呋喃类、生物碱类及部分醛酮类、其他类化合物组成，第Ⅱ类物质与所有感官指标均呈正相关，其中1H-吡咯-2,5-二酮、5-甲基糠醇、4-乙烯基苯酚、新植二烯与所有感官指标均有较强的正相关性；烟碱、二烯烟碱与除干燥感外的其他感官指标呈较强的正相关性；3-羟基吡啶、2,3'-联吡啶、5,6-二氢-6-戊基-2H-吡喃-2-酮、5-甲基糠醛与香气量、劲头、苦涩感及残留呈较强的正相关性；此外糠醛、2-甲基呋喃、2（5H）呋喃酮、5-羟甲基糠醛、4-环戊烯-1,3-二酮、5-乙酰氧基甲基-2-呋喃醛、2,4-二羟基-2,5-二甲基-3-呋喃酮、3,5-二羟基-2-甲基-4H-吡喃-4-酮、5,6-二氢-6-戊基-2H-吡喃-2-酮与干燥感、残留有较强的相关性。第Ⅲ类包括5-甲基-2（3H）-呋喃酮、苯酚、羟乙醛等28种香气物质，主要由醛酮类、有机酸类及部分呋喃类、酚类物质组成，第Ⅲ类物质与大部分感官指标相关性不强，其中5-甲基-2（3H）-呋喃酮、苯酚与所有感官指标相关性均较弱；乙酸、丙酸、2-乙酰基呋喃、2,3-戊二酮、愈创木酚、乙二醇二乙酸酯与干燥感有较强正相关，与其他指标相关性较弱；N-甲基-N-异丁基-2-呋喃甲酰胺、巨豆三烯酮、环辛烷-1,2-二酮、糠醇、麦芽酚、4-甲基-2（5H）-呋喃酮、2,6-二甲氧基苯酚与残留、干燥感有较强的相关性，与其余感官指标相关性较弱。

加热卷烟烟支热裂解产生的气溶胶成分种类、含量均会对加热卷烟感官质量产生极大影响，是判断加热卷烟质量的重要指标（高峰涵等，2022）。通过研究加热卷烟气溶胶的组成及其与加热卷烟感官指标的相关性，可为改善加热卷烟吸食口感、提高加热卷烟品质提供理论依据（杨继等，2022）。Bentley等（2020）通过无靶向筛选对菲莫国际生产THS 2.2加热卷烟加热系统的气溶胶进行综合化学表征，精确检测了THS 2.2加热系统产生的532种香气物质及其含量。刘钻福等（2022）以不同烘烤工艺加工的初烤中部烟叶为材料分析其烟气中香气物质含量与感官质量的关系进行了分析，结果表明，巨豆三烯酮、烟碱、DDMP对加热卷烟感官质量指标呈正相关，与各感官指标呈正相关，与本研究相关性分析结果相似。Chen等（2021）分析比较了九种云南产烟叶作为加热卷烟原料的适用性及热解气溶胶组分对吸食口感的影响，结果表明，酚类含量与所有加热卷烟感官指标呈负相关，与本次试验结果相反。造成差异的原因除其仅对酚类总量进行相关性分析外，可能还在于其选用样品中的Han Tobacco热解气溶胶中酚类物

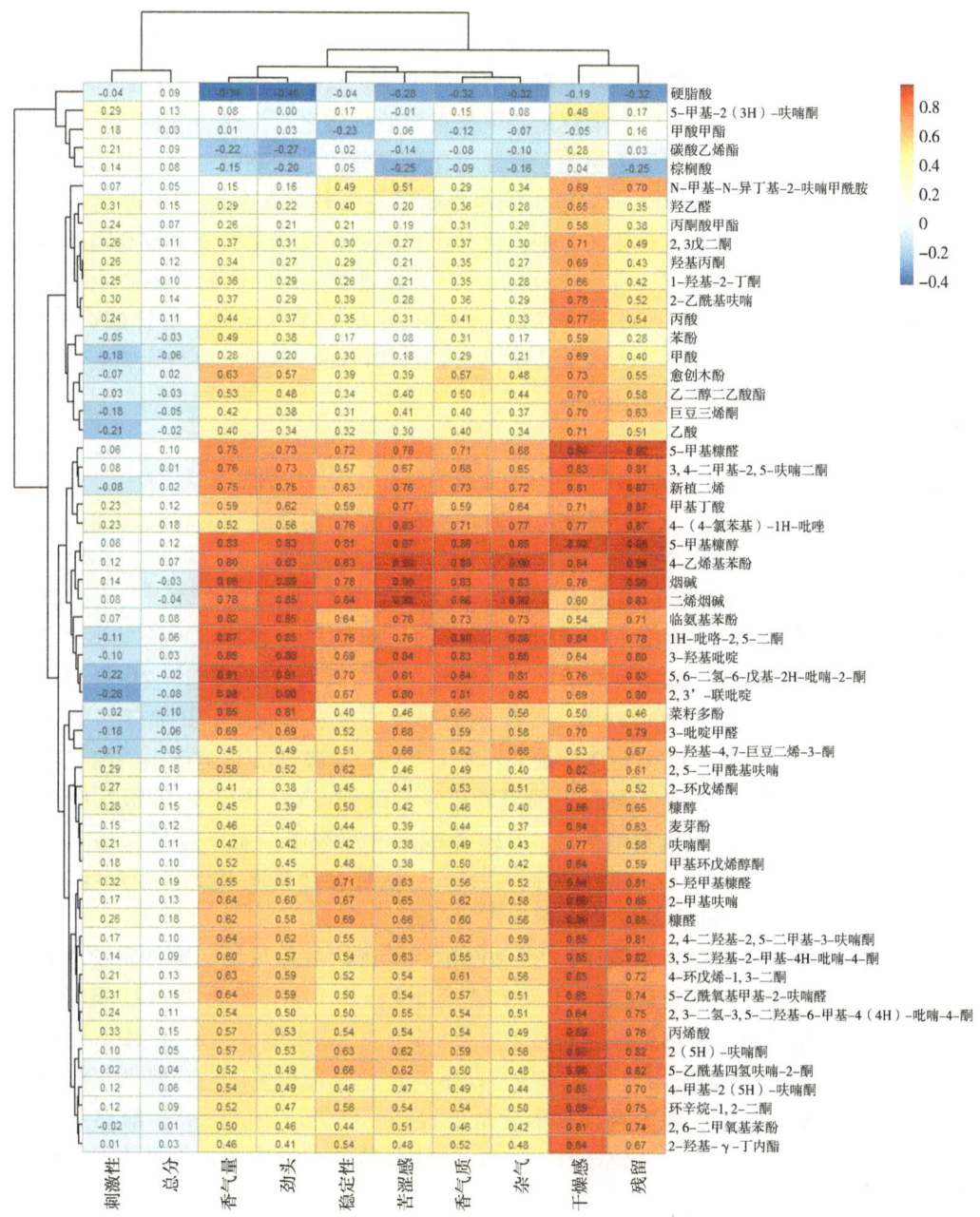

图 8-14 烟叶原料热解产物与加热卷烟感官质量相关性热图

质总量达到 968 μg/g，其余样品的最高酚类含量仅有 16 μg/g，因此对相关性分析结果有较大影响。赵璐等（2020）以云南不同产地中部烟叶样品为原料，对加热卷烟感官评价、烟叶化学成分和香味物质含量进行相关性分析，结果表明，气溶胶中酮类、醛类含量与所有感官质量呈正相关，酸类含量与协调性、刺激性、口感呈负相关，结果与本研究相似。牛莉莉等（2014）的研究结果表明硬脂酸在浓度低于0.65 mg/g时对传统卷烟感官质量呈正相关，但本次研究中硬脂酸所有加热卷烟感官指标均呈负相关。产生这一结果的原因可能是低温环境中烟叶原料热解产生大量硬脂酸，可能已经超过产生最优感官质量硬脂酸浓度。烟碱是所有烟草制品中最重要的物质之一，热图分析结果显示热解产物中烟碱与各感官指标均呈正相关，与原料化学成分中总植物碱与加热卷烟感官质量相关性存在较大差异。造成这一结果可能由于烟碱在加热卷烟气溶胶中以质子态存在，与传统卷烟烟气中存在形式存在差别，此种形式的烟碱风味觉察阈值较高因此对加热卷烟感官负面影响较小（范武等，2021）。2,3'-联吡啶是烟叶原料裂解产生的碱性香气物质，具有烤香、坚果香，是传统卷烟主流烟气中提升香气品质、修饰烟草本香、调节酸碱平衡的重要香气成分，本次试验结果也表明其在加热卷烟中也与除刺激性外的感官质量呈正相关（刘峰峰等，2022）。

8.2.5 小结

利用PY-GC/MS解析了13个等级烤烟原料粉末热解产物成分，并将其与加热卷烟感官质量评价结果进行相关性分析，绘制相关性热图，结果表明：

（1）在13个等级的烤烟原料热解气溶胶中均检测出53种热解产物，其中包括呋喃类产物18种，醛酮类产物14种，酚类产物4种，酯类产物5种，生物碱类产物2种，有机酸类产物6种及其他4种热解产物。烟碱在所有原料的热解气溶胶中含量均为最高。C3F、C2F、C2L等级烟叶呋喃类、醛酮类热解产物含量最高；B1F等级烟叶生物碱类热解产物含量最高，酯类释放量最低；X2F、X3F等级烟叶热解产生的酚类物质含量最高；C4F等级烟叶热解气溶胶中酚类物质含量最低；X3F和C3L等级烟叶热解产物中有机酸含量最高；相较其他等级，B2F等级烟叶热裂解产物中新植二烯含量最高；3-羟基吡啶含量以B4F等级烟叶最高；2,3'-联吡啶含量以B2F等级烟叶最高；4-（4-氯苯基）-1H-吡唑含量以C3F等级烟叶最高。

（2）各等级烟叶热裂解气溶胶中约80.70%的热解产物与加热卷烟感官质量总分呈正相关；高达55种热解产物与残留、干燥感呈正相关。其中1H-吡咯-2,5二酮、5-甲基糠醇、4-乙烯基苯酚、二烯烟碱、3-羟基吡啶、2,3'-联吡啶、5,6-二氢-6-戊基-2H-吡喃-2-酮、烟碱等物质均与所有加热卷烟感官指标呈正相关。适当降低气溶胶中硬脂酸、甲酸甲酯、碳酸乙烯酯及棕榈酸含量或提高呋喃类、生物碱类、酚类及1H-吡咯-2,5-二酮、5,6-二氢-6-戊基-2H-吡喃-2-酮等醛酮类物质的含量可改善加热卷烟吸食品质。

8.3 雾化剂对加热卷烟热裂解成分释放的影响

8.3.1 丙三醇对加热卷烟香气释放的影响

添加不同量丙三醇的烟叶样品香气释放量如图8-15所示。添加了不同浓度丙三醇的烟末样品裂解产物中香气化合物可分为六类，这六大类香气物质的相对释放总量大小为：呋喃类>酮类>酸类>醛类>醇类>酯类。添加丙三醇对醇类和酯类物质的释放量影响不明显。相比于不添加丙三醇的对照烟末样品，添加丙三醇的烟叶样品酸类物质释放量明显下降，这可能是因为加入丙三醇后与酸类物质发生了酯化反应。添加丙三醇后，醛类物质的释放量略微下降，且随着丙三醇浓度的增加，醛类物质释放量略微下降。添加丙三醇对呋喃类物质的释放量影响明显，添加丙三醇之后呋喃类物质的释放量明显增加。丙三醇添加量为15%的烟叶样品呋喃类物质的释放量最高。丙三醇对酮类物质的释放量也有一定影响，丙三醇添加量为5%、10%、15%的烟叶样品与不添加丙三醇的烟叶样品酮类物质释放量相差不大，而添加了20%的烟叶样品酮类物质的释放量明显增加。

添加不同量丙三醇的烟叶样品呋喃和酮类物质中主要化合物（含量>1%）香气释放量如表8-13所示。与对照相比，添加了丙三醇的烟叶样品2,3-二氢-3,5-二羟基-6-甲基-4（4H）-吡喃-4-酮（DDMP）、5-羟甲基糠醛的释放量均大幅度增加，且丙三醇添加量为10%、15%、20%的烟末样品DDMP的释放量高于丙三醇添加量为5%的烟叶样品。丙三醇添加量为15%的烟叶样品5-HMF的释放量高于其他丙三醇含量的烟叶样品。丙三醇添加量为15%、20%的烟叶样品糠醇释放量高于丙三醇添加量为5%和10%的烟叶样品。添加丙三醇对5-甲基糠醛、1,3-二酮环戊烯、2-呋喃酮的释放量影响不明显。

综合来看，添加丙三醇能够显著增加呋喃类物质的释放，酮类物质在丙三醇浓度高的条件下释放量增加。作为主要的香气物质，呋喃类物质在丙三醇添加量为15%的条件下释放量最高，酮类物质在丙三醇添加量为20%的条件下释放量最高。

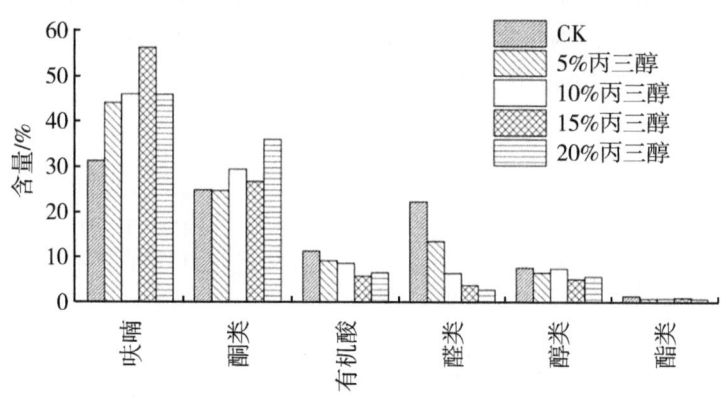

图8-15 添加不同浓度丙三醇的烟叶样品香气释放量

表8-13 添加不同量丙三醇的烟叶样品呋喃和酮类主要化合物香气释放量

保留时间/min	化合物名称	相对含量/%				
		5%	10%	15%	20%	CK
10.0	羟基丙酮	5.6	5.8	5.7	8.6	7.1

（续表）

保留时间/min	化合物名称	相对含量/%				
		5%	10%	15%	20%	CK
17.2	1,3-二酮环戊烯	2.8	2.5	2.5	3.0	2.9
28.6	2,3-二氢-3,5-二羟基-6-甲基-4（4H）-吡喃-4-酮	11.6	17.6	14.1	15.5	9.1
16.9	糠醛	8.2	9.0	11.2	9.6	8.9
17.6	糠醇	4.4	5.2	6.7	6.5	3.8
20.0	2-呋喃酮	1.3	1.6	2.1	1.4	2.1
22.0	5-甲基糠醛	1.4	1.4	1.6	1.7	1.4
30.9	5-羟甲基糠醛	26.7	28.0	32.2	27.3	13.6

8.3.2 丙二醇对加热卷烟香气释放的影响

添加不同量丙二醇的烟叶样品香气释放量如图8-16所示。添加丙二醇对醇类物质以及酯类物质的释放量几乎没有影响。与对照相比，添加了丙二醇的烟末样品醛类物质、酸类释放量均降低。添加20%丙二醇的烟末样品醛类物质释放量相对于其他处理显著降低，添加10%、20%丙二醇的烟末样品酸类物质释放量显著降低。相对于不添加丙二醇的烟末样品，添加丙二醇的烟末样品呋喃类物质以及酮类物质的释放量增加。随着丙二醇含量的增加，烟叶样品酮类物质的释放量有增加的趋势。添加10%、20%丙二醇的烟末样品呋喃类物质释放量明显增加。

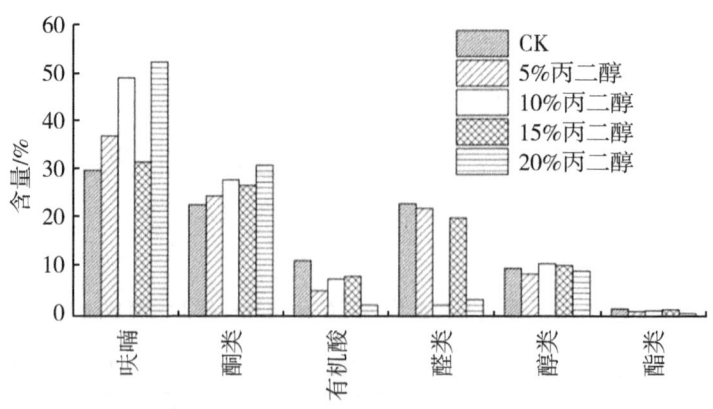

图8-16 添加不同量丙二醇的烟叶样品香气释放量

添加不同量丙二醇的烟叶样品呋喃和酮类中主要化合物（含量>1%）香气释放量如表8-14所示。与对照相比，添加了丙二醇的烟叶样品DDMP、5-HMF的释放量均大幅度增加，且当丙二醇添加量为 20% 时，两种化合物的释放量均最高。对于羟基丙酮、糠醇，丙二醇添加量<20%的条件下，随着丙二醇的增加，羟基丙酮、糠醇的释放量增加。添加丙二醇对 5-甲基糠醛、1,3-二酮环戊烯、2-呋喃酮的释放量影响不明显。

作为主要的香气物质，添加丙二醇的烟末样品呋喃类物质以及酮类物质的释放量增加。呋喃类物质、酮类物质的释放量均在丙二醇添加量为 20% 的条件下释放量最高。丙二醇适宜添加量为 20%。

表 8-14 添加不同量丙二醇的烟叶样品呋喃和酮类主要化合物香气释放量

保留时间/min	化合物名称	相对含量/%				
		5%	10%	15%	20%	CK
10.0	羟基丙酮	7.5	8.6	10.2	6.3	6.9
17.2	1,3-二酮环戊烯	2.3	4.7	2.3	2.2	3.3
16.9	糠醛	6.8	14.1	7.1	8.6	8.3
28.6	2,3-二氢-3,5-二羟基-6-甲基-4（4H）-吡喃-4-酮	13.2	12.0	11.8	19.7	9.1
17.6	糠醇	4.9	8.7	5.3	3.0	3.6
20.0	2-呋喃酮	1.6	1.8	2.2	1.7	2.0
22.0	5-甲基糠醛	1.2	2.0	1.4	2.3	1.4
30.9	5-羟甲基糠醛	20.8	18.8	13.9	36.3	13.2

8.3.3　丙二醇与丙三醇不同配比对加热卷烟香气释放的影响

含有不同比例丙二醇与丙三醇的烤烟烟叶各类香气物质的释放量如图 8-17 所示。对于酸类物质，8.32%（丙二醇：丙三醇 = 1：1）>7.39%（丙二醇：丙三醇 = 3：1）>1.84%（丙二醇：丙三醇=1：3），说明添加不同比例丙二醇与丙三醇的烟叶样品，丙二醇的占比高于丙三醇，酸类物质释放量较高。丙二醇和丙三醇混合添加的烟末样品，随着丙二醇比重降低，醇类物质的释放量增加。呋喃类物质的释放量大小为：54.6%（丙二醇：丙三醇=1：3）>48.5%（丙二醇：丙三醇=3：1）>43.8%（丙二醇：丙三醇=1：1），丙二醇与丙三醇为 1：3 的烟叶样品呋喃类物质的释放量最高。对于酮类物质，随着混合发烟剂中丙三醇比重的增加，其释放量有些许增加。含有不同比例丙二醇与丙三醇的烟末样品生成酯类物质的量几乎没有差异，因此丙三醇和丙二醇对酯类物质的释放没有影响。

添加不同比例丙二醇与丙三醇的烟叶样品呋喃和酮类中主要化合物（含量>1%）香气释放量如表 8-15 所示。表中显示 5-HMF、糠醛、DDMP 这三种化合物的相对含量排在前三位，且三者均在丙二醇与丙三醇为 1：3 的烟叶样品中释放量高。此结果也解释了以 1：3 比例添加丙二醇与丙三醇到烟叶样品中，呋喃类、酮类物质释放量最高的原因。1,3-二酮环戊烯、2-呋喃酮以及5-甲基糠醛的释放量不受丙二醇、丙三醇添加比例的影响。羟基丙酮释放量在丙二醇与丙三醇比例为1:3的烟叶样品中释放量最低，糠醇释放量在丙二醇与丙三醇比例为3:1的烟叶样品中释放量最低。

作为主要的香气物质，呋喃类物质、酮类物质的释放量均在丙二醇与丙三醇比例为1:3的条件下释放量最高，1:3为适宜添加比例。

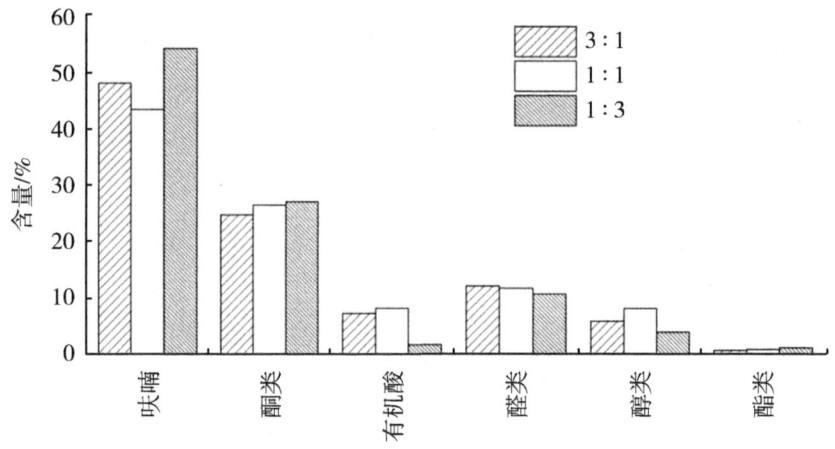

图 8-17 添加不同比例丙二醇与丙三醇的烟叶样品香气释放量

表 8-15 添加不同比例丙二醇与丙三醇的烟叶样品呋喃和酮类中主要化合物香气释放量

保留时间/min	化合物名称	相对含量/%		
		3:1	1:1	1:3
10.0	羟基丙酮	6.9	7.4	4.7
17.2	1,3-二酮环戊烯	2.0	2.9	2.3
28.6	2,3-二氢-3,5-二羟基-6-甲基-4(4H)-吡喃-4-酮	13.8	14.6	15.9
16.9	糠醛	13.8	14.6	15.9
17.6	糠醇	4.6	6.8	5.4
20.0	2-呋喃酮	1.8	1.8	1.4
22.0	5-甲基糠醛	1.9	1.9	1.6
30.9	5-羟甲基糠醛	31.0	22.6	38.8

8.3.4 小结

添加丙三醇能够增加呋喃类、酮类物质的释放。作为主要的香气物质，呋喃类物质、酮类物质分别在丙三醇添加量为15%、20%的条件下释放量最高。

添加丙二醇的烟末样品呋喃类物质以及酮类物质的释放量增加。作为主要的香气物质，呋喃类物质、酮类物质的释放量均在丙二醇含量为20%的条件下释放量最高。20%为丙二醇适宜添加量。

在雾化剂添加量为20%的条件下，作为主要的香气物质，呋喃类物质、酮类物质的释放量均在丙二醇与丙三醇比例为1∶3的条件下释放量最高，1∶3为适宜添加比例。

8.4 低共熔溶剂对烟叶热裂解成分释放的影响

8.4.1 烟叶样品在低温条件下裂解产物及方法评价

为了探究 Py-GC/MC 仪器在低温条件下对样品香气成分测定的试验方法可用性，选择烟末样品进行 5 次平行的热裂解试验，裂解产物见表 8-16，用 NIST2008 和 WILEY07 两个标准谱库进行定性分析，化合物的匹配度大于85%。采用峰面积归一法计算其相对含量，再计算其相对含量的相对标准偏差（RSD）值。由表 8-16 可知，共有呋喃类、酮类、醛类、生物碱类、有机酸、酚类等 28 种香味成分。28 种化合物中 RSD<5% 的有 12 个，其他 16 种化合物的 RSD 值均在 10% 以内。说明此方法的重复性较好，可用于对烟末样品裂解的化合物进行分析。烟末样品的总离子流图见图 8-18，化合物的峰形和分离效果较好，峰值响应最高化合物（烟碱）也没有达到饱和状态，说明此试验条件和进样量适宜。图中标出了响应值较高的 11 种化合物，分别为（1：糠醛；2：糠醇；3：2-环戊烯-1,3-二酮；5：5-甲基糠醛；7：2,3-二氢-3,5-二羟基-6-甲基-4H-吡喃-4-酮；10：5-羟甲基糠醛；14：烟碱；18：二烯烟碱；26：新植二烯；27：棕榈酸；28：十八烷酸；19~25 序号化合物列出了放大色谱图）。

表 8-16 烟末样品热裂解产物

序号	保留时间/min	裂解产物	匹配度/%	RSD 值/%
1	6.15	糠醛	95	2.80
2	6.57	糠醇	95	2.13
3	7.09	2-环戊烯-1,3-二酮	91	3.46
4	7.59	2-呋喃酮	86	5.28
5	8.62	5-甲基糠醛	94	2.19
6	11.18	麦芽酚	93	3.71
7	11.81	2,3-二氢-3,5-二羟基-6-甲基-4H-吡喃-4-酮	90	3.20
8	11.97	4-羟基-2-呋喃酮	87	6.43
9	12.68	邻苯二酚	91	3.52
10	13.01	5-羟甲基糠醛	94	7.08

（续表）

序号	保留时间/min	裂解产物	匹配度/%	RSD 值/%
11	13.48	苯乙酸	85	4.27
12	13.70	对苯二酚	90	2.02
13	14.13	5-乙酰氧基甲基-2-呋喃醛	95	5.44
14	14.84	烟碱	96	1.85
15	14.91	茄酮	85	6.05
16	15.85	麦斯明	90	6.74
17	16.45	降茄二酮	90	1.24
18	16.51	二烯烟碱	94	5.69
19	17.23	2,3-联吡啶	97	8.02
20	17.74	巨豆三烯酮 1	98	5.43
21	18.11	大马酮	85	2.75
22	18.15	巨豆三烯酮 2	95	5.96
23	18.30	巨豆三烯酮 3	98	7.71
24	19.26	十七碳醛	91	6.37
25	19.68	十四烷酸	98	7.66
26	20.75	新植二烯	94	8.01
27	21.81	棕榈酸	99	9.84
28	23.71	十八烷酸	99	9.42

8.4.2　添加低共熔溶剂对烟叶样品香气成分释放的影响

本研究以添加常规雾化剂（甘油∶丙二醇＝4∶1）作为添加低共熔溶剂的对照组。表8-17列出了添加6种DES及常规雾化剂烟叶样品主要香气成分释放量，图8-19列出了不同种类香气成分释放量。DES对香气成分的种类无明显影响，各样品间裂解产物的种类基本一致，包括呋喃类7个、烟碱类3个、醛酮类9个、有机酸类4个、其他类（个数较小未做分类）5个，各种类之间的释放含量存在一定差异。

呋喃类化合物中大多是来源于烟草原料中糖类的热解和还原糖与含氨基酸物质的美拉德反应，其中含量最大的是5-羟甲基糠醛。除DES-2和DES-3外，其他处理组5-羟甲基糠醛含量均高于对照组，其中以DES-1处理组含量最高，高于对照组26%，其次为DES-6。糠醇化合物含量DES处理均高于对照组，同样以DES-1处理组效果最

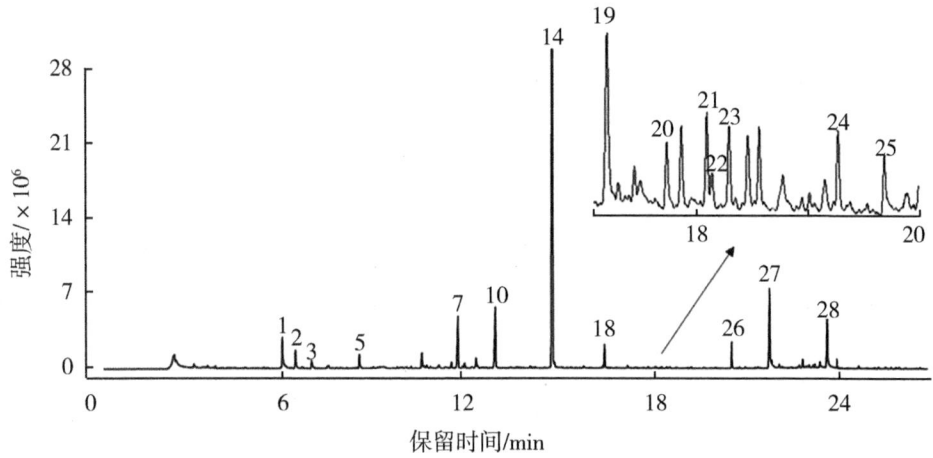

图 8-18　烟末样品总离子流图

佳。除 DES-2 外，其他处理组 5-甲基糠醛含量均明显高于对照组，DES-6 的含量最高；但糠醛化合物含量 DES 处理组并没有优势，以对照含量最高。综合分析可以看出，除 DES-2 外其他处理组对呋喃类化合物释放有一定促进效果，其中以 DES-1 和 DES-6 效果较明显。

生物碱类化合物是加热卷烟制品最主要的生理活性成分（周慧明等，2019），在加热状态下释放适量的烟碱和香气成分给消费者带来适当的生理强度和好的吃味。由表 4-4 可知，DES-2 和 DES-1 对烟碱的释放明显高于对照组，其相对含量高于对照组 8.08% 和 4.21%。DES-6 和 DES-5 略高于对照组，DES-3 和 DES-4 要低于对照组，尤其是 DES-3，这可能由于 DES-3 和 DES-4 的有机酸相对含量较高导致的。除 DES-5 外，其他处理二烯烟碱释放量略高于对照组。

醛酮类化合物中含量最高的是 2,3-二氢-3,5-二羟基-6-甲基-4H-吡喃-4-酮（DDMP），同时 DDMP 也是烟草中重要的香气成分，构成了烤烟的特征甜味（Li 等，2019），DDMP 化合物含量以添加 DES-2 最高。其他 DES 溶剂对茄酮的释放有一定影响，茄酮是由烟草中西柏三烯类物质的生化降解产生的，茄酮具有类似胡萝卜的香味和甘草芳香，在改善烟草吃味和醇和烟气方面有较大益处。DES-2、DES-5 和 DES-6 对茄酮的释放有促进作用，其他 DES 处理组与对照组基本一致。本方法下检测的有机酸都为高级脂肪酸，它能平衡烟气中的碱性物质，使吃味醇和，增加烟气浓度，改善抽吸质量，间接地影响烟气的香气。DES-3 和 DES-4 促进有机酸的释放，尤其是 DES-3，有机酸相对含量增加 9.12%。新植二烯主要是由天然绿色植物中叶绿素经过降解、转化而衍生出来，可作为捕集烟气气溶胶内香气物质的载体，具有携带烟叶中挥发性香气物质和致香成分进入烟气的能力。除 DES-5 外，其他有五种 DES 对其有促进作用，DES-2（1.97）>DES-6（1.84）>DES-1（1.76）>DES-3（1.74）>对照（1.29）。

表 8-17 添加低共熔溶剂和常规雾化剂烟叶样品主要香气释放量

裂解产物	相对含量/%						
	DES-1	DES-2	DES-3	DES-4	DES-5	DES-6	对照
糠醛	2.52±0.08	1.69±0.13	2.87±0.05	2.85±0.11	3.48±0.12	2.91±0.16	3.74±0.10
糠醇	2.32±0.01	1.87±0.08	2.05±0.10	2.15±0.03	1.99±0.14	2.06±0.12	1.74±0.04
5-甲基糠醛	1.99±0.01	1.04±0.02	1.61±0.07	2.04±0.10	2.03±0.10	2.22±0.30	1.30±0.03
5-羟甲基糠醛	9.23±0.32	2.71±0.22	6.09±0.04	7.93±0.42	8.41±0.04	8.49±0.03	7.31±0.52
烟碱	64.30±2.18	68.17±0.19	53.31±0.06	57.23±2.45	62.17±0.53	60.40±1.57	59.43±1.10
二烯烟碱	1.87±0.14	1.92±0.11	1.39±0.06	2.03±0.08	2.17±0.10	2.05±0.01	1.88±0.11
DDMP	2.96±0.11	7.21±0.83	4.19±0.14	3.87±0.27	5.22±0.12	4.12±0.64	6.02±0.19
茄酮	0.32±0.01	0.39±0.03	0.32±0.01	0.31±0.01	0.39±0.04	0.44±0.05	0.34±0.02
棕榈酸	6.08±1.59	6.27±0.48	15.7±0.10	11.47±1.78	6.68±0.66	7.77±1.02	8.39±0.83
十八烷酸	3.98±0.54	3.92±0.60	7.42±0.29	4.62±0.65	2.89±0.38	3.36±0.15	5.44±0.51
麦芽酚	0.26±0.01	0.23±0.04	0.37±0.02	0.30±0.01	0.45±0.001	0.39±0.03	0.26±0.01
2,3-联吡啶	0.24±0.02	0.29±0.02	0.24±0.01	0.27±0.01	0.24±0.01	0.30±0.04	0.21±0.02
新植二烯	1.76±0.09	1.97±0.12	1.74±0.23	1.44±0.14	1.26±0.05	1.84±0.38	1.61±0.13

8.4.3 低共熔溶剂对香气物质标准品释放的影响

为了进一步验证 DES 对香气成分释放的促进作用，选择了 5-羟甲基糠醛和巨豆三烯酮两种标准品作为试验材料，5-羟甲基糠醛是一种可在热加工过程中产生的糠醛类化合物，可赋予卷烟特殊的木香、花香、果香和甜香，同时也广泛存在于蜂蜜、果汁、醋和乳制品中，具有一定增香调色功能，巨豆三烯酮是类胡萝卜素的降解产物，能够呈现持久的甜润烟草香。两者均能增加烟感、改善烟香和吃味、掩盖杂气，令烟香更柔和

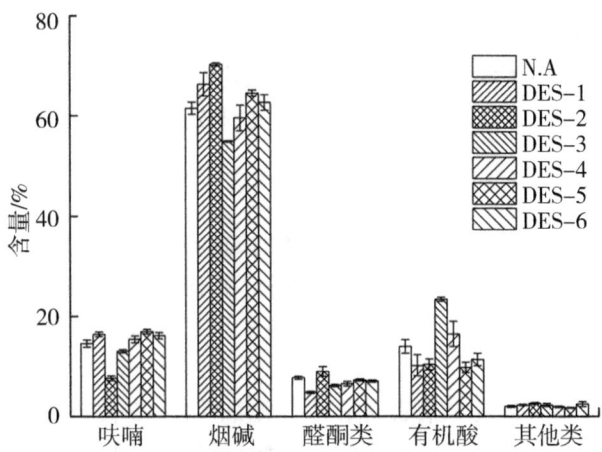

图 8-19 添加低共熔溶剂和常规雾化剂烟叶样品香气释放量

丰满。在 300 ℃热裂解条件下探究 DES 对 5-羟甲基糠醛和巨豆三烯酮释放量的影响。为使标准品与 DES 充分地混匀,选择乙醇作为溶剂,做香气物质标准品物质的热裂解试验大多选择乙醇做稀释溶剂(Blazso 等,2018;Crooks 等,2018)。由于每种香气标准品的响应值不同,对进样量进行了预试验研究。最终将 5-羟甲基糠醛标准品配制成 6 mg/mL 的稀释液,巨豆三烯酮配制成 10 mg/mL 浓度的稀释液。除 N.A(无添加)的处理组外,其他试验组分别添加等质量的 6 种不同 DES,最终取 5 μL 进样。最终用裂解产物峰面积的大小来表征其释放量的大小。

5-羟甲基糠醛在 300 ℃时不稳定,还氧化生成了 2,5-二甲酰呋喃,含量为裂解释放 5-羟甲基糠醛含量的 30% 左右,图 8-20(a)中列出了不同样品释放 5-羟甲基糠醛的峰面积大小,从图中可以看出虽然进入裂解仪的进样量相同,但是峰面积有显著的差异,除了 DES-2 外,其他 DES 对 5-羟甲基糠醛的释放均有促进作用,表现为 DES-

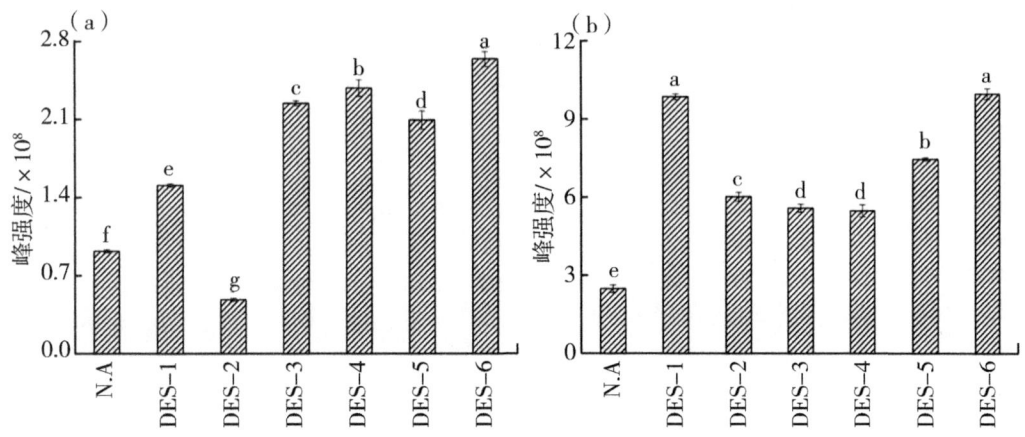

图 8-20 添加不同低共熔溶剂香气标准品释放量

6>DES-4>DES-3>DES-5>DES-1，添加 DES-6 处理组是 N.A 处理组释放量的 2.9 倍。巨豆三烯酮检测出四种同分异构体，从图 8-20（b）列出了不同样品四种同分异构体峰面积平均值，加入 DES 后对巨豆三烯酮的释放均有促进作用，DES-6>DES-1>DES-5>DES-2>DES-3>DES-4，添加 DES-6 处理组是未处理组释放量的 4 倍。

8.4.4 小结

DES 对呋喃类、醛酮类、有机酸类及烟碱类的释放有一定促进效果，不同 DES 对不同种类的香气物质释放促进效果不同，DES-5 和 DES-1 促进呋喃类香气物质释放；DES-2 可显著促进烟碱及 DDMP 的释放；DES-3 可显著促进有机酸的释放；综合表现以 DES-6 最佳。

DES 对 5-羟甲基糠醛的释放有促进作用，添加 DES-6 促进效果最佳，是无添加处理组的 2.9 倍。6 种 DES 对巨豆三烯酮的释放均有促进作用，添加 DES-6 促进效果最佳，是无添加处理组的 4 倍。

9 调制方式对加热卷烟烟叶原料质量的影响

调制是烟叶生产必不可少的环节。为明确烘烤工艺对加热卷烟烤烟原料质量的影响，本章以3种烤烟品种（系）为材料进行调制试验，比较不同调制工艺处理初烤烟叶的外观质量、常规化学成分、热裂解烟气中香气物质含量，并对初烤烟叶制作的加热卷烟进行感官质量评价，筛选出适于加热卷烟原料需求的调制工艺。

新型烟草与传统卷烟相比，因为中式传统卷烟燃烧温度是以热裂解为主，部分热蒸馏，而新型烟草是以热蒸馏为主，部分热裂解，加之新型烟草燃烧方式（炭加热、电加热和化学反应加热）不一致，导致香气物质释放规律（量与时间）不一致，因此，在烟叶调制上，通过调制强度（强、中和弱）进行适用性调整，让烟叶原料香气物质释放规律与新型烟草燃烧方式进行合理搭配。

传统卷烟的典型香味成分比较，加热不燃烧卷烟烟气中来源于烟草本身的香气质及香气量均较低，且在烤烟型传统卷烟的特征香韵方面比较薄弱，一般通过向烟支原料中增加烟草提取物（葫芦巴、红枣、罗汉果、甘草、花生壳、甜叶菊、咖啡、鸢尾、白胡椒等），或者添加具有烘焙香、烟熏香味道的香精香料加以改善。因此，要筛选不同香型烟叶作为加热卷烟原料，改善加热卷烟原料烟草本香不足的缺点。

新型烟草原料风格问题（丰富调制方法）。新型烟草体系相比于传统卷烟而言，再造烟叶的应用更广泛，烟叶原料类型使用更为丰富，特别是年轻烟草喜欢特立独行的风格。传统烘烤只是烟叶调制方法中一种类型，提供较为单一的口味，难以满足新型烟草多元化的需求。因此，尝试采用组合、创新其他类型的调制方法，以此来筛选出多风格的调制方法。

9.1 加热卷烟烤烟原料不同烘烤工艺研究

9.1.1 材料与方法

9.1.1.1 试验材料

试验于2021年在中国农业科学院烟草研究所青岛试验基地进行。供试材料为中烟特香301、中烟100和高糖酯K326中部烟叶。供试烤房为小型电热温湿度自控密集烤房（1.9 m×1.35 m×1.4 m），每烤房装烟数量为10夹，每夹鲜烟重12 kg。

9.1.1.2 试验设计

试验共设计3个工艺处理。H1：8点式烘烤工艺。H2：在8点式工艺基础上，增加36 ℃稳温点，降低定色前期温度和干筋期温度。H3：在8点式工艺基础上，烘烤起始温度调整为40℃，降低干筋期温度。每个处理重复3次（各处理具体烘烤工艺参数见表9-1至表9-3）。

表9-1　H1烘烤工艺参数

干球温度/℃	湿球温度/℃	升温时间/h	稳温时间/h	烟叶变化目标	风机转速
38	37	5	24	整体七至八成黄	低速
40	38	4	20	约2/3黄片青筋，主脉变软	中高速
42	38	4	12	整体黄片青筋，主脉发软	中高速
45	38	6	12	约2/3黄片白筋	中高速
47	38	4	20	整体黄片白筋，小卷筒	中高速
50	39	3	12	约2/3烟叶干片，大卷筒	中速
54	39	4	12	烟叶干片，大卷筒	中速
68	42	14	20	全炉烟筋全干	低速

注：2/3指叶片数量或变化程度达到2/3，下同。

表9-2　H2烘烤工艺参数

干球温度/℃	湿球温度/℃	升温时间/h	稳温时间/h	烟叶变化目标	风机转速
36	35	3	20	四至五成黄	低速
8	37	4	12	整体七至八成黄	低速
40	38	4	12	约2/3黄片青筋，主脉变软	中高速
42	38	4	12	整体黄片青筋，主脉发软	中高速
44	38	4	12	约2/3黄片白筋	中高速
46	38	4	20	整体黄片白筋，小卷筒	中高速
50	39	3	12	约2/3烟叶干片，大卷筒	中速
54	39	4	12	烟叶干片，大卷筒	中速
60	40	6	12	约1/3烟筋全干	低速
65	42	5	12	全炉烟筋全干	低速

表 9-3 H3 烘烤工艺参数

干球温度/℃	湿球温度/℃	升温时间/h	稳温时间/h	烟叶变化目标	风机转速
40	38~39	5	24	整体七至八成黄	低速-中高速
42	37	4	24	整体黄片青筋，主脉发软	中高速
45	37	6	12	约 2/3 黄片白筋	中高速
48	37	6	20	整体黄片白筋，小卷筒	中高速
50	37	3	12	约 2/3 烟叶干片，大卷筒	中速
54	38	4	12	烟叶干片，大卷筒	中速
60	40	6	12	约 1/3 烟筋全干	低速
65	40	11	12	全炉烟筋全干	低速

9.1.2 测定项目与方法

9.1.2.1 烤后烟叶外观质量评价方法

根据烤烟国标 GB 2635—1992 进行。

9.1.2.2 烟叶常规化学成分检测方法

采用傅里叶变换近红外光谱仪对不同烟叶样品的烟碱、还原糖、总氮、钾、氯的含量进行测定。烟末烟品光谱采集：将制备好的烟末样品装入石英样品杯中，装填样品厚度约为 20 mm，并用铜制压样器压平，利用近红外漫反射光谱仪采集数据，得到各样品的烟末光谱。以仪器内置模型背景为参比，波数范围为 1000~3800 cm^{-1}，扫描次数为 64 次，分辨率为 8 cm^{-1}。试验过程中试验室温度控制在 20~24 ℃。

9.1.2.3 热裂解烟气中的香气成分检测方法

制作样品步骤：称取 2 mg 样品粉末装填入热裂解坩埚中。热裂解氛围为氮气，气流速度为 275 mL/min；裂解温度为 300 ℃，加热时间 5 min；解吸温度为 280 ℃。

气相色谱质谱条件：HP-5MS 毛细管色谱柱（30 m×0.25 mm×0.25 μm）；载气为氦气，流量为 1 mL/min；采用分流模式，分流比为 50∶1；进样口温度：250 ℃；升温程序：40 ℃保持 3 min，以 10 ℃/min 的速率升高温度到 280 ℃，保持 15 min；溶剂延迟 2.5 min；电离方式：电子轰击源（EI）；电离能量：70 eV；离子源温度：230 ℃；四极杆温度：150 ℃；扫描方式：全扫描；扫描范围：29~400 amu。采用 NIST2008 和 WILEY07 两个标准谱库进行定性分析，面积归一法进行定量分析。

9.1.3 不同烘烤工艺初烤烟叶物理性状分析

由表 9-4 可知，中烟特香 301 品种，单叶重、平衡含水率 H2 处理最高，H1 处理次之，H3 处理最低，含梗率 H3 处理最高，叶质重 H1 处理最高，H2 处理次之，H3 处理最低。高糖酯 K326 品系，单叶重 H1、H2 处理显著较高，含梗率 H2 处理显著较高，平衡含水率 H1、H2 处理显著较高，叶质重 H1、H3 处理显著较高。中烟 100 品种，单叶重H2处理最高，含梗率H2处理最高，H3处理次之，H1处理最低，平衡含水率H2处理最高，H1处理次之，H3处理最低，叶质重H1、H2处理最高，H2处理次之。

表9-4 不同烘烤工艺初烤烟叶物理性状

品种	处理	单叶重/g	含梗率/%	平衡含水率/%	叶质重/(g/m²)
中烟特香301	H1	14.74b	29.99b	12.02b	133.86a
	H2	16.17a	27.89c	12.28a	126.98b
	H3	12.83c	31.64a	11.07c	114.89c
高糖酯K326	H1	12.90a	34.19b	11.66a	75.89a
	H2	11.67b	38.65a	11.54a	67.31b
	H3	12.40a	35.97b	9.83b	72.83b
中烟100	H1	14.19b	22.20c	10.38b	108.14a
	H2	14.35a	29.13a	11.18a	103.56b
	H3	14.13b	26.33b	8.66c	106.06a

9.1.4 不同烘烤工艺初烤烟叶经济性状分析

对比分析表9-5可知，不同品种不同烘烤工艺经济性状存在较大差异，中烟特香301品种H2、H3处理橘黄烟比例均有所提高，杂色烟比例H3处理显著减少，微带青烟比例H2处理显著减少，上中等烟比例H3处理显著提高，H2处理稍有降低；高糖脂K326品系橘黄烟比例H3处理较H1处理稍有降低，H2处理橘黄烟比例明显降低，杂色烟比例H3处理明显减少，H2处理杂色烟比例较高，上中等烟比例H3处理明显提高，H2处理上中等烟比例明显降低；中烟100品种橘黄烟比例H3处理明显提高，杂色烟比例H3处理明显降低，上中等烟比例H3处理明显提高。

表9-5 不同烘烤工艺初烤烟叶经济性状 单位:%

品种	处理	橘黄烟比例	杂色烟比例	微带青烟比例	上等烟比例	中等烟比例	下等烟比例	上中等烟比例
中烟特香301	H1	89.34	4.39	6.27	80.88	14.73	4.39	95.61
	H2	92.50	6.74	0.76	66.98	26.28	6.74	93.26
	H3	92.15	3.11	4.74	70.22	26.67	3.11	96.89
高糖酯K326	H1	87.83	5.04	7.13	64.45	30.52	5.04	94.96
	H2	73.03	25.83	1.14	40.76	33.42	25.83	74.17
	H3	85.59	2.12	12.29	67.36	30.53	2.12	97.88

(续表)

品种	处理	橘黄烟比例	杂色烟比例	微带青烟比例	上等烟比例	中等烟比例	下等烟比例	上中等烟比例
中烟100	H1	86.72	11.10	2.18	74.91	13.99	11.10	88.90
	H2	82.24	11.84	5.92	65.14	23.02	11.84	88.16
	H3	95.53	2.18	2.29	78.83	18.99	2.18	97.82

9.1.5 不同烘烤工艺初烤烟叶外观质量差异

将3种处理的外观质量方面比较（表9-6）可知，中烟特香301品种H2、H3处理初烤后烟叶外观质量表现稍差，H2处理在叶片结构、油分、柔韧性等方面表现稍差，在成熟度方面表现较好，H3处理在颜色、成熟度等方面表现较好；高糖酯K326品系H2、H3处理初烤后烟叶外观质量表现稍差，H3处理在颜色、叶片结构、色度、身份、柔韧性等方面表现较好；中烟100品种三种处理H2处理在颜色、成熟度、油分等方面表现较好，H3处理在成熟度方面表现较好。

表9-6 不同烘烤工艺初烤烟叶外观质量差异

品种	处理	颜色	成熟度	叶片结构	身份	油分	色度	柔韧性
中烟特香301	H1	橘黄+	成熟	疏松	中等	有++	浓-	柔软
	H2	橘黄-	成熟	疏松-	中等	有+	浓-	较硬脆+
	H3	橘黄+	成熟	疏松	中等-	有-	强	较柔软
高糖酯K326	H1	橘黄	成熟	疏松	中等	多-	强	较柔软
	H2	橘黄++	成熟	疏松-	中等-	有-	中	较柔软-
	H3	橘黄	成熟	疏松-	中等	有-	强	较柔软
中烟100	H1	橘黄	成熟	疏松	中等	有	强-	较柔软+
	H2	橘黄	成熟	疏松	中等+	有	中+	较柔软
	H3	橘黄-	成熟	疏松	中等+	多-	中+	较柔软+

9.1.6 不同烘烤工艺初烤烟叶常规化学成分差异

烟叶化学成分是影响烟叶品质的关键因素，也是决定加热卷烟吸食品质最根本因素。如图9-1和表9-7所示，通过三种不同烘烤工艺处理各个品种化学成分间有所差异，低温变黄处理烟碱、总氮、钾含量普遍较高，高温变黄处理总糖含量较高。中烟特香301烟碱含量、钾氯比、两糖比H2处理显著高于其他处理，总糖含量、淀粉含量、钾氯比H3处理显著高于其他处理，还原糖含量、糖碱比各处理间无显著差异，总氮含量H2、H3处理显著高于H1，钾、氯含量H1、H2处理显著高于H3。高糖酯K326烟碱含量、总氮含量、H2 处理显著高于其他处理，总糖含量、淀粉含量、钾氯比 H3 处理显著高于其他处理，还原糖含量、糖碱比 H1、H3 处理显著高于 H2 处理，钾含量、氮碱比各处理间无显著差异，氯含量 H1、H2 处理显著高于 H3 处理，两糖比 H1 处理显著高于其他处理。中烟 100 总氮含量、钾氯比 H1、H2 处理显著高于 H3 处理，总糖含量 H1 处理显著高于其他处理，还原糖、氯含量、两糖比各处理间无显著差异，烟碱含量、钾含量 H2 处理显著高于其他处理，淀粉含量、糖碱比 H3 处理显著高于其他处理。

表 9-7 不同烘烤工艺初烤烟叶常规化学成分差异   单位：%

品种	处理	烟碱	总糖	还原糖	总氮	钾	氯	糖碱比	氮碱比	两糖比	钾氯比
中烟特香 301	H1	2.22b	30.79b	23.18a	1.48b	1.18a	0.68a	10.47a	0.67b	0.75ab	1.73b
	H2	2.29a	29.66c	24.04a	1.56a	1.21a	0.69a	10.48a	0.68ab	0.81a	2.10a
	H3	2.18b	31.04a	22.66a	1.56a	0.79b	0.58b	10.38a	0.71a	0.73b	1.14c
高糖酯 K326	H1	2.46b	19.82b	17.95a	2.26ab	1.51a	0.59a	7.31a	0.92a	0.91a	2.57b
	H2	2.59a	19.12c	14.59b	2.38a	1.47a	0.54a	5.63b	0.92a	0.76b	2.72b
	H3	2.45b	23.11a	17.47a	2.19b	1.56a	0.46b	7.12a	0.89a	0.76b	3.38a
中烟 100	H1	2.11b	30.79a	22.40a	1.65a	1.11b	0.53a	9.75b	0.72a	0.73a	2.09ab
	H2	2.28a	29.66b	22.22a	1.62a	1.30a	0.54a	9.73b	0.71a	0.75a	2.40a
	H3	2.10b	30.27ab	21.33a	1.46b	1.11b	0.55a	10.14a	0.69a	0.70a	2.03b

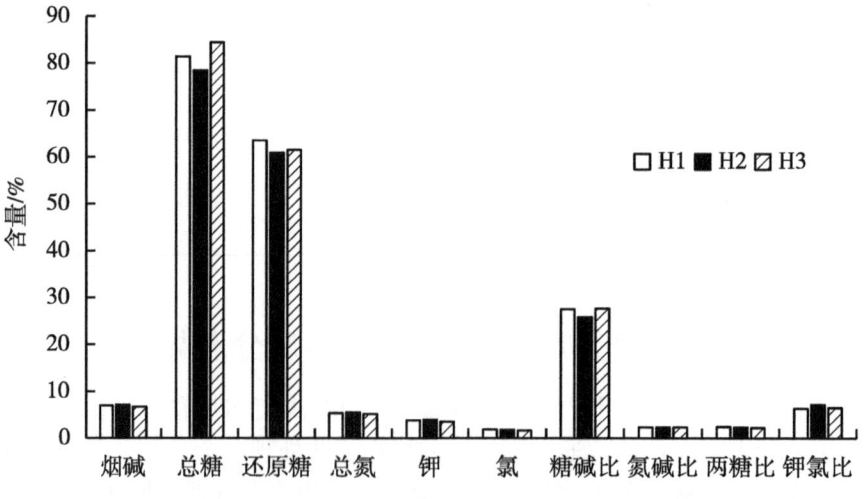

图 9-1 不同烘烤工艺初烤烟叶化学成分累积含量差异

9.1.7 不同烘烤工艺初烤烟叶热裂解烟气差异

9.1.7.1 中烟特香301不同烘烤工艺初烤烟叶热裂解烟气差异

由表9-8和图9-2可知，不同烘烤工艺处理样品热裂解烟气中的香气成分含量有一定差异。中烟特香301品种，与H1处理相比，H2处理呋喃类、有机酸类、烯类、酯类等物质含量有一定程度的降低，分别降低了3.63个、0.43个、0.3个和0.87个百分点，生物碱类、醛酮类、酚类、醇类等物质含量有一定程度的提高，分别提高了3.4个、1.45个、0.16个和0.23个百分点，其中含量降低的成分主要包括糠醛、5-甲基呋喃醛、5-羟甲基糠醛、苯甲酸、2-呋喃甲酸、角鲨烯、2-糠酸甲酯，含量提高的成分主要包括烟碱、2-羟基-2-环戊烯-1-酮、2,3-二氢-3,5二羟基-6-甲基-4（H）-吡喃-4-酮、邻苯二酚、4-羟基苯乙醇等。H3处理呋喃类、生物碱类、酚类、烯类、酯类等物质有一定程度的降低，分别降低了4.91个、1.22个、1.17个、0.5个和1.04个百分点。醛酮类、有机酸类、醇类等物质有一定程度提高，分别提高了5.63个、2.05个和1.15个百分点。其中含量降低的成分主要包括糠醇、5-羟甲基糠醛、烟碱、对苯二酚、双戊烯、2-糠酸甲酯，含量提高的成分主要包括2,3-二氢-3,5二羟基-6-甲基-4（H）-吡喃-4-酮（DDMP）、巨豆三烯酮3、棕榈酸、肉豆蔻酸、亚麻烯醇。

表9-8 中烟特香301不同烘烤工艺烤后烟叶热裂解烟气中的香气成分

裂解产物类别	裂解产物	H1	H2	H3
呋喃类	糠醛	3.22a	2.88b	2.95b
	糠醇	3.33a	3.37a	2.46b
	4-环戊烯-1,3-二酮	1.32a	1.35a	1.05b
	2-乙酰基呋喃	0.16a	0.18a	0.09b
	5-甲基呋喃醛	1.92a	1.60b	1.40b
	2,5-二甲基-2,4-二羟基-3（2H）-呋喃酮	1.12a	0.93b	0.64c
	5-乙酰氧基甲基-2-糠醛	0.58b	0.69a	0.27c
	5-羟甲基糠醛	19.62a	16.65b	17.50b
生物碱类	烟碱	31.40b	34.15a	30.32c
	麦司明	0.31b	0.79a	0.27b
	二烯烟碱	0.21b	0.37a	0.11c
醛酮类	2-羟基-2-环戊烯-1-酮	1.60c	2.26a	1.73b
	2,3-二氢-3,5二羟基-6-甲基-4（H）-吡喃-4-酮	10.52b	11.02b	12.02a
	巨豆三烯酮1	0.55c	0.68b	1.44a
	4-羟基-β-二氢大马酮	0.23b	0.28b	0.94a
	巨豆三烯酮2	0.19c	0.32b	0.96a
	巨豆三烯酮3	1.20b	1.09c	2.78a
	法尼基丙酮	0.12b	0.22a	0.18a

（续表）

裂解产物类别	裂解产物	H1	H2	H3
有机酸类	苯甲酸	1.19a	0.95b	0.71c
	2-呋喃甲酸	0.62b	0.35c	0.86a
	肉豆蔻酸	1.00b	0.83c	1.93a
	棕榈酸	3.43b	3.45b	4.86a
	亚油酸	0.77b	1.00a	0.71c
酚类	苯酚	0.77a	0.76a	0.74a
	愈创木酚	0.33b	0.45a	0.12c
	甲基麦芽酚	0.73a	0.66b	0.44c
	邻苯二酚	1.47c	1.82b	2.21a
	对苯二酚	1.81a	1.59b	0.16c
	对乙烯基愈创木酚	0.38b	0.37b	0.66a
醇类	4-羟基苯乙醇	0.34b	0.45a	0.24c
	叶绿醇	0.34b	0.43a	0.30c
	Z，z-11,13-十六碳二烯-1-醇	0.22c	0.25b	0.31a
	亚麻烯醇	0.15c	0.19b	0.65a
	香叶基香叶醇	0.12b	0.09c	0.16a
	环戊醇	0.42c	0.45b	0.64a
	菜油甾醇	0.58a	0.47b	0.56a
	豆甾醇	1.33b	1.38b	1.66a
	γ-谷甾醇	0.42b	0.44b	0.54a
烯类	双戊烯	0.69b	1.04a	0.24c
	反式-5-甲基-3-（甲基乙烯基）-环己烯	0.28b	0.34a	0.28b
	3-乙烯基环辛烯	0.11b	0.17a	0.11b
	巴伦西亚橘烯	0.12a	0.13a	0.15a
	角鲨烯	1.76a	0.98b	1.68a
酯类	2-糠酸甲酯	2.08a	1.02b	0.73c
	东茛菪内酯	0.57c	0.73a	0.67b
	甘油棕榈酸酯	0.36c	0.41b	0.59a

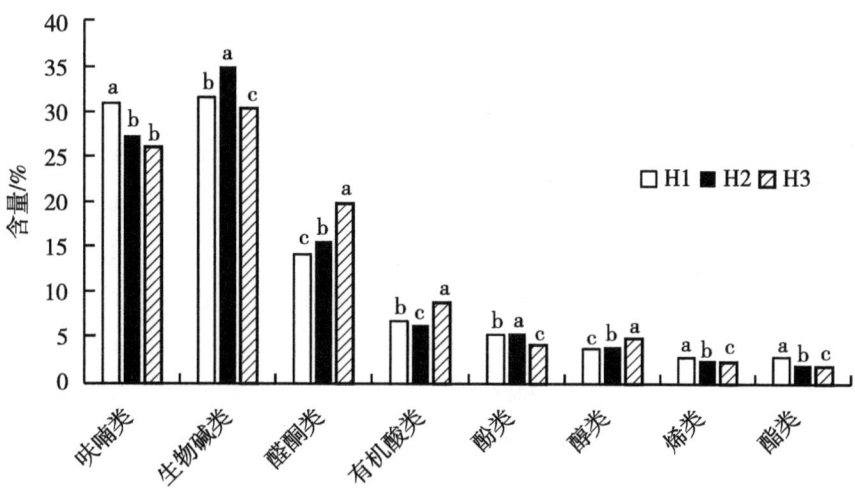

图 9-2 中烟特香 301 不同处理烟叶热裂解各类别香气总含量

9.1.7.2 高糖酯 K326 不同烘烤工艺初烤烟叶热裂解烟气差异

由表 9-9 和图 9-3 可知,高糖酯 K326 品种,与 H1 处理相比,H2 处理呋喃类、有机酸类物质含量显著降低,分别降低了 2.50 个、3.15 个百分点,生物碱类、醛酮类、酚类、醇类、烯类等物质含量有一定程度的提高,分别提高了 4.19 个、0.75 个、0.07 个、0.58 个、0.06 个百分点,其中呋喃类物质降低的成分主要包括糠醛、糠醇、4-环戊烯-1,3-二酮、5-甲基呋喃醛、2,5-二甲基-2,4-二羟基-3(2H)-呋喃酮、5-羟甲基糠醛,有机酸类物质降低的成分主要包括苯甲酸、棕榈酸、亚油酸,生物碱类物质中含量显著提高的成分主要包括烟碱、二烯烟碱,醛酮类物质中含量显著提高的成分主要包括巨豆三烯酮 1、巨豆三烯酮 2、巨豆三烯酮 3,酚类物质中含量显著提高的成分主要包括苯酚,对苯二酚显著降低,醇类物质含量显著提高的成分主要包括香叶基香叶醇、菜油甾醇、豆甾醇、γ-谷甾醇,烯类物质含量显著提高的成分主要包括双戊烯、角鲨烯。H3 处理生物碱类、醛酮类、有机酸类、烯类等物质含量有一定程度的降低,分别降低了 3.05 个、6.26 个、1.08 个、0.05 个百分点,呋喃类、酚类、醇类、酯类等物质含量有一定程度的提高,分别提高了 1.97 个、0.18 个、5.54 个、2.75 个百分点,其中生物碱类物质降低的成分主要包括烟碱,醛酮类物质降低的成分主要包括 2-羟基-2-环戊烯-1-酮、2,3-二氢-3,5二羟基-6-甲基-4(H)-吡喃-4-酮,有机酸类物质降低的成分主要包括苯甲酸、亚油酸,烯类物质降低的成分主要包括巴伦西亚橘烯,呋喃类物质中含量显著提高的成分主要包括糠醛、糠醇、5-羟甲基糠醛,酚类物质中含量显著提高的成分主要包括愈创木酚,醇类物质中含量显著提高的成分主要包括 4-羟基苯乙醇、叶绿醇、亚麻烯醇,酯类物质中含量显著提高的成分主要包括 2-糠酸甲酯。

表9-9 高糖酯K326不同烘烤工艺烤后烟叶热裂解烟气中的香气成分

裂解产物类别	裂解产物	H1	H2	H3
呋喃类	糠醛	1.69b	1.59b	2.38a
	糠醇	1.71b	1.52b	2.62a
	4-环戊烯-1,3-二酮	1.48a	0.94b	1.30a
	2-乙酰基呋喃	0.11b	0.16a	0.11b
	5-甲基呋喃醛	1.75a	1.07b	1.26b
	2,5-二甲基-2,4-二羟基-3(2H)-呋喃酮	1.17a	0.88b	0.72b
	5-乙酰氧基甲基-2-糠醛	0.12b	0.09b	0.19a
	5-羟甲基糠醛	2.34b	1.62c	3.76a
生物碱类	烟碱	43.94b	49.34a	40.02b
	麦司明	0.55a	0.48b	0.45b
	二烯烟碱	0.13b	0.19a	0.10c
醛酮类	2-羟基-2-环戊烯-1-酮	2.16a	1.36b	0.68c
	2,3-二氢-3,5二羟基-6-甲基-4(H)-吡喃-4-酮	11.91a	11.74a	7.06b
	巨豆三烯酮1	0.68b	0.88a	0.71b
	4-羟基-β-二氢大马酮	0.26b	0.31a	0.23b
	巨豆三烯酮2	0.27b	0.43a	0.26b
	巨豆三烯酮3	1.96b	2.11b	3.05b
	法尼基丙酮	0.20a	0.16b	0.19a
有机酸类	苯甲酸	1.85a	1.18b	1.10b
	2-呋喃甲酸	0.43c	0.99b	1.20a
	肉豆蔻酸	0.43a	0.37b	0.34b
	棕榈酸	4.78a	3.58c	4.06b
	亚油酸	2.54a	0.76c	2.25b
酚类	苯酚	0.74b	2.19a	0.67c
	愈创木酚	0.46b	0.52b	1.10a
	甲基麦芽酚	0.44a	0.43a	0.43a
	邻苯二酚	2.75b	2.79a	2.81a
	对苯二酚	2.60a	0.93c	2.08b
	对乙烯基愈创木酚	0.46c	0.66a	0.54b

（续表）

裂解产物类别	裂解产物	H1	H2	H3
醇类	4-羟基苯乙醇	0.23b	0.22b	0.40a
	叶绿醇	0.81b	0.76b	4.80a
	Z, z-11,13-十六碳二烯-1-醇	0.44a	0.33b	0.29c
	亚麻烯醇	0.41b	0.36b	2.03a
	香叶基香叶醇	0.16b	0.28a	0.16b
	环戊醇	0.47b	0.56a	0.44b
	菜油甾醇	0.85b	0.97a	0.87b
	豆甾醇	2.40b	2.71a	2.29b
	γ-谷甾醇	0.66b	0.82a	0.69b
烯类	双戊烯	0.24b	0.31a	0.29a
	反式-5-甲基-3-（甲基乙烯基）-环己烯	0.26b	0.27b	0.38a
	3-乙烯基环辛烯	0.24a	0.17b	0.18b
	巴伦西亚橘烯	0.21a	0.22a	0.10b
	角鲨烯	0.24a	0.28a	0.19b
酯类	2-糠酸甲酯	0.35b	0.46b	2.99a
	东莨菪内酯	1.64b	1.53c	1.71a
	甘油棕榈酸酯	0.48b	0.48b	0.52a

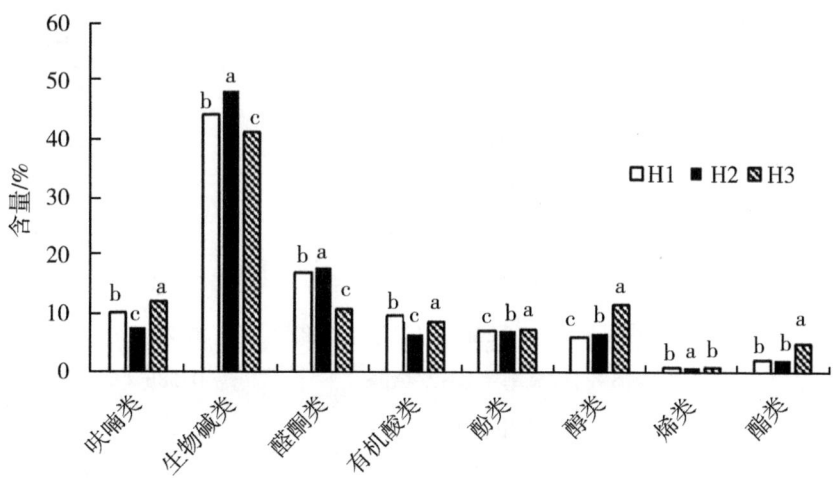

图 9-3 高糖酯 K326 不同处理烟叶热裂解各类别香气总含量

9.1.7.3 中烟100不同烘烤工艺初烤烟叶热裂解烟气差异

由表9-10和图9-4可知,中烟100品种,与H1处理相比,H2处理呋喃类、醛酮类、酚类、烯类、酯类等物质含量有一定程度的降低,分别降低了13.88个、5.49个、1.28个、1.62个、0.16个百分点,生物碱类、有机酸类、醇类等物质含量有一定程度的提高,分别提高了19.86个、0.99个、1.59个百分点,呋喃类物质中含量降低的成分主要包括5-羟甲基糠醛,醛酮类物质中含量降低的成分主要包括2,3-二氢-3,5二羟基-6-甲基-4(H)-吡喃-4-酮,酚类物质中含量降低的成分主要包括苯酚、甲基麦芽酚,烯类物质中含量降低的成分主要包括角鲨烯,酯类物质中含量降低的成分主要包括2-糠酸甲酯,生物碱类物质中含量提高的成分主要包括烟碱,有机酸类物质中含量提高的成分主要包括2-呋喃甲酸、肉豆蔻酸,醇类物质中含量提高的成分主要包括4-羟基苯乙醇、叶绿醇、豆甾醇、γ-谷甾醇,H3处理呋喃类、生物碱类、醛酮类、醇类、酯类等物质含量有一定程度的降低,分别降低了6.55个、1.07个、2.88个、1.32个、0.99个百分点,有机酸类、酚类、烯类等物质含量一定程度的提高,分别提高了1.48个、9.48个、1.88个百分点,呋喃类物质中含量降低的成分主要包括糠醛、糠醇、4-环戊烯-1,3-二酮、5-甲基呋喃醛、2,5-二甲基-2,4-二羟基-3(2H)-呋喃酮、5-乙酰氧基甲基-2-糠醛、5-羟甲基糠醛,生物碱类物质中含量降低的成分主要包括烟碱,醛酮类物质中含量降低的成分主要包括2-羟基-2-环戊烯-1-酮、2,3-二氢-3,5二羟基-6-甲基-4(H)-吡喃-4-酮、巨豆三烯酮1,醇类物质中含量降低的成分主要包括4-羟基苯乙醇、叶绿醇、Z,z-11,13-十六碳二烯-1-醇、菜油甾醇、豆甾醇,酯类物质中含量降低的成分主要包括2-糠酸甲酯、甘油棕榈酸酯,有机酸类物质中含量提高的成分主要包括2-呋喃甲酸、肉豆蔻酸、棕榈酸,酚类物质中含量提高的成分主要包括邻苯二酚,烯类物质中含量提高的成分主要包括角鲨烯。

表9-10 中烟100不同烘烤工艺烤后烟叶热裂解烟气中的香气成分

裂解产物类别	裂解产物	H1	H2	H3
呋喃类	糠醛	4.43b	5.33a	2.94c
	糠醇	2.50b	3.32a	1.52c
	4-环戊烯-1,3-二酮	1.20b	1.40a	0.64c
	2-乙酰基呋喃	0.18c	0.20b	0.24a
	5-甲基呋喃醛	1.83b	2.01a	0.94c
	2,5-二甲基-2,4-二羟基-3(2H)-呋喃酮	1.87a	0.92b	0.56c
	5-乙酰氧基甲基-2-糠醛	0.38b	0.89a	0.12c
	5-羟甲基糠醛	21.20a	5.64c	20.08b
生物碱类	烟碱	29.25b	47.95a	27.65c
	麦司明	0.31c	1.20a	0.72b
	二烯烟碱	0.12c	0.39a	0.24b

(续表)

裂解产物类别	裂解产物	H1	H2	H3
醛酮类	2-羟基-2-环戊烯-1-酮	1.36b	1.83a	1.02c
	2,3-二氢-3,5二羟基-6-甲基-4（H）-吡喃-4-酮	10.40a	3.18c	6.61b
	巨豆三烯酮1	0.42b	0.68a	0.28c
	4-羟基-β-二氢大马酮	0.18b	0.40a	0.20b
	巨豆三烯酮2	0.18b	0.30a	0.28a
	巨豆三烯酮3	1.06c	1.55b	2.33a
	法尼基丙酮	0.09b	0.26a	0.09b
有机酸类	苯甲酸	0.90c	0.41b	0.51a
	2-呋喃甲酸	0.45b	1.00a	1.07a
	肉豆蔻酸	0.78c	1.58b	2.19a
	棕榈酸	3.39c	3.48b	3.65a
	亚油酸	0.82a	0.86a	0.40b
酚类	苯酚	2.18a	0.60b	0.24c
	愈创木酚	0.27a	0.13b	0.12b
	甲基麦芽酚	2.11a	0.78b	0.23c
	邻苯二酚	0.77c	1.49b	15.13a
	对苯二酚	1.13b	1.41a	0.09c
	对乙烯基愈创木酚	0.31b	1.08a	0.44b
醇类	4-羟基苯乙醇	0.32c	1.17b	0.20a
	叶绿醇	0.57b	0.68a	0.24c
	Z,z-11,13-十六碳二烯-1-醇	0.28b	0.37a	0.17c
	亚麻烯醇	0.18b	0.24a	0.15c
	香叶基香叶醇	0.10a	0.10a	0.08b
	环戊醇	0.53b	0.37c	0.63a
	菜油甾醇	0.60b	0.67a	0.34c
	豆甾醇	1.52b	1.98a	1.05c
	γ-谷甾醇	0.52b	0.63a	0.44c
烯类	双戊烯	0.21a	0.18b	0.12c
	反式-5-甲基-3-（甲基乙烯基）-环己烯	0.74b	0.77a	0.37c
	3-乙烯基环辛烯	0.13b	0.20a	0.03c
	巴伦西亚橘烯	0.11b	0.20a	0.07c
	角鲨烯	1.88b	0.10c	4.36a

（续表）

裂解产物类别	裂解产物	H1	H2	H3
酯类	2-糠酸甲酯	1.45a	0.87b	0.43c
	东莨菪内酯	0.39c	0.64a	0.50b
	甘油棕榈酸酯	0.40b	0.57a	0.32c

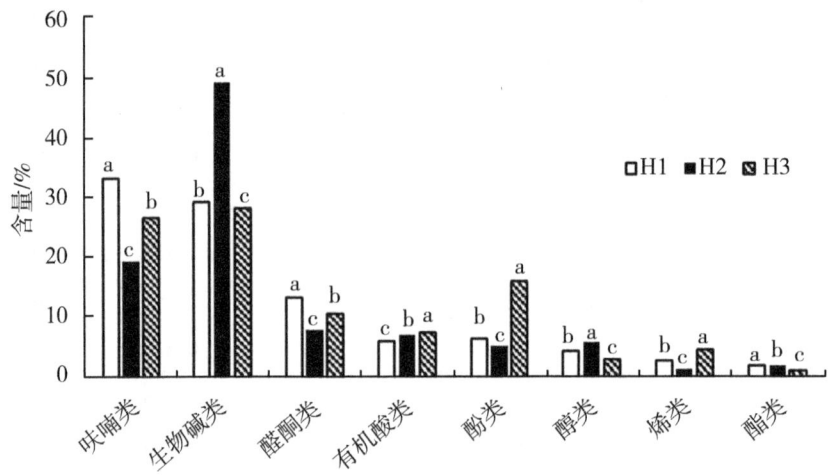

图 9-4 中烟 100 不同处理烟叶热裂解各类别香气总含量

9.1.8 不同烘烤工艺初烤烟叶热裂解烟气累积含量差异

由图 9-5 可知，3 个品种（系）烘烤工艺初烤烟叶热裂解烟气累积含量差异较明显，高温变黄处理烤后烟叶加热卷烟烟气中有机酸类、酚类、醇类、烯类、酯类等香味

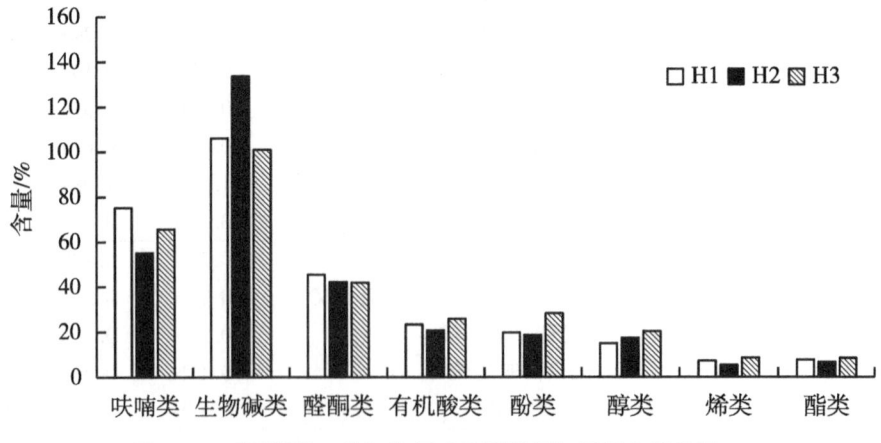

图 9-5 不同烘烤工艺初烤烟叶热裂解烟气累积含量差异

物质累积含量提高，低温变黄处理生物碱类物质累积含量提高。

9.1.9 讨论

烘烤是烟叶主要调制方式，目前有关化学成分对于加热卷烟原料的影响还无明确结论。烘烤温湿度适宜有利于促进烟叶化学成分协调性增加，并且烘烤工艺对不同品种烟叶化学成分的变化具有差异性（艾复清等，2004；刘志莲等，2014；谢永辉等，2015）。调制过程中淀粉酶活性是影响淀粉降解和糖类物质形成的重要因素（王爱华，2008）。较低温度和较高湿度有利于维持淀粉酶活性，从而加强淀粉降解，有利于小分子糖类物质的积累（谢永辉等，2013）。蛋白酶活性是影响烟叶蛋白质降解和含氮化合物的积累的重要因素（武圣江等，2020），变黄期蛋白酶活性最高，是蛋白质降解形成小分子含氮化合物的主要阶段（艾复清等，2010）。不同烘烤工艺对蛋白酶活性的影响有较大差异，蛋白酶类活性受温度影响显著，低温变黄有利于蛋白酶活性的维持，促进小分子含氮化合物的形成（李常军等，2001）。同时研究人员发现活性氧的积累促使细胞膜脂氧化，造成细胞内环境紊乱。细胞稳态是维持烟叶物质转化的重要生理状态，不同烘烤工艺对维持烟叶活性氧平衡具有显著差异，进而导致化学成分协调性变化（李晓辉等，2021）。本研究利用3个烤烟品种（系）对不同烘烤工艺初烤烟叶化学成分进行了比较，淀粉含量高温变黄处理显著较高，说明高温变黄处理不利于淀粉酶活性的维持。烘烤前期淀粉降解较不充分，烘烤过程中湿球温度稍有降低，变黄温度提高，干筋期温度降低，整体烘烤时间较短，高温变黄处理（40~42℃变黄）总糖含量普遍较高，但中烟100品种高温变黄处理总糖含量与传统8点式烘烤工艺相比无显著差异，中烟特香301和高糖酯K326还原糖在低温变黄烘烤还原糖、总氮含量显著较高，说明其细胞稳态在低温变黄状态下更为稳定，内含物质转化更为充分，就品种而言，高糖酯K326总糖和还原糖含量较低，中烟特香301和中烟100含量较高。

加热卷烟的感官质量与烤烟原料热裂解烟气中的香气物质密切相关，而烟气中的香气品质是由致香成分含量、比例及相互作用共同决定的。烟叶烘烤过程适宜的温湿度条件适宜有利于形成香气物质，使得烟叶品质得以表现。烘烤过程中较低的温度和适宜的湿度，有利于各类酶活性的提高，酶失活较慢，从而促进烟叶生理生化变化、前体物质的转化分解及香气物质的形成（高玉珍等，2008），前人研究表明，低温变黄有利于提高类胡萝卜素降解产物含量，产生更多的香味物质（李传玉等，2008）。适当提高变黄期温度，有利于多酚类物质的积累（李晓辉等，2021）。干筋温度的降低可以减少香气物质的降解，促进香气浓度的提高。本研究发现3个品种（系）高温变黄处理烤后烟叶加热卷烟烟气中有机酸类、酚类、醇类、烯类、酯类等香味物质累积含量提高，低温变黄处理生物碱类物质累积含量提高。

从品种角度而言，不同烘烤工艺对每个品种（系）的影响又有个性化的差异，中烟特香301品种低温变黄处理生物碱类、酚类等含量显著较高，高温变黄处理醛酮类、有机酸类、醇类等物质含量显著较高，高糖酯K326品系低温变黄处理生物碱类、醛酮类、烯类等物质含量显著提高，高温变黄处理呋喃类、有机酸类、酚类、醇类、酯类等物质含量显著较高，中烟100品种低温变黄处理生物碱类、醇类等含量显著较高，高温变黄处理有机酸类、酚类、烯类等物质含量显著较高。造成这些个性化差异的因素主要是由于不同品种所具有的内在品质有差别，可能高糖酯 K326 较中烟特香 301 和中烟 100 具有较强的生理活动，对某些内在物质消耗较多，具体表现为化学成分中总糖和还原糖以及香气成分中与糖类分解有关的香味物质含量较低。

3 个品种（系）高温变黄处理（40~42 ℃变黄）总糖含量普遍提高，有机酸类、酚类、醇类、烯类、酯类等香味物质累积含量提高，低温变黄处理生物碱类物质累积含量提高。中烟特香 301 和高糖酯 K326 还原糖在低温变黄烘烤还原糖、总氮含量显著较高。就品种而言，高糖酯 K326 总糖和还原糖含量较低，中烟特香 301 和中烟 100 含量较高。

不同烘烤工艺对每个品种（系）的影响又有个性化的差异，中烟特香 301 品种低温变黄处理生物碱类、酚类等含量显著较高，高温变黄处理醛酮类、有机酸类、醇类等物质含量显著较高，高糖酯 K326 品系低温变黄处理生物碱类、醛酮类、烯类等物质含量显著提高，高温变黄处理呋喃类、有机酸类、酚类、醇类、酯类等物质含量显著较高，中烟 100 品种低温变黄处理生物碱类、醇类等物质含量显著较高，高温变黄处理有机酸类、酚类、烯类等物质含量显著较高。造成这些个性化差异的因素主要是由于不同品种所具有的内在品质有差别，可能高糖酯 K326 较中烟特香 301 和中烟 100 具有较强的生理活动，对某些内在物质消耗较多，具体表现为化学成分中总糖和还原糖以及香气成分中与糖类分解有关的香味物质含量较低。

9.2 不同调制方式对加热卷烟质量的影响

9.2.1 材料与方法

9.2.1.1 材料

同 9.1.1。

9.2.1.2 试验设计

TZ1：室外晾晒。烟叶采收后，按照晒红烟（晒黄烟）调制方式进行调制。

TZ2：先捂黄再烘烤（变黄末 45+定色期 45~55+干筋期）。烟叶采收后，先装进烤房捂黄 1~2 d，然后升温加热（42 ℃±3 ℃）定色，然后在一定温度（<50 ℃）下烤干。（用 1 个烤房）

TZ3：先烤（变黄期+定色期）后晒（晒干烟筋）。烤房内烘烤至全变黄（42 ℃），烟叶叶片干燥时（50~54 ℃，不管烟筋干燥程度），将烟叶移至室外晾晒架上晒干。

TZ4：先烤（变黄期+定色前期）后晒（自然晒干叶片和烟筋）。烟叶采收后，按照常规烘烤至定色前期结束（烟筋变黄或白）后，将烟叶分成单片放置在晾晒架上，晒干。

TZ5：先烤（变黄期+定色前期）后干燥（冷冻干燥叶片）烟叶采收后，按照常规烘烤至定色前期结束（烟筋变黄或白）后，去掉主脉，液氮冷冻干燥叶片（用半个烤房）。

TZ6：晒红调制。

9.2.1.3 测定项目与方法

根据烤烟国标 GB 2635—1992，并结合晒晾烟标准进行烤后烟叶外观质量评价。

9.2.2 不同调制方式初烤烟叶物理性状分析

由表9-11可知,中烟特香301品种单叶重H1、T2、T3、T4处理显著较高,含梗率T1、T2、T3、T6处理显著较高,其他处理显著较低,平衡含水率T4处理显著较高,H1处理次之,其他处理显著较低,叶质重T1~T6处理显著降低。高糖酯K326品系单叶重T1、T6处理显著降低,其他处理显著较高,含梗率T1~T6处理显著降低,平衡含水率T4处理显著升高,其他处理显著降低,叶质重T3~T4处理显著降低。中烟100品种单叶重T1、T3、T4、T6处理显著降低,含梗率T1~T6处理显著升高,平衡含水率T4处理显著升高,其他处理显著降低,叶质重T1~T6处理显著降低。

表9-11 不同烘烤工艺初烤烟叶物理性状

品种	处理	单叶重/g	含梗率/%	平衡含水率/%	叶质重/(g/m²)
中烟特香301	H1	14.74a	29.99b	12.02b	133.86a
	T1	9.82b	32.28a	7.76c	55.47c
	T2	15.02a	31.76a	6.27c	72.91b
	T3	14.95a	33.31a	7.76c	61.54bc
	T4	14.58a	28.94b	20.06a	58.87c
	T5	ND	ND	ND	ND
	T6	8.56b	32.12a	7.58c	52.18d
高糖酯K326	H1	12.90a	34.19a	11.66b	75.89a
	T1	8.85b	24.97bc	8.09c	78.09a
	T2	12.71a	26.51b	6.31d	65.49b
	T3	12.51a	26.70b	8.08c	62.26b
	T4	12.70a	22.68c	19.79a	61.58b
	T5	ND	ND	ND	ND
	T6	8.38b	22.17c	7.81c	75.05a
中烟100	H1	14.19a	22.20c	10.38b	108.14a
	T1	6.91c	38.64b	7.35c	64.77b
	T2	10.50a	37.90b	5.17d	56.06c
	T3	8.64b	40.51a	6.40c	46.52d
	T4	9.07b	36.16b	20.40a	46.05d
	T5	ND	ND	ND	ND
	T6	6.42c	37.65b	6.97c	63.11b

注:同列数字后不同字母表示处理间差异显著($P<0.05$),下同。

9.2.3 不同调制工艺初烤烟叶化学成分分析

9.2.3.1 中烟特香301不同烘烤工艺初烤烟叶常规化学成分差异

由表9-12可知，中烟100的不同调制处理与常规烘烤相比，烟碱含量均有所降低，总糖含量烤冻结合显著提高，其他处理均有所降低，还原糖含量烤冻结合、晒制和晒红调制均有所降低，其他处理有所提高，总氮含量晒制、烤晒结合2和烤冻结合无显著差异，烤晒结合1和晒红调制有所提高，氯含量晒制有所提高，晒红调制无显著差异，其他处理均有所降低，糖碱比两种烤晒结合有所提高，其他处理均有所降低，氮碱比和钾氯比各调制方式均有所提高，两糖比烤冻结合有所降低，其他处理均有所提高。

表9-12 中烟特香301不同烘烤工艺初烤烟叶常规化学成分差异

处理	烟碱/%	总糖/%	还原糖/%	总氮/%	钾/%	氯/%	糖碱比	氮碱比	两糖比	钾氯比
T1	1.16e	10.67e	10.35f	1.52c	2.76a	0.82a	8.89d	1.31a	0.97b	3.35d
T2	1.76c	27.38c	26.77a	1.59b	2.21b	0.47d	15.19b	0.9c	0.98ab	4.69a
T3	1.56d	25.54d	25.41b	1.52c	2.08c	0.56c	16.3a	0.97b	0.99a	3.73c
T4	2.07b	30.92a	19.17e	1.51c	1.9d	0.39e	9.27d	0.73d	0.62e	4.82a
T5	1.1f	8.42f	7.95g	1.65a	2.76a	0.65b	7.2e	1.5a	0.94c	4.32b

9.2.3.2 高糖酯K326不同烘烤工艺初烤烟叶常规化学成分差异

由表9-13可知，高糖酯K326的不同调制处理与常规烘烤相比，烟碱含量烤晒结合和烤冻结合1显著提高，其他处理有所降低，总糖、还原糖、氯含量和糖碱比均有不同程度的降低，总氮有不同程度的提高，钾含量烤晒结合1有所降低，其他处理均有不同程度提高，氮碱比晒制、晒红调制、烤晒结合2均有所提高，其他处理有所降低，两糖比两种烤晒结合有所提高，烤冻结合无显著差异，晒红调制显著降低，钾氯比均有不同程度的提高。

表9-13 高糖酯K326不同烘烤工艺初烤烟叶常规化学成分差异

处理	烟碱/%	总糖/%	还原糖/%	总氮/%	钾/%	氯/%	糖碱比	氮碱比	两糖比	钾氯比
T1	2.07e	3.69e	3.29d	2.59a	2.09c	0.13c	1.59e	1.25b	0.89c	15.55a
T2	2.62b	16.21c	15.23b	2.38d	1.44e	0.22b	5.82b	0.91d	0.94a	6.42c
T3	2.26d	8.15d	7.59c	2.52b	2.61a	0.17bc	3.36c	1.12c	0.93a	15.79a
T4	2.66a	17.05b	15.52b	2.44c	1.98c	0.13c	5.83b	0.92d	0.91b	15.37a
T5	1.71f	3.85e	3.31d	2.47c	2.33b	0.18bc	1.94d	1.45a	0.86d	12.74b

9.2.3.3 中烟100不同烘烤工艺初烤烟叶常规化学成分差异

由表9-14可知，中烟100的不同调制处理与常规烘烤相比，不同调制方式下的烟碱含量均有所降低，总糖含量晒制、晒红调制有较大的程度的降低，烤晒结合1（定色期结束后晒制）有所提高，烤晒结合2（定色前期结束后晒制）与常规烘烤无显著差异，烤冻结合（定色前期结束后液氮处理）稍有降低，还原糖含量两种烤晒结合方式显著提高，其他处理均有不同程度的降低，总氮含量晒红调制显著提高，其他处理均有不同程度的降低，钾含量、氮碱比、钾氯比所有处理较常规烘烤均有不同程度的提高，氯含量晒制、晒红调制显著较高，其他处理有所降低，糖碱比两种烤晒结合和烤冻结合显著较高，其他处理显著较低，两糖比两种烤晒结合和晒制、晒红调制均有不同程度的提高，烤冻结合有所降低。

表9-14 中烟100不同烘烤工艺初烤烟叶常规化学成分差异

处理	烟碱/%	总糖/%	还原糖/%	总氮/%	钾/%	氯/%	糖碱比	氮碱比	两糖比	钾氯比
T1	1.4d	12.08d	11.62e	1.62c	2.01a	0.71a	8.33f	1.16b	0.96c	2.85e
T2	1.5c	33.84a	32.84a	1.32f	1.85b	0.39e	21.9a	0.88c	0.97b	4.7a
T3	1.51c	30.12b	30.05b	1.35e	1.33d	0.34f	19.96b	0.9c	1a	3.96b
T4	1.74b	29.78c	18.53d	1.45d	1.58c	0.44d	10.68c	0.84d	0.62e	3.62c
T5	1.19e	11.19e	10.77f	1.7a	2.02a	0.61b	9.02e	1.43a	0.96c	3.29d

9.2.4 不同烘烤工艺初烤烟叶热裂解烟气差异

9.2.4.1 中烟特香301不同烘烤工艺初烤烟叶热裂解烟气差异

由表9-15和图9-6可知，中烟特香301品种不同烘烤工艺处理样品热裂解烟气中的香气成分含量有一定差异。呋喃类物质含量烤冻处理明显较高，烤晒1和晒红处理明显较低，生物碱类物质含量烤晒1和晒红处理明显，烤晒2处理次之，晒黄、烤冻处理明显较低，醛酮类物质含量烤晒处理明显较高，烤冻处理次之，晒制处理明显较低，有机酸类物质含量晒制处理明显较高，烤晒处理次之，烤冻处理明显较低，酚类、醇类物质含量晒红处理明显较高，烤晒处理次之，晒黄、烤冻处理较低，烯类物质含量晒黄处理明显较高，烤冻和晒红处理次之，烤晒处理明显较低，酯类物质含量晒黄和烤冻处理明显较高，烤晒处理次之，晒红处理明显较低。

表9-15 中烟特香301其他调制工艺烤后烟叶热裂解烟气中的香气成分　　单位:%

裂解产物类别	裂解产物	T1	T2	T3	T4	T5
呋喃类	糠醛	2.90	4.29	6.57	4.74	1.91
	糠醇	1.22	1.28	1.79	0.99	0.39
	4-环戊烯-1,3-二酮	1.69	1.63	2.23	1.09	0.74
	2-乙酰基呋喃	0.14	0.13	0.28	0.09	0.98

（续表）

裂解产物类别	裂解产物	T1	T2	T3	T4	T5
呋喃类	5-甲基呋喃醛	0.91	2.29	2.80	1.84	0.64
	2,5-二甲基-2,4-二羟基-3（2H）-呋喃酮	8.28	0.57	0.08	0.83	0.48
	5-乙酰氧基甲基-2-糠醛	0.20	0.18	0.15	0.24	0.21
	5-羟甲基糠醛	0.02	2.20	2.42	22.71	0.16
生物碱类	烟碱	30.50	44.57	41.44	32.18	38.43
	麦司明	0.52	0.36	1.47	0.15	1.54
	二烯烟碱	0.05	0.64	0.01	0.10	0.60
醛酮类	2-羟基-2-环戊烯-1-酮	7.12	1.15	2.49	0.09	3.83
	2,3-二氢-3,5二羟基-6-甲基-4（H）吡喃-4-酮	4.82	17.01	10.89	11.64	4.88
	巨豆三烯酮1	0.51	0.35	0.93	2.43	0.54
	4-羟基-β-二氢大马酮	0.02	0.12	0.03	0.21	0.17
	巨豆三烯酮2	0.02	0.09	0.02	0.47	0.15
	巨豆三烯酮3	0.08	0.89	0.08	1.02	1.85
	法尼基丙酮	0.65	0.09	0.01	0.06	0.19
有机酸类	苯甲酸	0.04	0.56	0.02	0.37	0.28
	2-呋喃甲酸	0.02	0.48	0.04	0.19	0.24
	肉豆蔻酸	1.63	0.09	2.29	0.11	1.44
	棕榈酸	7.54	4.56	6.16	2.81	9.58
	亚油酸	7.99	0.40	0.14	0.17	1.01
酚类	苯酚	1.63	0.60	0.92	1.21	0.88
	愈创木酚	0.01	0.33	0.04	0.22	0.25
	甲基麦芽酚	0.13	0.31	0.04	0.20	2.31
	邻苯二酚	4.97	3.45	4.59	1.05	6.53
	对苯二酚	1.55	1.10	2.38	0.81	1.34
	对乙烯基愈创木酚	0.04	0.33	0.03	0.22	0.28

（续表）

裂解产物类别	裂解产物	T1	T2	T3	T4	T5
醇类	4-羟基苯乙醇	0.02	0.39	0.01	0.15	1.47
	叶绿醇	0.02	0.12	0.01	0.09	0.15
	Z, z-11,13-十六碳二烯-1-醇	0.03	0.27	0.04	0.29	0.26
	亚麻烯醇	0.02	0.12	0.03	0.41	0.63
	香叶基香叶醇	0.16	0.16	0.41	0.09	0.15
	环戊醇	0.98	1.37	0.68	0.41	0.87
	菜油甾醇	0.78	0.66	0.95	0.61	1.46
	豆甾醇	2.44	2.25	3.15	2.23	5.21
	γ-谷甾醇	0.72	2.39	1.12	0.60	1.41
烯类	双戊烯	0.07	0.21	0.06	0.48	0.59
	反式-5-甲基-3-（甲基乙烯基）-环己烯	0.31	0.10	0.14	0.31	4.07
	3-乙烯基环辛烯	0.04	0.12	0.00	2.72	0.05
	巴伦西亚橘烯	0.02	0.13	0.01	0.07	0.50
	角鲨烯	6.69	0.11	1.02	0.18	0.15
酯类	2-糠酸甲酯	1.48	0.66	0.09	2.04	0.53
	东莨菪内酯	0.76	0.59	1.11	0.47	0.30
	甘油棕榈酸酯	0.29	0.31	0.83	0.63	0.37

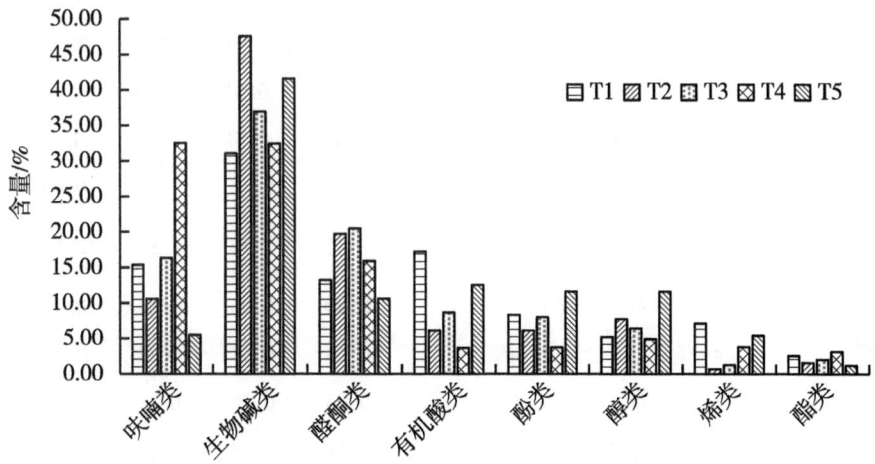

图 9-6 中烟特香 301 其他调制方式烟叶裂解香气成分

9.2.4.2 高糖酯 K326 不同烘烤工艺初烤烟叶热裂解烟气差异

由表 9-16 和图 9-7 可知，高糖酯 K326 品系不同调制工艺处理样品热裂解烟气中的香气成分含量有一定差异。其中呋喃类物质含量烤晒 1、烤冻处理明显较高，晒黄、烤晒 2 处理次之，晒红处理明显较低，生物碱类物质含量烤晒 2 处理明显较高，晒黄、烤冻、晒红处理次之，烤晒 1 处理明显较低，醛酮类物质含量烤晒 1、烤冻处理明显较高，晒黄处理次之，烤晒 2、晒红处理明显较低，有机酸类物质含量晒黄、晒红处理明显较高，烤晒 1、烤晒 2 处理次之，烤冻处理明显较低，酚类物质含量晒黄处理明显著较高，烤晒 2 处理次之，烤晒 1、烤冻、晒红处理明显较低，烯类物质中烤晒 1、烤晒 2 处理明显较高，晒黄、晒红处理次之，烤冻处理明显较低，醇类物质含量晒红处理明显较高，烤晒 2 处理次之，晒黄、烤晒 1、烤冻处理明显较低，烷类物质含量烤晒 1 处理明显较高，烤晒 2、晒红处理次之，晒黄、烤晒 2 处理明显较低，酯类物质含量烤晒 1 处理明显较高，烤晒 2、烤冻处理次之，其他处理明显较低。

表 9-16 高糖酯 K326 不同烘烤工艺烤后烟叶热裂解烟气中的香气成分　　　单位:%

裂解产物类别	裂解产物	T1	T2	T3	T4	T5
呋喃类	糠醛	0.62	2.24	1.70	2.01	1.05
	糠醇	1.65	0.81	1.23	0.56	2.01
	4-环戊烯-1,3-二酮	1.91	1.45	0.99	1.43	0.68
	2-乙酰基呋喃	0.25	0.17	0.25	0.06	0.16
	5-甲基呋喃醛	0.94	1.76	0.88	1.18	0.41
	2,5-二甲基-2,4-二羟基-3（2H）-呋喃酮	0.40	1.26	0.42	0.95	0.25
	5-乙酰氧基甲基-2-糠醛	0.12	0.13	0.10	0.09	0.01
	5-羟甲基糠醛	0.46	1.80	1.91	2.95	0.08
生物碱类	烟碱	49.40	36.91	52.91	49.33	50.33
	麦司明	2.17	0.61	0.98	0.49	1.15
	二烯烟碱	0.26	0.81	0.84	1.72	0.15
醛酮类	2-羟基-2-环戊烯-1-酮	5.81	0.45	1.16	0.90	2.40
	2,3-二氢-3,5 二羟基-6-甲基-4（H）-吡喃-4-酮	3.85	15.78	4.91	12.18	1.83
	巨豆三烯酮 1	0.80	0.95	0.61	0.99	0.81
	4-羟基-β-二氢大马酮	0.05	0.57	0.21	0.18	0.34
	巨豆三烯酮 2	0.05	0.26	0.19	0.30	1.25
	巨豆三烯酮 3	0.18	1.94	1.30	1.78	2.24
	法尼基丙酮	0.01	0.17	0.24	0.11	0.75

(续表)

裂解产物类别	裂解产物	T1	T2	T3	T4	T5
有机酸类	苯甲酸	0.10	1.21	0.25	0.12	0.15
	2-呋喃甲酸	0.03	0.14	0.31	0.26	0.13
	肉豆蔻酸	3.19	0.48	0.66	0.17	0.79
	棕榈酸	5.54	4.25	5.48	4.85	5.54
	亚油酸	0.33	1.19	0.81	0.49	1.56
酚类	苯酚	2.56	0.20	2.12	1.56	0.66
	愈创木酚	0.05	1.12	0.46	0.38	0.40
	甲基麦芽酚	0.18	0.77	2.03	0.90	0.96
	邻苯二酚	6.15	3.05	0.25	2.36	1.51
	对苯二酚	2.97	1.40	0.52	0.42	1.53
	对乙烯基愈创木酚	0.01	1.10	0.45	0.36	0.47
醇类	4-羟基苯乙醇	0.03	0.36	0.98	0.49	0.15
	叶绿醇	0.09	0.62	0.82	0.82	0.59
	Z,z-11,13-十六碳二烯-1-醇	0.09	0.28	0.72	0.49	0.65
	亚麻烯醇	0.02	0.23	0.23	0.52	0.15
	香叶基香叶醇	0.29	0.31	0.20	0.24	0.71
	环戊醇	0.92	0.71	1.14	0.67	1.77
	菜油甾醇	1.34	1.21	1.46	1.07	2.75
	豆甾醇	4.19	3.42	4.61	3.40	9.08
	γ-谷甾醇	0.90	1.03	1.29	0.90	2.00
烯类	双戊烯	0.04	0.16	0.09	0.14	0.24
	反式-5-甲基-3-（甲基乙烯基）-环己烯	0.03	0.15	0.11	0.33	0.14
	3-乙烯基环辛烯	0.00	1.34	0.08	0.05	0.07
	巴伦西亚橘烯	0.05	0.40	0.35	0.03	0.56
	角鲨烯	0.89	0.36	1.09	0.23	0.53
酯类	2-糠酸甲酯	0.02	0.83	1.33	1.83	0.33
	东莨菪内酯	0.96	5.19	0.80	0.87	0.40
	甘油棕榈酸酯	0.04	0.41	0.54	0.84	0.28

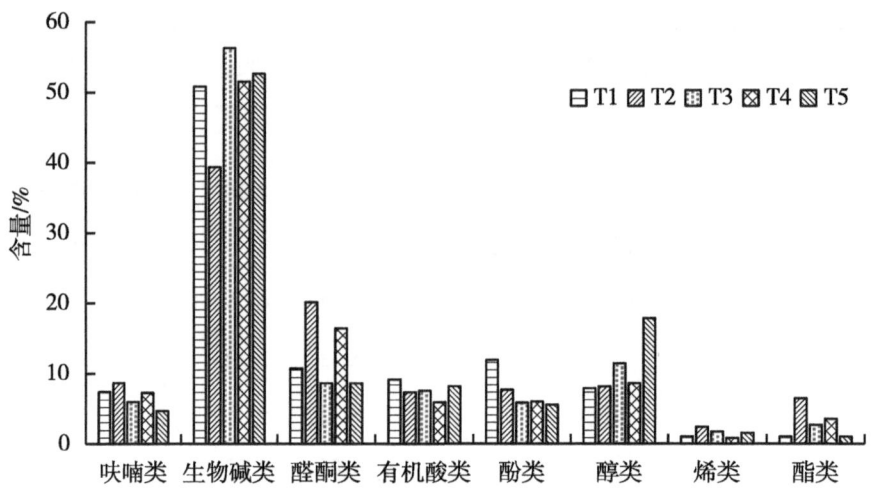

图 9-7 高糖酯 K326 其他调制方式烟叶裂解香气成分

9.2.4.3 中烟 100 不同烘烤工艺初烤烟叶热裂解烟气差异

由表 9-17 和图 9-8 可知，中烟 100 品系不同调制工艺处理样品热裂解烟气中的香气成分含量有一定差异。其中呋喃类物质含量烤晒 2、烤冻处理明显较高，烤晒 1、晒红处理次之，晒黄处理明显较低，生物碱类物质含量晒黄、烤晒 2、晒红处理明显较高，晒黄、烤晒 1 处理明显较低，醛酮类物质含量晒黄、烤晒 1 处理明显较高，烤冻、晒红处理次之，烤晒 2 处理明显较低，有机酸类物质含量晒黄、晒红处理明显较高，烤晒 1、烤晒 2 处理次之，烤冻处理明显较低，酚类物质含量烤晒 1 处理明显较高，晒黄、烤晒 2、晒红处理次之，烤冻处理明显较低，醇类物质含量晒黄、晒红处理明显较高，烤晒 1、烤冻处理次之，烤晒 2 处理明显较低，烯类物质含量烤晒 1、晒红处理明显较高，晒黄、烤冻处理次之，烤晒 2 处理明显较低，酯类物质含量烤晒 1、烤冻处理明显较高，其他处理明显较低。

表 9-17 中烟 100 不同烘烤工艺烤后烟叶热裂解烟气中的香气成分 单位:%

裂解产物类别	裂解产物	T1	T2	T3	T4	T5
呋喃类	糠醛	2.38	6.99	5.20	6.09	2.71
	糠醇	0.47	1.93	0.99	0.95	0.60
	4-环戊烯-1,3-二酮	1.16	1.82	1.14	0.95	0.96
	2-乙酰基呋喃	0.15	0.13	0.09	0.28	0.35
	5-甲基呋喃醛	1.19	0.21	1.74	1.80	0.92
	2,5-二甲基-2,4-二羟基-3(2H)-呋喃酮	1.06	1.01	0.30	0.25	0.79
	5-乙酰氧基甲基-2-糠醛	0.02	0.13	0.10	0.13	0.04
	5-羟甲基糠醛	0.03	4.72	21.58	22.61	4.17

(续表)

裂解产物类别	裂解产物	T1	T2	T3	T4	T5
生物碱类	烟碱	44.59	37.04	49.09	35.74	50.48
	麦司明	0.45	0.42	0.15	0.13	0.50
	二烯烟碱	0.14	0.15	0.04	0.23	0.58
醛酮类	2-羟基-2-环戊烯-1-酮	22.40	3.13	0.81	1.06	3.85
	2,3-二氢-3,5 二羟基-6-甲基-4（H）-吡喃-4-酮	0.43	15.16	3.07	11.74	2.53
	巨豆三烯酮1	0.53	1.09	0.24	0.43	0.63
	4-羟基-β-二氢大马酮	0.18	0.26	0.09	0.21	0.21
	巨豆三烯酮2	0.15	0.24	0.14	0.23	0.21
	巨豆三烯酮3	0.96	0.13	0.78	0.91	2.15
	法尼基丙酮	0.18	0.15	0.08	0.08	0.16
有机酸类	苯甲酸	0.23	0.05	0.33	0.21	0.22
	2-呋喃甲酸	0.26	0.32	0.25	0.15	0.26
	肉豆蔻酸	0.59	1.08	0.18	0.14	0.78
	棕榈酸	4.41	3.48	3.77	3.12	7.73
	亚油酸	1.52	0.46	0.37	0.25	1.12
酚类	苯酚	0.53	1.28	0.29	0.40	0.77
	愈创木酚	0.71	0.28	0.56	0.23	1.62
	甲基麦芽酚	0.28	0.42	0.32	0.23	0.78
	邻苯二酚	1.18	2.65	1.62	0.35	0.11
	对苯二酚	1.83	1.87	0.26	0.54	0.68
	对乙烯基愈创木酚	0.23	0.27	0.55	0.18	0.50
醇类	4-羟基苯乙醇	0.45	0.41	0.15	0.16	0.25
	叶绿醇	0.26	0.16	0.09	0.36	0.25
	Z,z-11,13-十六碳二烯-1-醇	0.34	0.28	0.21	0.30	0.29
	亚麻烯醇	0.07	0.29	0.16	0.87	0.15
	香叶基香叶醇	0.09	0.48	0.19	0.11	0.01
	环戊醇	0.77	0.84	0.32	0.41	0.12
	菜油甾醇	1.29	0.85	0.57	0.73	1.54
	豆甾醇	4.86	2.75	1.99	2.50	5.72
	γ-谷甾醇	0.80	0.79	0.42	0.68	1.13

(续表)

裂解产物类别	裂解产物	T1	T2	T3	T4	T5
烯类	双戊烯	0.34	0.30	0.19	0.36	0.05
	反式-5-甲基-3-(甲基乙烯基)-环己烯	0.27	0.31	0.13	0.49	0.28
	3-乙烯基环辛烯	0.10	0.08	0.06	0.11	2.14
	巴伦西亚橘烯	0.14	0.13	0.09	0.09	0.17
	角鲨烯	0.57	3.27	0.16	0.43	0.44
酯类	2-糠酸甲酯	0.54	0.43	0.53	1.45	0.51
	东莨菪内酯	0.56	0.96	0.18	0.44	0.19
	甘油棕榈酸酯	0.29	0.80	0.48	0.87	0.35

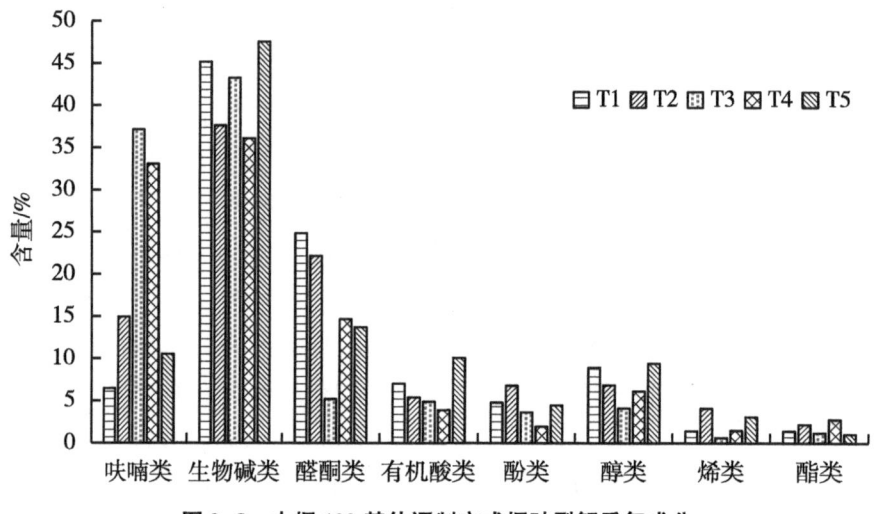

图 9-8 中烟 100 其他调制方式烟叶裂解香气成分

9.2.5 讨论

烟叶的调制有多种方式，其中包括晒制、晾制、烘烤，调制方式对烟叶内在品质有不同程度的影响。不同晒制时期环境也会存在差异，晾制过程较为缓慢一般需 45~55 d，且在自然环境下进行，烘烤是在烤房内进行，且温湿度可控，调制时间较短，调制的温湿度不同会影响烟叶含水率、失水速率以及酶活，进一步影响香味前体物质和香味物质的积累形成。本研究烤烟晒制过程在塑料大棚内进行（赵晓军等，2020），晒黄调制周期为 35~40 d，晒红调制周期为 65~70 d，在调制的 35~70 d 傍晚置于草地吸收露水，白天放置于大棚晒架，11：00—15：00 适当运用遮阳网进行遮阳，避免太阳直射过热导致烟叶失水过快造成烟叶细胞内环境受胁迫，且均在自然环境下进行，烤晒结合处理 1 和烤晒结合处理 2 调制方式中晒制周期分别为 20 d、25 d 左右。

新鲜烟叶在采摘下那一刻开始意味着烟叶细胞衰老的开始，调制环境影响着其内在物质转化进程，其内涵物质的变化是"全过程"的。调制、燃吸等阶段烟叶均存在美拉德反应，而美拉德反应产物是烟叶香气组分中的一类重要物质。调制期间类胡萝卜素发生降解产生烟草中的关键香气物质。

新鲜采摘的烟叶细胞仍具有生命力，晒制时烟叶呼吸作用和光合作用等生理活动仍会持续一段时间，随着调制进程的推进其生理活动有所减弱。不同调制方式对烟叶化学成分有一定的影响（孙双等，2018），晒制过程中烟叶淀粉转化为总糖，淀粉含量减少，淀粉和蛋白质等含量逐渐减少，含水率和叶绿素含量持续下降。水分的散失过快不利于淀粉降解及酶活性维持（尹永强等，2006），吴疆等（2014）研究了四川晒烟应用晾晒结合调制方式对烟叶品质的影响，发现延长晾制阶段时间有利于减缓失水速率和色素降解速率。晒制环境中的环境氧气浓度和温湿度会影响烟叶酶促褐变的进程，氧气浓度增加、变黄期失水量过少、调制后期温度较高时，烟叶组织细胞内多酚氧化酶活性较高，促使烟叶发生酶促褐变（李秀妮等，2018）。烟叶中烟碱的含量主要取决于烟碱转化效率，前人研究表明烘烤后烟叶烟碱含量高于晒制（李宗平等，2015）。

本研究发现经过烘烤前处理调制方式（烤晒结合、烤冻结合）烟叶的烟碱、总糖、还原糖含量及糖碱比较没有经过烘烤进程的调制方式（晒制、晒红调制）高，这是由于烟叶在晒制或冷冻处理前的烘烤阶段烤房为烟叶提供了一个相对稳定的温湿度环境，烟叶细胞稳态维持时间较久，内含物质转化较为充分，而在晒制过程中干物质不断消耗，定色前期或定色期结束后烟叶细胞稳态被打破，但烟叶细胞仍具有一定的生理生化变化，淀粉有一定的消耗，与呼吸有关的酶活性较高，且作用时间较长导致的，而烤晒结合方式在经历了烘烤调制的变黄期和定色期或定色前期后，烟叶中的酶活性有所降低，说明糖类的形成与调制前期的烘烤进程密切相关，并且烘烤有利于烤烟烟叶糖类物质的积累。

从品种方面来看，高糖酯 K326 的总糖、还原糖较其他品种低，这可能与品种特性和调制前半程糖类物质产生和积累较少导致的，抑或是调制后半程晒制形成的较多的不稳定的糖类物质转化成为其他物质。

不同烤烟品种（系）的不同调制方式加热卷烟香味成分释放含量既存在有明显的普遍性规律，也存在品种方面的差异性，各个调制方式香味物质中烟碱含量较高，均达到 30% 以上，呋喃类物质 T4 处理含量普遍较高，T5 较低，醛酮类物质 T2 处理含量普遍较高，有机酸类物质含量 T1、T5 处理普遍含量较高，醇类物质 T5 含量普遍较高，其他种类香气物质无明显普遍性规律。

调制工艺对烟叶香气物质有明显的影响。前人研究表明在白肋烟中添加葡萄糖后其烟气中产生的酮类物质比例提高（孔浩辉等，2014），本研究中醛酮类中 DDMP 含量经过烘烤进程的调制方式较晒制的高，呋喃类化合物中 5-羟甲基糠醛是一种由单糖化合物加热分解形成（李恩灿等，2018），糠醛可由多糖物质裂解生成，经过烘烤进程的调制方式 5-羟甲基糠醛和糠醛含量显著较高，晒制（晒黄、晒红）调制方式显著较低，进一步说明烘烤进程有利于烤烟品种（系）糖类化合物的形成，从品种（系）来看，5-羟甲基糠醛中烟特香 301 和中烟 100 比高糖酯 K326 含量高，说明高糖酯 K326 品系经过调制前期的烘烤进程形成糖类物质的含量较少，这可能与高糖酯 K326 的调制后期晾晒进程内含物质降解速率较快有关。

醛酮类化合物香味物质多数属于类胡萝卜素降解产物，有研究表明烘烤有利于白肋烟提高类胡萝卜素降解产物的含量（张广东等，2015），本研究表明醛酮类物质中巨豆三烯酮 3 晒红调制后烟叶含量较高，而 2-羟基-2-环戊烯-1-酮晒制方式含量较高。

有机酸类物质中棕榈酸含量较高，晒制方式棕榈酸含量普遍较高，但高糖酯 K326 烤晒结合 2 方式棕榈酸含量与晒制方式无显著差异，进一步说明高糖酯 K326 可能是经历了定色前期仍有较强的呼吸作用消耗。

经过烘烤前处理调制方式（烤晒结合、烤冻结合）烟叶的烟碱、总糖、还原糖含量及糖碱比较没有经过烘烤进程的调制方式（晒制、晒红调制）高。呋喃类物质烤冻结合处理含量普遍较高，晒红较低，醛酮类物质烤晒结合 1 处理含量普遍较高，有机酸类物质含量晒制（晒黄、晒红）处理普遍含量较高，醇类物质晒红含量普遍较高，其他种类香气物质无明显普遍性规律。

9.3 适合加热卷烟烤烟原料的调制工艺筛选研究

9.3.1 材料与方法

9.3.1.1 试验设计

将不同调制工艺调制后烟叶进行墨粉过 200 目筛制作加热卷烟，并进行加热卷烟感官评价，利用 PCA 分析将不同调制工艺香气成分进行分类，探索不同调制工艺对烤烟烟叶香气成分的普遍性影响规律，及香气成分对加热卷烟感官指标的影响。

9.3.1.2 加热卷烟制作方法

加热卷烟烟支制作于中国农业科学院烟草研究所，每份烟末样品和添加物质（其中雾化剂的添加量为 20%，羟甲基纤维素添加量为 3%）充分均质后采用辊压法制成厚度约为 0.2 mm 烟草薄片。沿着辊压方向将烟草薄片切割成宽约 1 mm 的烟丝，呈束状填充于加热卷烟的空烟管中，每支烟支的填充值为 0.3 g，最终制成加热卷烟烟支，评吸时使用与烟支配套的电加热型加热卷烟加热器。

9.3.1.3 加热卷烟感官质量评价方法

组织加热卷烟评吸专家参考企业标准"新型卷烟感官评价方法"（Q/YNZY.J04.022—2015），对不同工艺烤后烤烟原料制作的加热卷烟烟支的丰满度（10 分）、香气（30 分）、劲头（10 分）、谐调性（10 分）、刺激性（15 分）和口感（25 分）指标分别进行评价打分。感官评价满分为 100 分（表 9-18）。

表 9-18 加热卷烟感官质量评价指标及评分标准   单位：分

感官评价指标	项目	评分标准		
		Ⅰ	Ⅱ	Ⅲ
丰满度	表现	烟气饱满	烟气略饱满	烟气略松散
	最高值	10	8	6
香气	表现	丰富、细腻	充足、少粗糙	偏淡、略粗糙
	最高值	30	25	20
劲头	表现	适宜	略大或略小	较大或较小
	最高值	10	8	6
谐调性	表现	谐调	较谐调	尚谐调
	最高值	10	8	6
刺激性	表现	无刺激	略有刺激	刺激较强
	最高值	15	12	9
口感	表现	舒适	较舒适	尚舒适
	最高值	25	22	20

9.3.2 不同调制工艺普适性探究

9.3.2.1 不同调制工艺烟叶加热卷烟感官指标累积得分

由表 9-19 和图 9-9 可知，H3 和 T2 处理累积得分总分较高，H1、H2、T4 处理得分次之，T1、T5 处理得分较低。丰满度得分 H1、T4 处理较高，T1、T5 处理较低，香气得分 H3、T2 处理较高，H1、T1 处理较低，劲头得分 H3、T1 处理较高，T3 处理较低，谐调性得分 H3、T4 处理较高，H1 处理较低，刺激性得分 T4、T5 处理较高，T3 处理较低，口感得分 H3、T2 处理较高，H1 处理较低。

表 9-19 不同调制工艺烟叶加热卷烟感官指标累计得分   单位：分

感官指标	H1	H2	H3	T1	T2	T3	T4	T5
丰满度	75.23	55.23	65.74	28.17	39.13	54.94	74.82	20.7
香气	64.4	65.6	72.6	64.4	74.4	70.4	67.2	70
劲头	24.9	25.4	26	27.2	24.4	21.6	23.2	23.6
谐调性	20.2	24.8	27.2	22.8	24.4	22	26.4	24
刺激性	38.4	38.2	38.8	38	38.8	35.6	40	39.2
口感	59.4	64.4	70.8	66.8	70	66.4	66.8	64.8
总分	228.7	241.4	260.2	240.4	253.2	237.2	242.8	242

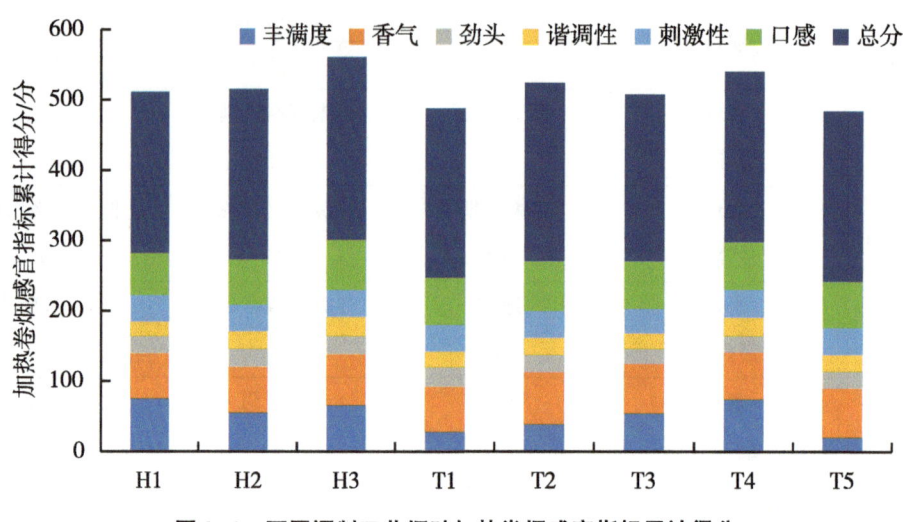

图 9-9 不同调制工艺烟叶加热卷烟感官指标累计得分

9.3.2.2 不同调制工艺热裂解产物累积含量

由表 9-20 可知，H1 处理 5-甲基呋喃醛、5-羟甲基糠醛、巨豆三烯酮 2、苯甲酸、甲基麦芽酚累积含量较高，H2 处理糠醇、巨豆三烯酮 2、对乙烯基愈创木酚、4-羟基苯乙醇等物质累积含量较高，H2 处理糠醇、巨豆三烯酮 2、对乙烯基愈创木酚、4-羟基苯乙醇累积含量较高，H3 处理烟碱累计含量较低，巨豆三烯酮 3、2-呋喃甲酸、邻苯二酚、叶绿醇、亚麻烯醇等累计含量较高，T1 处理 4-环戊烯-1,3-二酮、2,5-二甲基-2,4-二羟基-3（2H）-呋喃酮、麦司明、2-羟基-2-环戊烯-1-酮、肉豆蔻酸、苯酚、对苯二酚、角鲨烯等物质累计含量较高，T2 处理糠醛、4-环戊烯-1,3-二酮、二烯烟碱、环戊醇、东莨菪内酯等累计含量较高，T3 处理糠醛、5-甲基呋喃醛、烟碱、甘油棕榈酸酯等物质累计含量较高，T4 处理 5-羟甲基糠醛、2,3-二氢-3,5 二羟基-6-甲基-4（H）-吡喃-4-酮、2-糠酸甲酯等物质累计含量较高，T5 处理 2-乙酰基呋喃、麦司明、法尼基丙酮、棕榈酸、4-羟基苯乙醇、菜油甾醇、豆甾醇等物质累计含量较高。

9.3.2.3 不同调制工艺热裂解产物累积含量

由表 9-21 可知，呋喃类物质含量 H1、T4 处理最高，T1、T5 处理较低，生物碱类物质含量 T3、T5 处理较高，H3 处理较低，醛酮类物质含量 T2 处理较高，T3、T5 处理较低，有机酸类物质含量 T1、T5 处理较高，T4 处理较低，酚类物质含量 H3 处理较高，T4 处理较低，醇类物质含量 T5 处理较高，H1 处理较低，烯类物质含量 T1、T5 处理较高，T3 处理较低，酯类物质含量 T2、T4 处理较高，T5 处理较低。

表 9-20　不同调制工艺烟叶热裂解产物累积含量

单位：%

裂解产物类别	裂解产物	H1	H2	H3	T1	T2	T3	T4	T5
	糠醛	9.34	9.80	8.27	5.90	13.52	13.47	12.84	5.67
	糠醇	7.54	8.21	6.60	3.34	4.02	4.01	2.50	3.00
	4-环戊烯-1,3-二酮	4.00	3.69	2.99	4.76	4.90	4.36	3.47	2.38
	2-乙酰基呋喃	0.45	0.54	0.44	0.54	0.43	0.62	0.43	1.49
呋喃类	5-甲基呋喃醛	5.50	4.68	3.60	3.04	4.26	5.42	4.82	1.97
	2,5-二甲基-2,4-二羟基-3 (2H)-呋喃酮	4.16	2.73	1.92	9.74	2.84	0.80	2.03	1.52
	5-乙酰氧基甲基-2-糠醛	1.08	1.67	0.58	0.34	0.44	0.35	0.46	0.26
	5-羟甲基糠醛	43.16	23.91	41.34	0.51	8.72	25.91	48.27	4.41
	烟碱	104.59	130.24	98.99	124.49	118.52	143.44	117.25	142.24
生物碱类	麦司明	1.17	2.47	1.44	3.14	1.39	2.60	0.77	3.19
	二烯烟碱	0.46	0.95	0.45	0.45	1.60	0.89	2.05	1.33
	2-羟基-2-环戊烯-1-酮	5.12	5.45	3.43	35.33	4.73	4.46	2.05	10.08
	2,3-二羟基-3,5,5-二羟基-6-甲基-4 (H)-吡喃-4-酮	32.83	25.94	25.69	9.10	47.95	18.87	35.56	9.24
	巨豆三烯酮 1	1.65	2.24	2.43	1.84	2.39	1.78	3.85	1.98
醛酮类	4-羟基-β-二氢大马酮	0.67	0.99	1.37	0.25	0.95	0.33	0.60	0.72
	巨豆三烯酮 2	0.64	1.05	1.50	0.22	0.59	0.35	1.00	1.61
	巨豆三烯酮 3	4.22	5.95	7.16	1.22	2.96	2.16	3.71	3.24
	法尼基丙酮	0.41	0.64	0.46	0.84	0.41	0.33	0.25	1.10

(续表)

裂解产物类别	裂解产物	H1	H2	H3	T1	T2	T3	T4	T5
有机酸类	苯甲酸	3.94	2.54	2.32	0.37	1.82	0.60	0.70	0.65
	2-呋喃甲酸	1.50	2.34	3.13	0.31	0.94	0.60	0.60	0.63
	肉豆蔻酸	2.21	2.78	4.46	5.41	1.65	3.13	0.42	3.01
	棕榈酸	11.60	10.51	12.57	17.49	12.29	15.41	10.78	22.85
	亚油酸	4.13	2.62	3.36	9.84	2.05	1.32	0.91	3.69
酚类	苯酚	3.69	3.55	1.65	4.72	2.08	3.33	3.17	2.31
	愈创木酚	1.06	1.10	1.34	0.77	1.73	1.06	0.83	2.27
	甲基麦芽酚	3.28	1.87	1.10	0.59	1.50	2.39	1.33	4.05
	邻苯二酚	4.99	6.10	20.15	12.30	9.15	6.46	3.76	8.15
	对苯二酚	5.54	3.93	2.33	6.35	4.37	3.16	1.77	3.55
	对乙烯基愈创木酚	1.15	2.11	1.64	0.28	1.70	1.03	0.76	1.25

（续表）

裂解产物类别	裂解产物	H1	H2	H3	T1	T2	T3	T4	T5
醇类	4-羟基苯乙醇	0.89	1.84	0.84	0.50	1.16	1.14	0.80	1.87
	叶绿醇	1.72	1.87	5.34	0.37	0.90	0.92	1.27	0.99
	Z,z-11,13-十六碳二烯-1-醇	0.94	0.95	0.77	0.46	0.83	0.97	1.08	1.20
	亚麻烯醇	0.74	0.79	2.83	0.11	0.64	0.42	1.80	0.93
	香叶基香叶醇	0.38	0.47	0.40	0.54	0.95	0.80	0.44	0.87
	环戊醇	1.42	1.38	1.71	2.67	2.92	2.14	1.49	2.76
	莱油甾醇	2.03	2.11	1.77	3.41	2.72	2.98	2.41	5.75
	豆甾醇	5.25	6.07	5.00	11.49	8.42	9.75	8.13	20.01
	γ-谷甾醇	1.60	1.89	1.67	2.42	4.21	2.83	2.18	4.54
烯类	双戊烯	1.14	1.53	0.65	0.45	0.67	0.34	0.98	0.88
	反式-5-甲基-3-(甲基乙烯基)-环己烯	1.28	1.38	1.03	0.61	0.56	0.38	1.13	4.49
	3-乙烯基环辛烯	0.48	0.54	0.32	0.14	1.54	0.14	2.88	2.26
	巴伦西亚橘烯	0.44	0.55	0.32	0.21	0.66	0.45	0.19	1.23
	角鲨烯	3.88	1.36	6.23	8.15	3.74	2.27	0.84	1.12
酯类	2-糠酸甲酯	3.88	2.35	4.15	2.04	1.92	1.95	5.32	1.37
	东莨菪内酯	2.60	2.90	2.88	2.28	6.74	2.09	1.78	0.89
	甘油棕榈酸酯	1.24	1.46	1.43	0.62	1.52	1.85	2.34	1.00

表 9-21 不同调制工艺裂解产物累积含量　　　　　　　　　　　　　　　　单位:%

裂解产物类别	H1	H2	H3	T1	T2	T3	T4	T5
呋喃类	75.23	55.23	65.74	28.17	39.13	54.94	74.82	20.7
生物碱类	106.22	133.66	100.88	128.08	121.51	146.93	120.07	146.76
醛酮类	45.54	42.26	42.04	48.8	59.98	28.28	47.02	27.97
有机酸类	23.38	20.79	25.84	33.42	18.75	21.06	13.41	30.83
酚类	19.71	18.66	28.21	25.01	20.53	17.43	11.62	21.58
醇类	14.97	17.37	20.33	21.97	22.75	21.95	19.6	38.92
烯类	7.22	5.36	8.55	9.56	7.17	3.58	6.02	9.98
酯类	7.72	6.71	8.46	4.94	10.18	5.89	9.44	3.26

9.3.3 不同品种调制工艺适用性探究

由图 9-10 至图 9-12 可知，中烟特香 301 品种 H3、T2 处理感官评价总分得分较高，H3 处理丰满度、香气、谐调性等显著较高，T2 处理香气、谐调性、刺激性、口感等得分较高，T3 和 T5 处理总分得分较低；高糖酯 K326 品系 H3、T1、T3 处理较高，H3 处理香气、谐调性、口感等得分较高，T1 处理劲头、谐调性、刺激性、口感等得分较高，T5 处理总分得分较低；中烟 100 品种 H3、T2、T5 处理显著较高，H3 谐调性、刺激性、口感等得分较高，H3 处理丰满度、劲头、谐调性、口感等得分高，T2 处理丰满度、香气、劲头、口感等得分较高，T5 处理香气、劲头、谐调性、刺激性、口感等得分较高，T1、T3 处理总分得分较低。

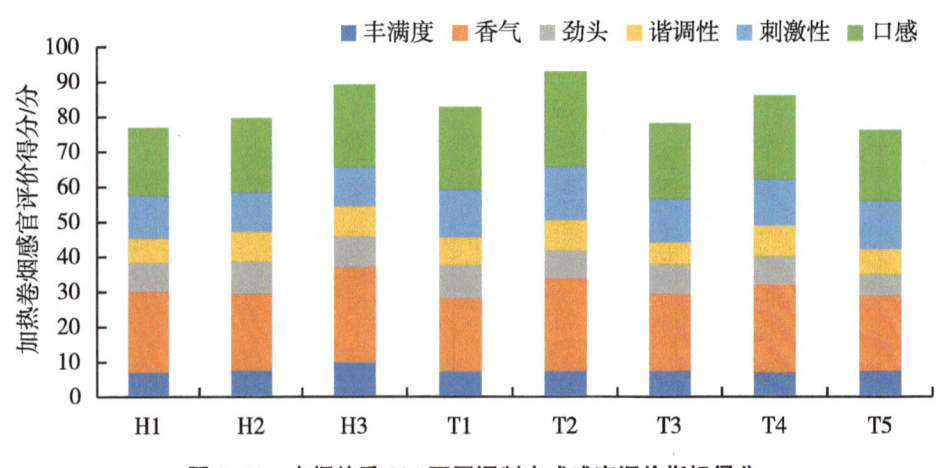

图 9-10 中烟特香 301 不同调制方式感官评价指标得分

9 调制方式对加热卷烟烟叶原料质量的影响

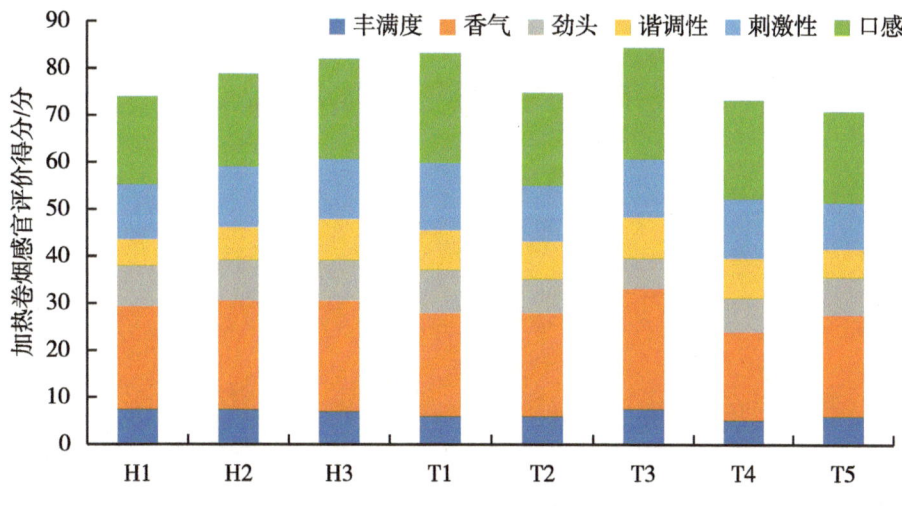

图 9-11 高糖酯 K326 不同调制方式感官评价指标得分

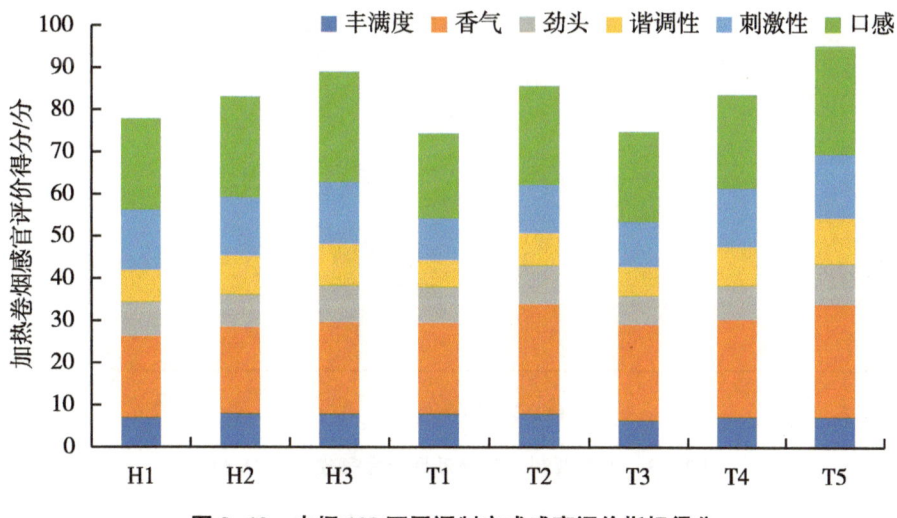

图 9-12 中烟 100 不同调制方式感官评价指标得分

9.3.4 不同调制方式初烤烟叶加热卷烟感官评价与香气成分的主成分分析

由图 9-13 可知，PCA1 和 PCA2 分别解释了 39.96% 和 12.7% 的信息。

9.3.5 讨论

香气是评判感官的主要依据，有机酸类物质有提高烟叶香气的作用，一些香气量足的卷烟往往含有较多的挥发性酸，一些挥发性的醇、醛、酮、低级脂肪酸和酯类物质常用作烟草加香的香料，烟草中的羰基化合物例如糠醛是烟叶精油的主成分之一，香味物质会在热裂解和燃烧过程中进一步分解为分子量更小的烟气香味物质。5-甲基糠醛、

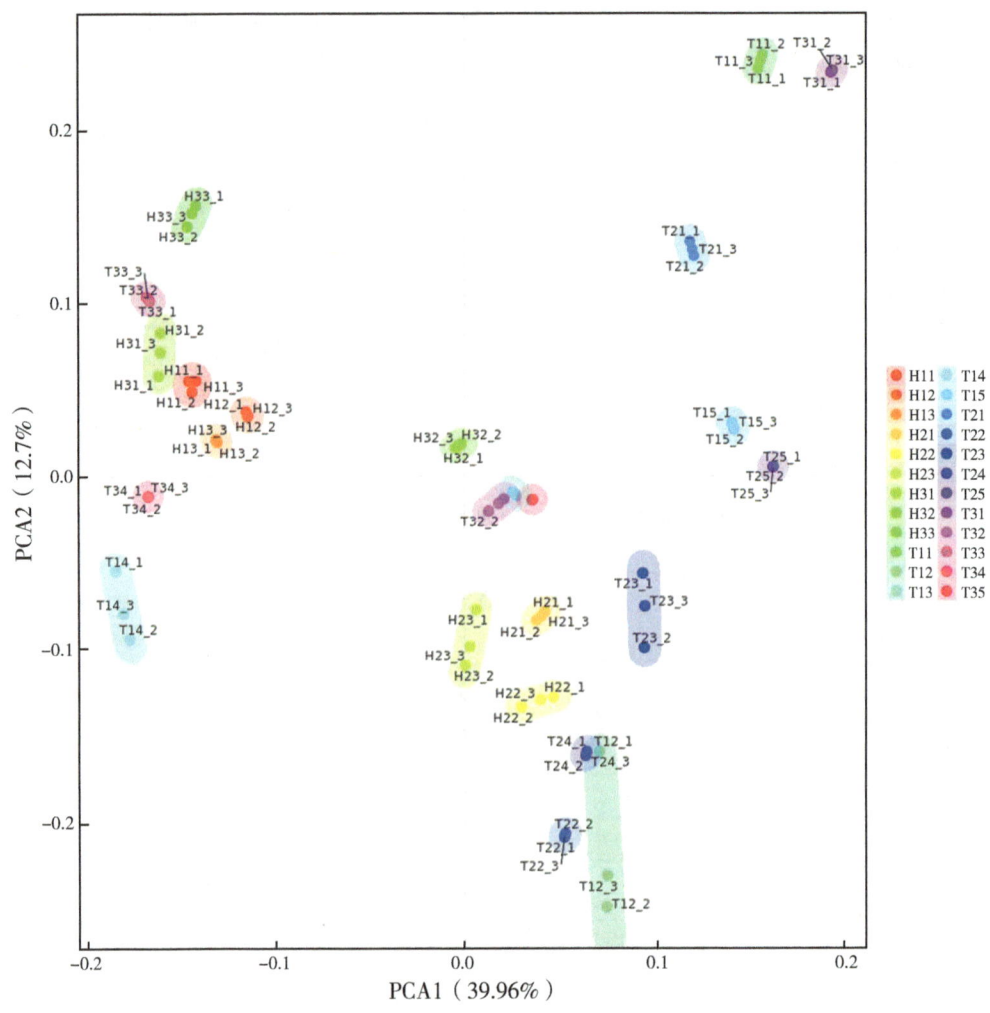

图 9-13　不同调制工艺处理烟叶香气成分 PCA 分析

5-羟甲基糠醛等是非酶促棕色化反应产物，是构成烤烟特征香味的重要物质，可以增加。烟草中的化合物的形成由遗传因素、栽培环境、调制环境共同决定，不同品种烟叶挥发性香气成分具有差异（王绍坤等，2011）。

感官评价主要是人体感受烟叶燃吸时的烟气，可以综合判断烟叶香吃味。由于加热卷烟烟草原料主要通过热裂解方式，所以加热卷烟感官评价标准有别于传统卷烟。

本研究忽略了品种因素的差异来筛选较适合加热卷烟烤烟原料的调制工艺。发现 H3 处理非酶促棕色化反应产物 5-羟甲基糠醛含量普遍较高，烘烤前处理或烘烤有利于提高巨豆三烯酮含量，类胡萝卜素降解较充分，其降解产物巨豆三烯酮 3 和 4-羟基-β-二氢大马酮含量 H3 处理普遍较高，其感官评价表现普遍较好。

传统卷烟中，一般认为烟碱含量影响劲头和刺激感（朱瑞芝等，2022）。本研究发现，烟气中烟碱香味成分与劲头指标得分在烘烤工艺和非烘烤工艺表现相反，同一品种

（系）烘烤工艺中烟气中烟碱含量越高，则劲头得分越高，非烘烤工艺下烟碱含量越低则劲头得分越高，并且烟气中烟碱释放量与烟叶化学成分烟碱含量规律并不一致，这可能与不同调制方式或者品种（系）烟叶本身在低温加热状态下成分释放特性有关（王洪波等，2022）。随着二烯烟碱含量增加、4-羟基-β-二氢大马酮和2-呋喃甲酸减少加热卷烟感官评价丰满度指标得分普遍提高，随着二烯烟碱、甲基麦芽酚、4-羟基苯乙醇、Z,z-11,13-十六碳二烯-1-醇、反式-5-甲基-3-（甲基乙烯基）-环己烯、巴伦西亚橘烯含量的降低及角鲨烯含量的增加，其劲头指标得分普遍提高，随着对苯二酚、香叶基香叶醇含量的降低，其谐调性得分普遍提高，随着香叶基香叶醇含量的降低，其刺激性得分普遍降低，随着苯甲酸含量的降低，其口感得分普遍提高。

从工艺角度来看，H1处理可以普遍提高5-甲基呋喃醛、5-羟甲基糠醛、巨豆三烯酮2、苯甲酸、甲基麦芽酚累积含量，H2处理可以普遍提高糠醇、巨豆三烯酮2、对乙烯基愈创木酚、4-羟基苯乙醇等物质累积含量，H2处理糠醇、巨豆三烯酮2、对乙烯基愈创木酚、4-羟基苯乙醇累积含量，H3处理可以降低烟碱累计含量，提高巨豆三烯酮3、2-呋喃甲酸、邻苯二酚、叶绿醇、亚麻烯醇等累计含量，T1处理可以普遍提高4-环戊烯-1,3-二酮、2,5-二甲基-2,4-二羟基-3（2H）-呋喃酮、麦司明、2-羟基-2-环戊烯-1-酮、肉豆蔻酸、苯酚、对苯二酚、角鲨烯等物质累计含量，T2处理可以普遍提高糠醛、4-环戊烯-1,3-二酮、二烯烟碱、环戊醇、东莨菪内酯等累计含量，T3处理可以普遍提高糠醛、5-甲基呋喃醛、烟碱、甘油棕榈酸酯等物质累计含量，T4处理可以普遍提高5-羟甲基糠醛、2,3-二氢-3,5二羟基-6-甲基-4（H）-吡喃-4-酮、2-糠酸甲酯等物质累计含量，T5处理可以普遍提高2-乙酰基呋喃、麦司明、法尼基丙酮、棕榈酸、4-羟基苯乙醇、菜油甾醇、豆甾醇等物质累计含量。

随着二烯烟碱含量增加、4-羟基-β-二氢大马酮和2-呋喃甲酸减少加热卷烟感官评价丰满度指标得分普遍提高；随着二烯烟碱、甲基麦芽酚、4-羟基苯乙醇、Z,z-11,13-十六碳二烯-1-醇、反式-5-甲基-3-（甲基乙烯基）-环己烯、巴伦西亚橘烯含量的降低及角鲨烯含量的增加，其劲头指标得分普遍提高；随着对苯二酚、香叶基香叶醇含量的降低，其谐调性得分普遍提高；随着香叶基香叶醇含量的降低，其刺激性得分普遍降低；随着苯甲酸含量的降低，其口感得分普遍提高。

H3处理感官评价表现整体较好，中烟特香301品种较适合H3、T2工艺，高糖酯K326品系较适合H3、T1、T3工艺，中烟100品种较适合H3、T2、T5工艺。

3个品种（系）高温变黄处理（40~42 ℃变黄）总糖含量普遍提高，有机酸类、酚类、醇类、烯类、酯类等香味物质累积含量提高，低温变黄处理生物碱类物质累积含量提高。中烟特香301和高糖酯K326还原糖在低温变黄烘烤还原糖、总氮含量显著较高。就品种而言，高糖酯K326总糖和还原糖含量较低，中烟特香301和中烟100含量较高。

不同烘烤工艺对每个品种（系）的影响又有个性化的差异，中烟特香301品种低温变黄处理生物碱类、酚类等含量显著较高，高温变黄处理醛酮类、有机酸类、醇类等物质含量显著较高，高糖酯K326品系低温变黄处理生物碱类、醛酮类、烯类等物质含量显著提高，高温变黄处理呋喃类、有机酸类、酚类、醇类、酯类等物质含量显著较高，中烟 100 品种低温变黄处理生物碱类、醇类等物质含量显著较高，高温变黄处理有机酸类、酚类、烯类等物质含量显著较高。造成这些个性化差异的因素主要是由于不同品种所具有的内在品质有差别，可能高糖酯 K326 较中烟特香 301 和中烟 100 具有较强的生理活动，对某些内在物质消耗较多，具体表现为化学成分中总糖和还原糖以及香气成分中与糖类分解有关的香味物质含量较低。

经过烘烤前处理调制方式（烤晒结合、烤冻结合）烟叶的烟碱、总糖、还原糖含量及糖碱比较没有经过烘烤进程的调制方式（晒制、晒红调制）高。呋喃类物质烤冻结合处理含量普遍较高，晒红较低，醛酮类物质烤晒结合 1 处理含量普遍较高，有机酸类物质含量晒制（晒黄、晒红）处理普遍含量较高，醇类物质晒红含量普遍较高，其他种类香气物质无明显普遍性规律。

H1 处理可以普遍提高 5-甲基呋喃醛、5-羟甲基糠醛、巨豆三烯酮 2、苯甲酸、甲基麦芽酚累积含量，H2 处理可以普遍提高糠醇、巨豆三烯酮 2、对乙烯基愈创木酚、4-羟基苯乙醇等物质累积含量，H2 处理糠醇、巨豆三烯酮 2、对乙烯基愈创木酚、4-羟基苯乙醇累积含量，H3 处理可以降低烟碱累计含量，提高巨豆三烯酮 3、2-呋喃甲酸、邻苯二酚、叶绿醇、亚麻烯醇等累计含量，T1 处理可以普遍提高 4-环戊烯-1,3-二酮、2,5-二甲基-2,4-二羟基-3（2H）-呋喃酮、麦司明、2-羟基-2-环戊烯-1-酮、肉豆蔻酸、苯酚、对苯二酚、角鲨烯等物质累计含量，T2 处理可以普遍提高糠醛、4-环戊烯-1,3-二酮、二烯烟碱、环戊醇、东莨菪内酯等累计含量，T3 处理可以普遍提高糠醛、5-甲基呋喃醛、烟碱、甘油棕榈酸酯等物质累计含量，T4 处理可以普遍提高 5-羟甲基糠醛、2,3-二氢-3,5 二羟基-6-甲基-4（H）-吡喃-4-酮、2-糠酸甲酯等物质累计含量，T5 处理可以普遍提高 2-乙酰基呋喃、麦司明、法尼基丙酮、棕榈酸、4-羟基苯乙醇、菜油甾醇、豆甾醇等物质累计含量。

随着二烯烟碱含量增加、4-羟基-β-二氢大马酮和 2-呋喃甲酸减少加热卷烟感官评价丰满度指标得分普遍提高；随着二烯烟碱、甲基麦芽酚、4-羟基苯乙醇、Z,z-11,13-十六碳二烯-1-醇、反式-5-甲基-3-（甲基乙烯基）-环己烯、巴伦西亚橘烯含量的降低及角鲨烯含量的增加，其劲头指标得分普遍提高；随着对苯二酚、香叶基香叶醇含量的降低，其谐调性得分普遍提高；随着香叶基香叶醇含量的降低，其刺激性得分普遍降低；随着苯甲酸含量的降低，其口感得分普遍提高。

H3 处理感官评价表现整体较好，中烟特香 301 品种较适合 H3、T2 工艺，高糖酯 K326 品系较适合 H3、T1、T3 工艺，中烟 100 品种较适合 H3、T2、T5 工艺。

10 以香韵为导向的不同类型卷烟原料风格特征初探

不同类型烟草原料因常规化学成分、粉末香味成分等的差异导致其在加热卷烟烟气中的香味成分释放量的差异,最终体现在其香气特性、生理强度和口感表现的不同。对于烟叶原料,生态条件、品种、类型、部位、生产技术、调制技术等众多因素均会影响烟叶原料的品质特征,同时也会影响风格特色的彰显,而风格特色也是影响消费者吸食体验的重要特征。基于此,本章在借鉴传统卷烟风格特色评价经验的基础上,通过对加热卷烟烟气香味成分的分析,以香韵为切入点对加热体系下不同类型烟草原料呈现的主要香韵特征进行初步探索,旨在为加热卷烟风格特征的感官评价、风格塑造、品类构建等方面提供依据。

10.1 传统卷烟品质风格剖析

目前烟草感官质量风格评价方法主要有国家标准、行业标准以及工业企业和科研单位自行制定的方法,这些方法采用的评价指标、标度方法均是针对卷烟产品设计、检验、分类、工序加工条件设置以及试验研究等特定目的构建,在方法的适用性、可操作性上各有千秋。传统卷烟的香韵维度及香韵香气轮分别见表10-1、图10-1。本研究采用传统卷烟已有研究中建立的关于香韵理论,对本项目中的样品进行分析。

表10-1 传统卷烟的香韵维度

香韵维度	关键成分种类	关键成分
烟熏香	5种	苯酚、邻甲基苯酚、对甲基苯酚、间甲基苯酚、对乙基苯酚
酸香	4种	丙酸、丁酸、3-甲基戊酸、乙酸
焦甜香	5种	2-环戊烯酮、乙基环戊烯醇酮、DDMP、3-甲基-2-环戊烯-1-酮、甲基环戊烯醇酮
烤甜香	3种	麦芽酚、γ-丁内酯、糠醛
辛香	4种	异丁香酚、4-乙烯基愈创木酚、丁香酚、4-甲基愈创木酚
清香	3种	茄酮、巨豆三烯酮、乙烯基吡啶
果香	3种	柠檬烯、罗勒烯、异戊酸异戊酯
烘烤香	4种	乙酰基吡咯、5-甲基糠醛、2,6-二甲基吡嗪、2-甲基吡嗪
花香	2种	苯甲醇、苯乙醇

图 10-1 传统卷烟的香韵香气轮

10.2 不同类型烟草烟气香味成分的香韵特征

10.2.1 材料与方法

10.2.1.1 试验材料

试验材料为 2019—2020 年收集的 75 份不同类型烟叶原料样品，包括烤烟、晒黄烟、晒红烟、雪茄烟、白肋烟、香料烟 6 种类型，样品具体信息如表 10-2 所示。

表 10-2 收集的 75 份烟叶样品信息

类型	数量/份	产地
烤烟	36	云南、贵州、湖南、山东、辽宁、吉林、四川
晒黄	8	广东、广西
晒红	21	吉林、辽宁、湖北、山东、云南、四川、湖南
香料	3	云南
雪茄	5	四川

(续表)

类型	数量/份	产地
白肋	2	湖北
合计	75	

10.2.1.2 试验方法

采用中心切割二维气相色谱-质谱法,分析测定加热卷烟烟气粒相物香味成分,具体步骤为:每张剑桥滤片捕集4支烟的烟气粒相物,每2张滤片置于锥形瓶中,加入10 mL甲基叔丁基醚溶剂和100 μL混标溶液,密封振荡30 min后取上层清液至色谱瓶,上机继续分析。

分析条件:一维柱:DB-5MS色谱柱,恒流1.9 mL/min;二维柱:DB-WAX色谱柱,恒流1.9 mL/min;进样口温度:250 ℃;进样量:3 μL;进样模式:不分流进样;不分流时间:1 min;吹扫流量:50 mL/min;中心切割时间:切割1(5.1~10.0 min),切割2(10.0~16.6 min),切割3(16.6~23.5 min),切割4(23.5~30.5 min)。一维升温程序:4段切割初温皆为45 ℃(保持2 min),并以6 ℃/min的速率升温,切割1升至93 ℃,切割2升至132.6 ℃,切割3升至174 ℃,切割4升至216 ℃,然后快速降温至60 ℃(切割1、切割2)或80 ℃(切割3、切割4)。二维升温程序:切割1以4 ℃/min的速率升至180 ℃,后以10 ℃/min的速率升至230 ℃(20 min);切割2、切割3皆以4 ℃/min的速率升至230 ℃(20 min);切割4以4 ℃/min的速率升至230 ℃(30 min)。GC/MS接口温度:240 ℃;电子能量:70eV;EI源温度:230 ℃;四极杆温度:150 ℃;质量扫描范围:33~400 amu;采用提取离子法积分峰面积。

10.2.2 结果与讨论

对照传统卷烟主要香韵组成,结合样品检测出的烟气香味成分,以实际在不同类型烟草加热卷烟烟气香味成分中检测到的成分为准,分析不同类型烟草的香韵呈现。

10.2.2.1 烟熏香

检测到烟熏香成分4种,不同类型烟草烟气中的烟熏香成分释放量分布情况如图10-2所示。从图中可以看出,部分烤烟、晒黄烟、部分晒红烟烟熏香成分释放量较高,雪茄烟、香料烟烟熏香成分释放量较低。

10.2.2.2 酸香

检测到酸香成分4种,不同类型烟草烟气中的酸香成分释放量分布情况如图10-3所示。从图中可以看出,烤烟、晒黄烟酸香成分释放量较高,雪茄烟、晒红烟、白肋烟酸香成分释放量较低。

10.2.2.3 焦甜香

检测到焦甜香成分5种,不同类型烟草烟气中的焦甜香成分释放量分布情况如图10-4所示。从图中可以看出,烤烟、部分晒黄烟焦甜香成分释放量较高,雪茄烟、晒红烟、白肋烟、香料烟焦甜香成分释放量较低。

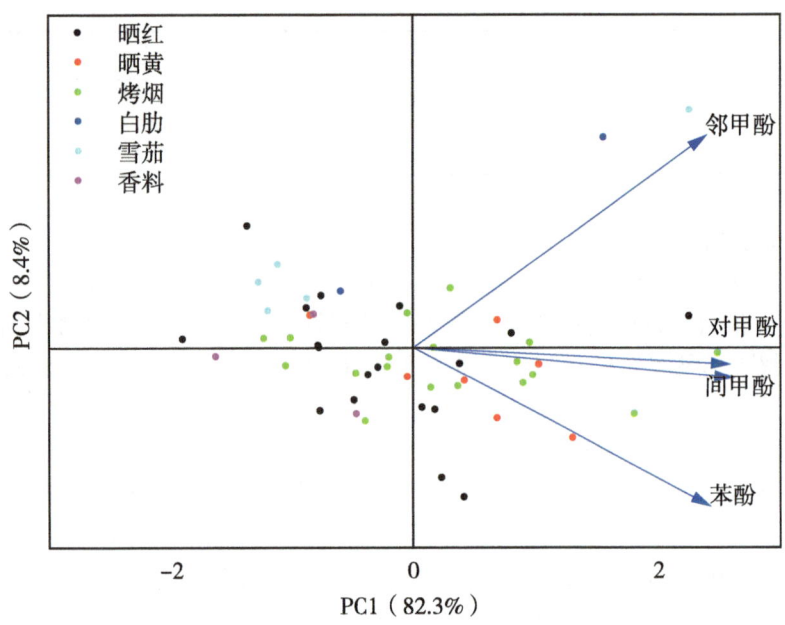

图 10-2　不同类型烟草烟气中的烟熏香成分分布

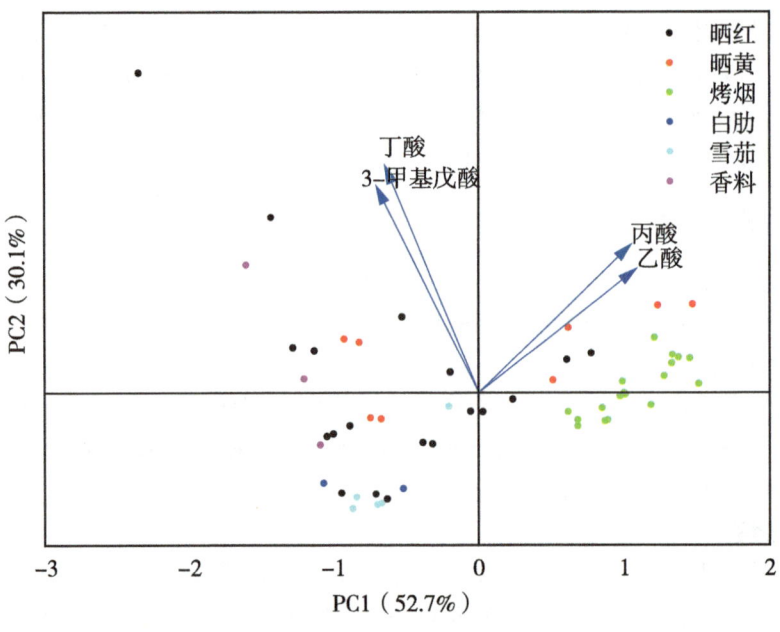

图 10-3　不同类型烟草烟气中的酸香成分分布

10.2.2.4　烤甜香

检测到烤甜香成分 3 种，不同类型烟草烟气中的烤甜香成分释放量分布情况如图 10-5 所示。从图中可以看出，烤烟、晒黄烟烤甜香成分释放量较高，雪茄烟、晒红烟、白肋烟、香料烟烤甜香成分释放量较低。

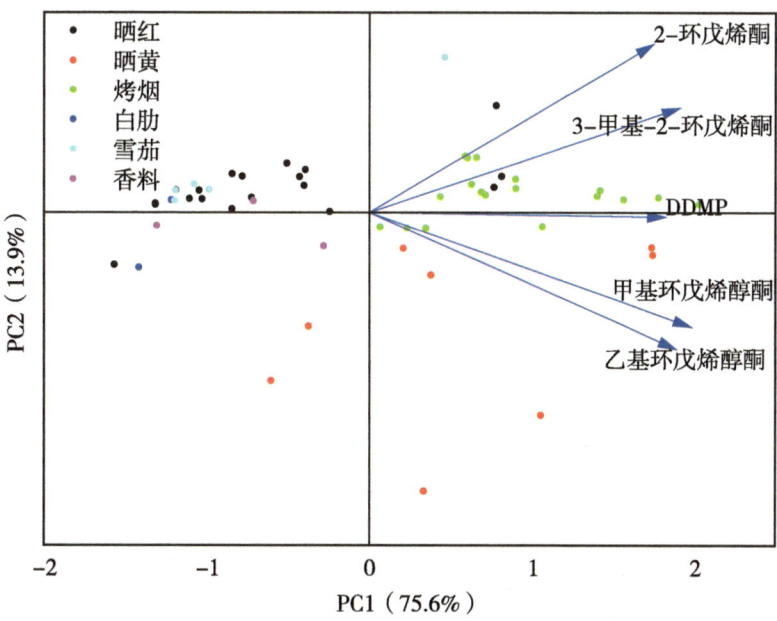

图 10-4　不同类型烟草烟气中的焦甜香成分分布

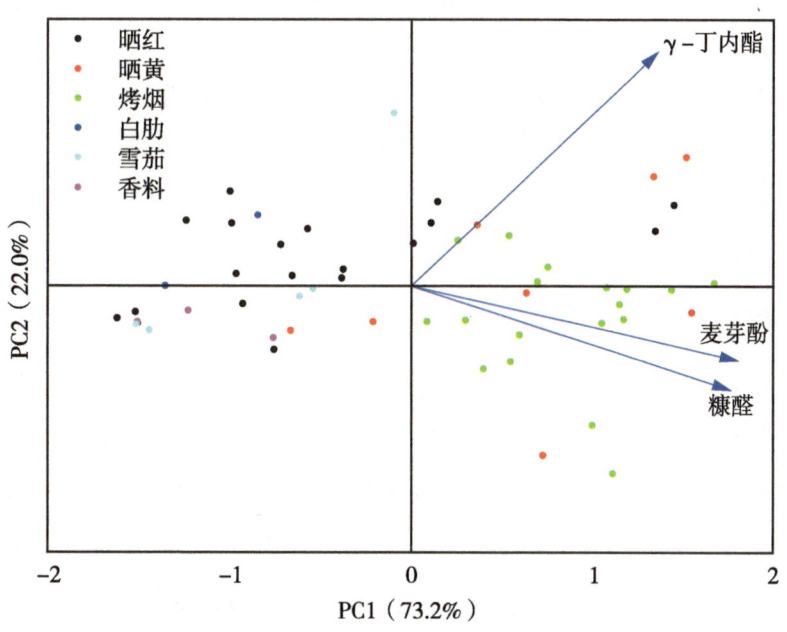

图 10-5　不同类型烟草烟气中的烤甜香成分分布

10.2.2.5　辛香

检测到辛香成分 3 种，不同类型烟草烟气中的辛香成分释放量分布情况如图 10-6 所示。从图中可以看出，不同类型烟草烟气辛香成分释放量波动较大，类内释放量有高有低，但可以明显看出烤烟、晒黄烟的辛香成分以 4-乙烯基愈创木酚为主，而晒红烟、雪茄烟的辛香成分以异丁香酚、丁香酚为主。

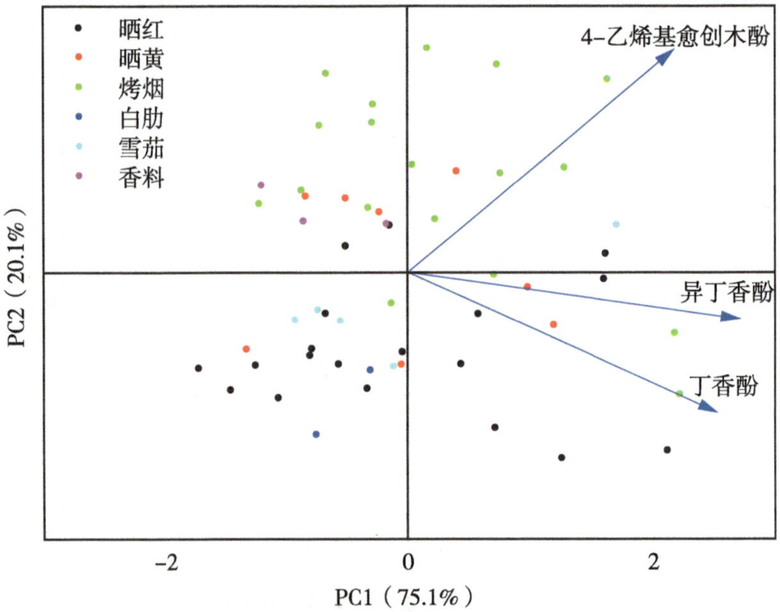

图 10-6 不同类型烟草烟气中的辛香成分分布

10.2.2.6 清香

检测到清香成分 1 种（巨豆三烯酮），从图 10-7 中可以看出，烤烟、晒黄烟清香成分释放量较高，而雪茄烟、晒红烟、香料烟、白肋烟清香成分释放量较低。

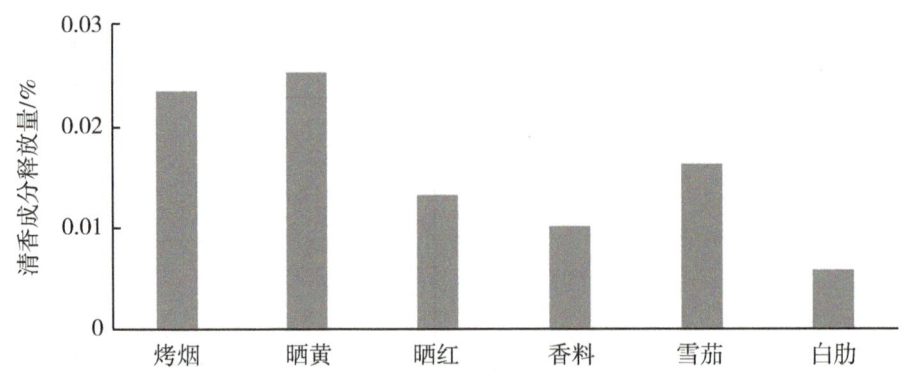

图 10-7 不同类型烟草烟气中的清香成分分布

10.2.2.7 烘烤香、花香

检测到烘烤香成分 2 种、花香成分 2 种，不同类型烟草烟气中的烘烤香、花香成分释放量分布情况如图 10-8 所示。从图中可以看出，烤烟、晒红烟烘烤香成分释放量较高但主要烘烤香成分不同，烤烟以 5-甲基糠醛为主，而晒红烟以乙酰基吡咯为主，晒黄烟、雪茄烟、香料烟的烘烤香和花香成分的释放量较低，烤烟花香成分释放量较低，

晒红烟花香成分释放量较高。

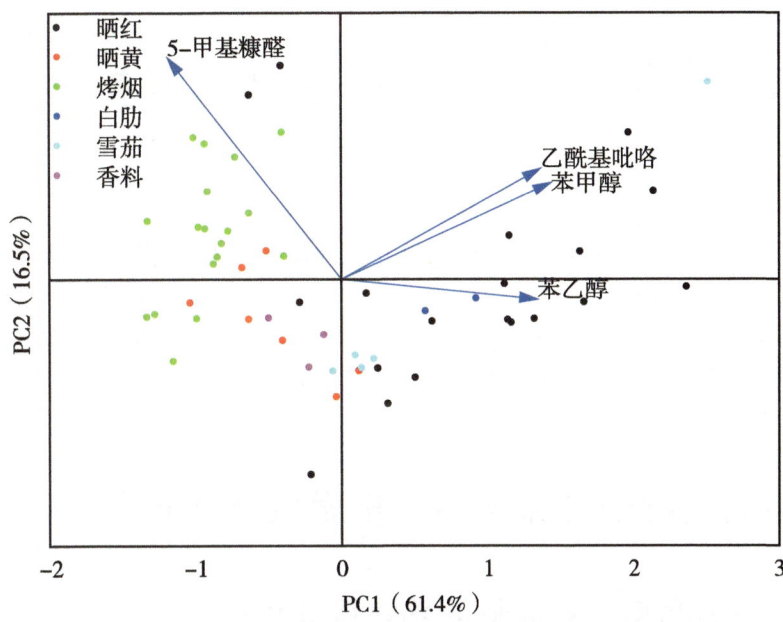

图 10-8　不同类型烟草烟气中的烘烤香、花香成分分布

10.3　不同类型烟草原料在加热卷烟中呈现的香韵

本章比较了不同类型烟草在加热卷烟烟气中呈现的香韵分布情况。从结果来看，在加热卷烟烟气中主要检测到传统卷烟的 8 种香韵，即烟熏香、酸香、焦甜香、烤甜香、辛香、清香、烘烤香和花香，未检测到传统卷烟中的果香成分。不同类型烟草在加热卷烟中呈现的香韵种类和香韵凸显程度存在较显著差异，6 种类型烟草烟气中均具有以上 8 种香韵，但各类香韵凸显程度不同，不同类型主要香韵的具体表现见表 10-3。

表 10-3　不同类型烟草原料在加热卷烟中呈现的香韵

类型	主要香韵
烤烟	烟熏香、酸香、焦甜香、烤甜香、辛香、清香、烘烤香
晒黄	烟熏香、酸香、焦甜香、烤甜香、清香
晒红	辛香、花香
雪茄	ND
香料	酸香、花香
白肋	烟熏香、花香

11 加热卷烟烟叶原料差异化功能构架

通过聚类分析、主成分分析等统计分析方法将收集的样品按照感官质量评价结果划分为4类原料集，筛选出了一批在加热卷烟中特征鲜明、可用性高的优质原料，并基于其不同质量特征形成了适用于加热卷烟配方使用的差异化功能构架，明确了各类原料集的化学成分、香味成分、感官质量特征，为加热卷烟的配方原料使用和优质原料的生产开发提供了技术参考。

11.1 不同类型烟叶原料的感官质量特征研究

11.1.1 不同类型烟草原料的感官质量特征

对不同类型烟草原料感官评价结果进行因子分析（表11-1）。利用主成分分析对不同类型烟叶制成的加热卷烟感官评价结果进行信息浓缩和提取，获得具有代表性的感官评价因子。

KMO 检验统计量为0.737，说明各变量间信息的重叠程度尚可，应当有可能得出较为满意的因子分析模型。

表 11-1 KMO 和巴特利特球形检验

KMO 和巴特利特检验		
KMO 取样适切性量数		0.737
巴特利特球形度检验	近似卡方	345.899
	自由度	21
	显著性	0.000

公因子方差结果可见大部分变量的信息提取比例都在80%以上（表11-2）。因此，按照默认数量提取出的这几个公因子对大多数变量的解释能力是较强的。但是杂气的提取比例只有55.1%，说明提取出的公因子对该变量的代表性较差。

表 11-2 公因子方差

	初始	提取
杂气	1.000	0.551

（续表）

	初始	提取
刺激性	1.000	0.759
干燥感	1.000	0.841
苦涩感	1.000	0.900
残留	1.000	0.904
香气质	1.000	0.761
香气量	1.000	0.949

注：提取方法为主成分分析法。

前2个公因子累积方差贡献率达到80.909%，因此提取前2个公因子足够反映感官评价指标（表11-3）。

表11-3 总方差解释

成分	初始特征值			提取载荷平方和			旋转载荷平方和		
	总计	方差百分比	累积/%	总计	方差百分比	累积/%	总计	方差百分比	累积/%
1	4.337	61.958	61.958	4.337	61.958	61.958	3.833	54.763	54.763
2	1.327	18.951	80.909	1.327	18.951	80.909	1.830	26.147	80.909
3	0.730	10.425	91.334						
4	0.229	3.277	94.612						
5	0.201	2.878	97.490						
6	0.106	1.513	99.003						
7	0.070	0.997	100.000						

注：提取方法为主成分分析法。

由旋转后的结果可以看出（表11-4），第一公因子在残留、苦涩感、干燥感、刺激性和杂气指标上有较大载荷，因此可以命名为口感因子，第二公因子在香气量和香气质指标上有较大载荷，可以命名为香气因子。

表11-4 旋转后的成分矩阵

	成分	
	1	2
残留	0.940	
苦涩感	0.939	
干燥感	0.909	
刺激性	0.841	

(续表)

	成分	
	1	2
杂气	0.576	
香气量		0.973
香气质		0.749

提取方法：主成分分析法。

旋转方法：凯撒正态化最大方差法。

a. 旋转在 3 次迭代后已收敛。

由旋转后的结果可以看出（图11-1），第一公因子在残留、苦涩感、干燥感、刺激性和杂气指标上有较大载荷，因此可以命名为口感因子，第二公因子在香气量和香气质指标上有较大载荷，可以命名为香气因子。

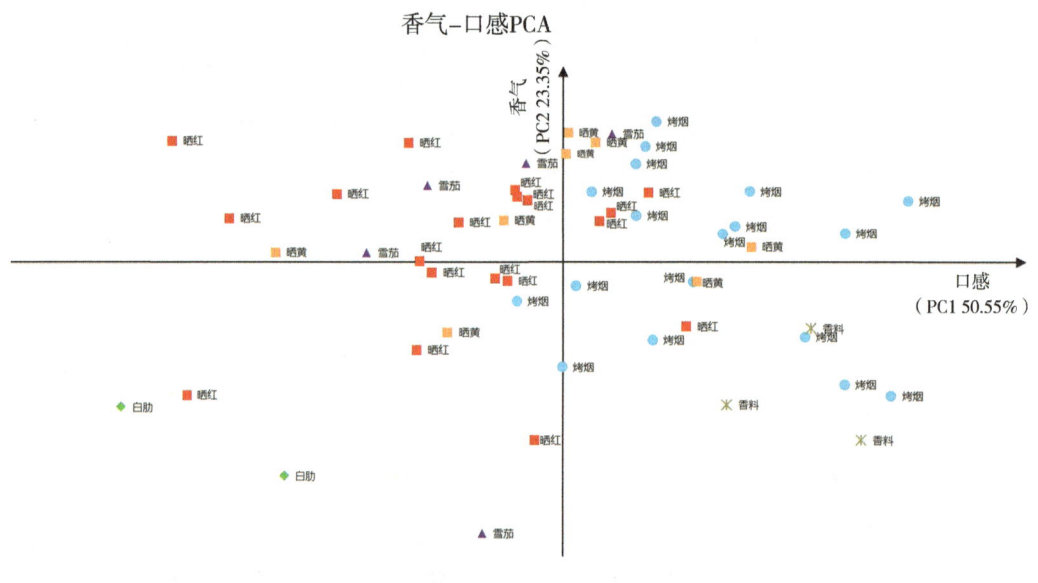

图 11-1　感官质量评价因子分析

从不同类型烟草呈现的香气特征和口感表现来看（图11-2），在加热卷烟原料配方使用中，烤烟普遍口感表现较好，香气特性因产地部位差异而异，部分烤烟香气特性表现较好，另外一部分烤烟在香气特性尤其是香气量上存在量欠足的问题，晒黄烟在香气特性上普遍表现较好，而口感表现一般，晒黄烟较好的香气特性尤其是香气量较足的特点和部分比烤烟更加凸显的香韵特征使其可以与烤烟在一定程度上形成互补，对雪茄烟和晒红烟的使用应更多侧重丰富香韵、补强香气量的优势，可能需通过调香和其他类型烟叶配伍使用等来修饰口感表现，白肋烟在加热卷烟中的应用可从香气特性和口感表现外的其他维度进一步考察。

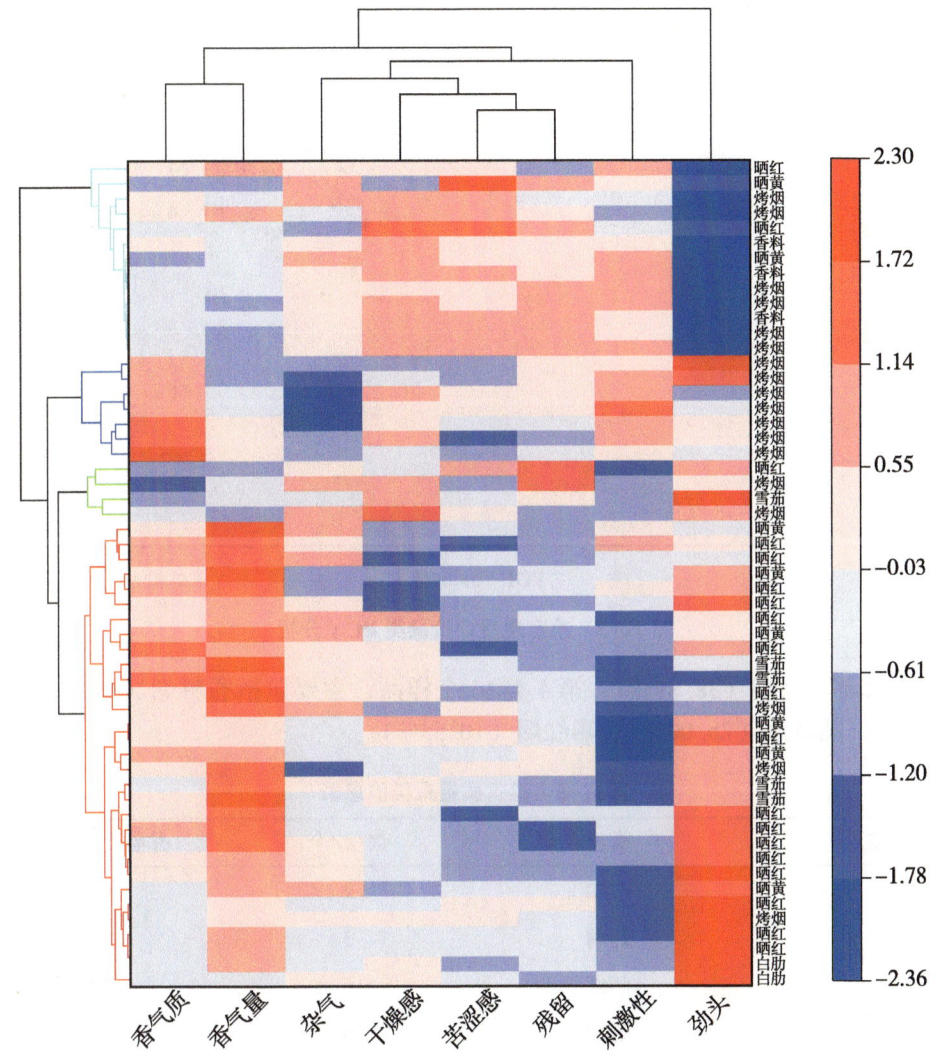

图 11-2　感官质量评价聚类热图

11.1.2　不同感官质量表现的原料集聚类

对 55 个不同烟草样品的感官质量评价结果进行 K 均值聚类分析，从图 11-3 中可以看出不同烟草样品以感官质量评价结果可以分为 4 类，且 4 类烟草样品的感官质量分布边界清晰，表明聚类效果较好。

具体聚类结果如表 11-5 所示，第 1 类 31 个样品，主要包括白肋烟（100%）、晒红烟（84.21%）、雪茄烟（80.00%）、晒黄烟（75.00%）、烤烟（16.67%），第 2 类 4 个样品，主要包括雪茄烟（20.00%）、烤烟（11.11%）、晒红烟（5.26%），第 3 类 7 个

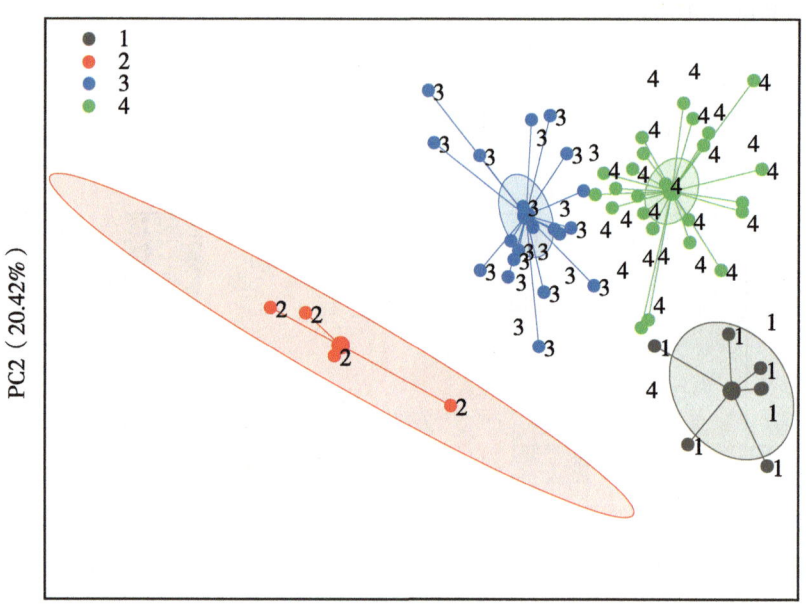

图 11-3 感官质量评价聚类 PCA 分析

样品，全部都为烤烟（38.89%），第 4 类 13 个样品，主要包括香料烟（100%）、烤烟（33.33%）、晒黄烟（25.00%）、晒红烟（10.53%）。

表 11-5 感官质量聚类信息表

类别	类型	数量/个	占本类型比例/%
1	白肋	2	100.00
	烤烟	3	16.67
	晒红	16	84.21
	晒黄	6	75.00
	雪茄	4	80.00
	合计	31	
2	烤烟	2	11.11
	晒红	1	5.26
	雪茄	1	20.00
	合计	4	
3	烤烟	7	38.89
	合计	7	

(续表)

类别	类型	数量/个	占本类型比例/%
4	烤烟	6	33.33
	晒红	2	10.53
	晒黄	2	25.00
	香料	3	100.00
	合计	13	
总计		55	

各类感官质量评价结果如表11-6所示。从图11-4中可以看出，4类原料在香气特性、生理强度、口感表现上均具有显著差异。从4类原料的感官质量评价结果来看，从香气特性、生理强度、口感表现三个维度归纳总结各类别感官质量具有以下特点：

1类：香气质中等、香气量足、杂气中等、劲头大、刺激性大、干燥感强、苦涩感强、残留多；

2类：香气质差、香气量欠、杂气较少、劲头较大、刺激性大、干燥感较弱、苦涩感较弱、残留较少；

3类：香气质好、香气量中等、杂气偏多、劲头适中、刺激性小、干燥感较弱、苦涩感较弱、残留较少；

4类：香气质中等、香气量中等、杂气少、劲头小、刺激性小、干燥感弱、苦涩感弱、残留少。

表11-6 各聚类类别感官质量评价结果

类别	香气质	香气量	杂气	劲头	刺激性	干燥感	苦涩感	残留
1	6.26± 0.41b	6.52± 0.36a	6.19± 0.38b	6.61± 0.27a	5.81± 0.51b	6.12± 0.33b	6.04± 0.38b	5.98± 0.42b
2	5.83± 0.49c	5.95± 0.37b	6.27± 0.38ab	6.54± 0.16a	5.79± 0.45b	6.40± 0.38ab	6.19± 0.26b	6.24± 0.42ab
3	6.74± 0.22a	6.19± 0.20b	5.68± 0.41c	6.37± 0.39a	6.61± 0.29a	6.33± 0.31b	6.13± 0.32b	6.27± 0.30ab
4	6.31± 0.25b	6.23± 0.31b	6.50± 0.20a	5.57± 0.65b	6.58± 0.17a	6.66± 0.21a	6.64± 0.16a	6.59± 0.22a

进一步通过双标图更加清晰地明确各聚类类别的感官质量特征，从图11-5中可以看出，在生理强度维度即劲头方向上形成了1类>3类>2类>4类的梯度分布，在香气特性（香气质、香气量、杂气）维度方向上总体呈现1类>3类>4类>2类分布，在口感表现（刺激性、干燥感、苦涩感、残留）维度方向上呈现4类>2类>3类>1类分布。

结合聚类分析形成的4类原料集感官质量评价结果的差异和分布情况，通过感官质

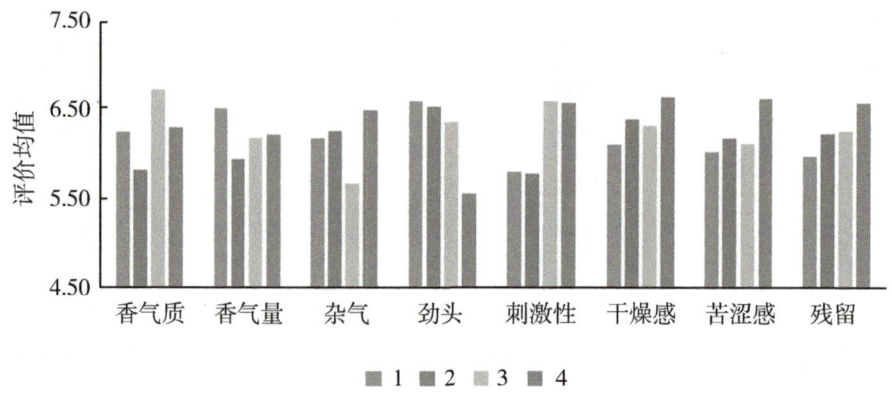

图 11-4　各聚类类别的感官质量评价均值

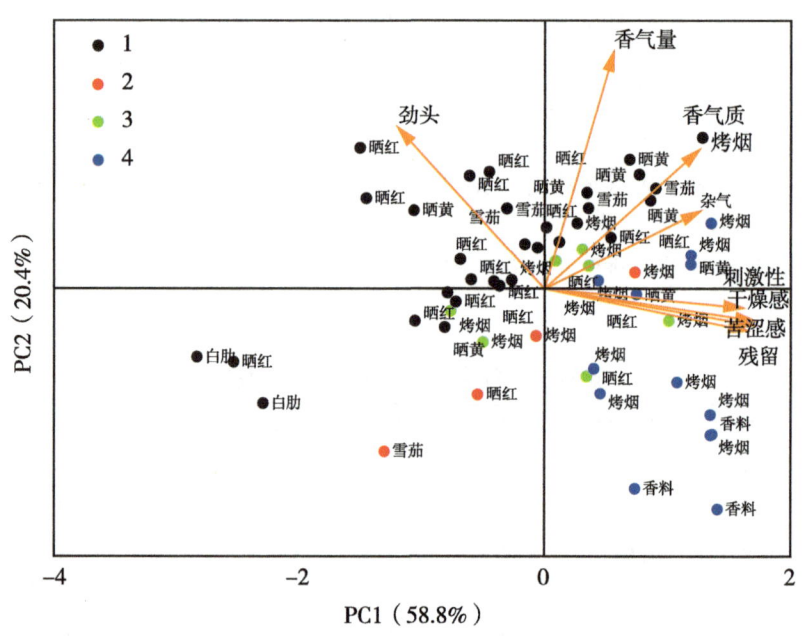

图 11-5　各聚类类别的感官质量评价结果 PCA 分析

量特征将收集的 55 个样品划分为了 4 类原料集，具体特征如下。

1 类（31 个）：香气特性好、生理强度高、口感表现差；
2 类（4 个）：香气特性差、生理强度中等、口感表现中等；
3 类（7 个）：香气特性中等、生理强度中等、口感表现中等；
4 类（13 个）：香气特性中等、生理强度低、口感表现好。

11.2 不同烟叶原料集的风格特征探索

基于感官质量评价形成的 4 类原料集，进一步通过对其烟气香味成分分布进行分析，探索各类原料集的感官风格特征。

11.2.1 烟熏香

4 类原料集的烟熏香分布如图 11-6 所示。从图中可以看出，1 类、2 类、3 类原料集烟熏香较显，4 类原料集烟熏香较不凸显。

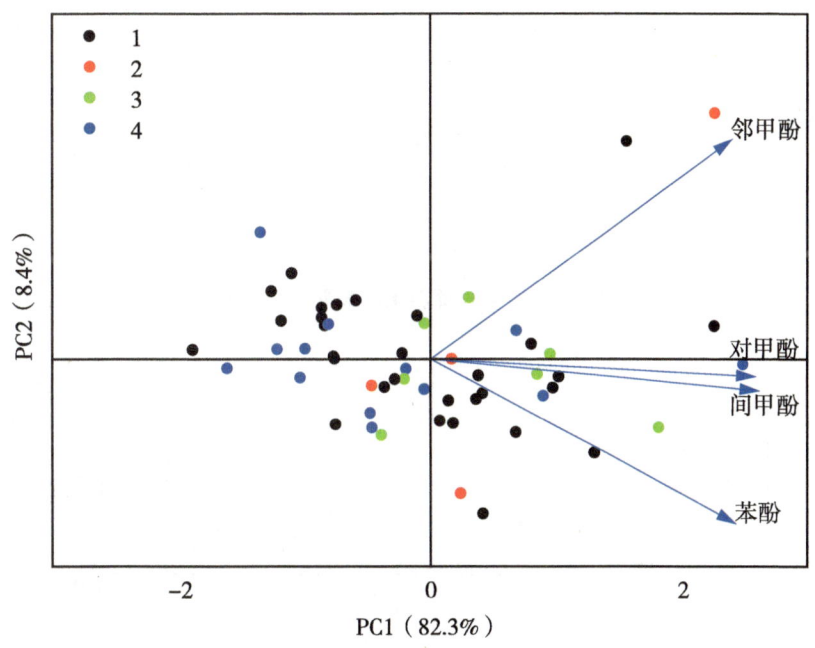

图 11-6 各类原料集的烟熏香成分分布

11.2.2 酸香

4 类原料集的酸香分布如图 11-7 所示。3 类、4 类原料集酸香较显，1 类原料集酸香较弱。

11.2.3 焦甜香

4 类原料集的焦甜香分布如图 11-8 所示。2 类、3 类、4 类原料集焦甜香较显，1 类原料集焦甜香较弱。

11.2.4 烤甜香

4 类原料集的烤甜香分布如图 11-9 所示。各类原料集烤甜香特征分布较宽泛，各

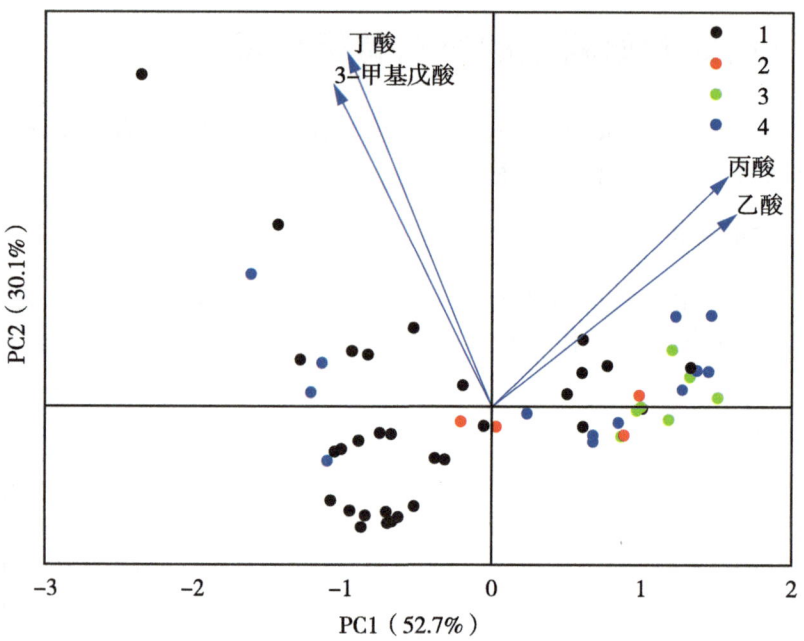

图 11-7　各类原料集的酸香成分分布

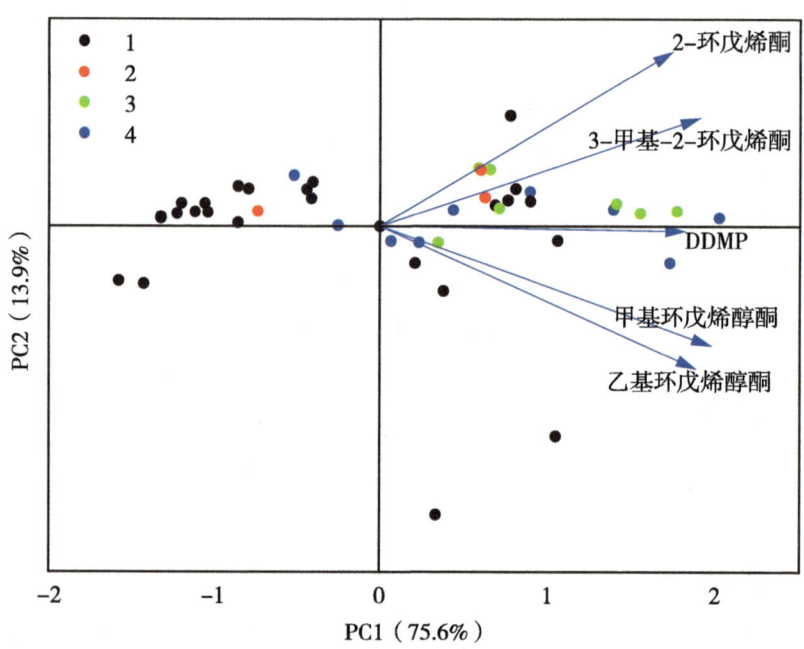

图 11-8　各类原料集的焦甜香成分分布

类原料集中既有烤甜香特征凸显原料也有较不凸显原料。

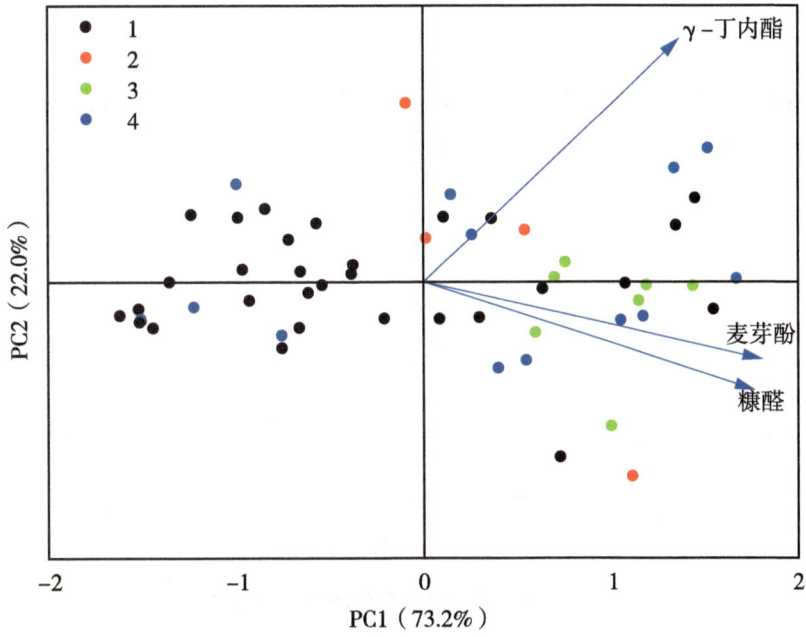

图 11-9　各类原料集的烤甜香成分分布

11.2.5　辛香

4类原料集的辛香分布如图11-10所示。2类原料集辛香较显，1类、4类原料集总体辛香较弱。

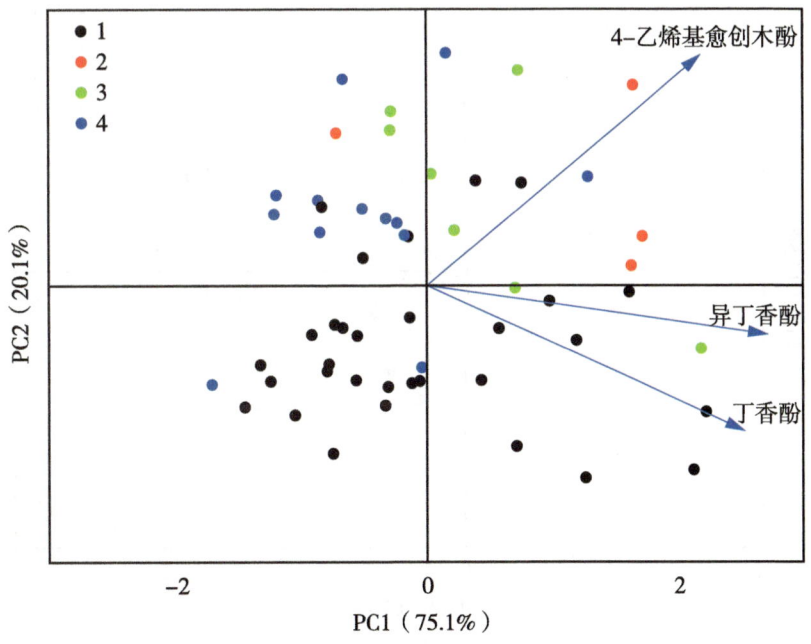

图 11-10　各类原料集的辛香成分分布

11.2.6 清香

4类原料集的清香分布如图11-11所示。3类、2类原料集清香成分释放量相对较高,1类、4类原料集清香成分释放量相对较低。

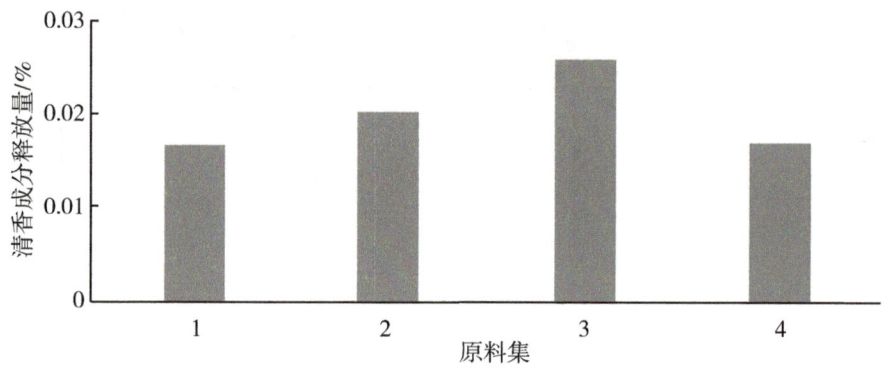

图 11-11　各类原料集的清香成分分布

11.2.7 烘烤香、花香

4类原料集的烘烤香、花香分布如图11-12所示。1类原料集花香成分释放量较高,以乙酰基吡咯为主体的烘烤香成分释放量较高,2类、3类、4类原料集以5-甲基糠醛为主体的烘烤香成分释放量较高,花香成分释放量较低。

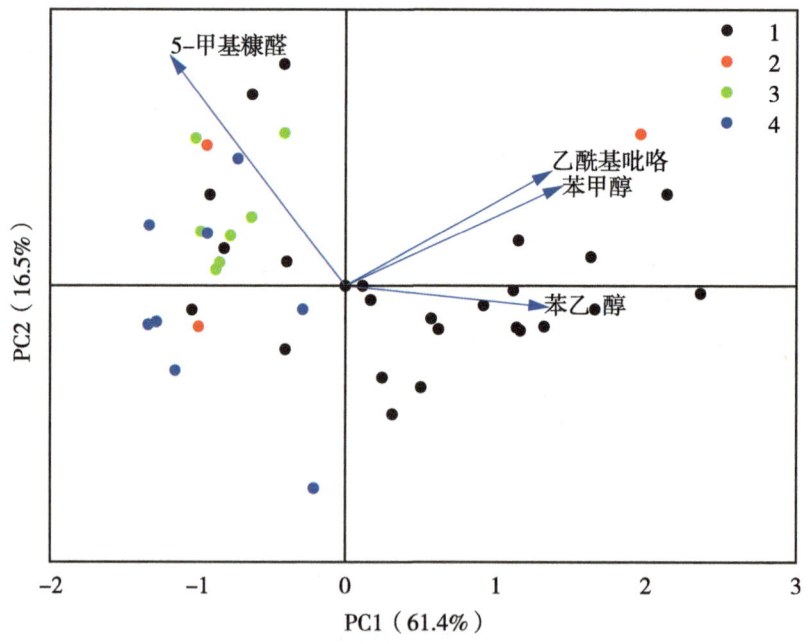

图 11-12　各类原料集的烘烤香、花香成分分布

11.3 不同原料集的化学成分和香味成分特征

基于感官质量评价形成的4类原料集（表11-7），分析各类原料集的化学成分和香味成分特征，为加热卷烟原料筛选和开发提供技术参考。

表11-7 各类原料集的化学成分和香味成分特征

原料集	1	2	3	4
烟碱	4.29	3.76	2.49	1.65
总糖	8.20	15.77	28.78	24.15
还原糖	6.82	12.22	21.75	19.03
总氮	3.49	2.95	2.03	2.13
总钾	2.62	2.25	1.67	2.06
总氯	0.94	0.56	0.37	0.69
有机酸	98.76	96.71	71.87	60.51
多酚	6.76	13.96	24.30	18.67
类胡萝卜素	76.63	81.95	82.34	58.87
中性致香成分	38.11	41.93	35.23	31.59
酚类	0.17	0.21	0.19	0.15
酮类和酸类	0.52	0.54	0.64	0.65
呋喃、吡喃、内酯类	0.46	0.83	1.31	0.96
含氮化合物	7.28	6.66	5.47	3.77
其他类	0.12	0.13	0.08	0.06

各类原料集主要化学成分和香味成分的分布情况如下。

常规化学成分方面如图11-13所示，1类、2类原料集烟碱、总氮含量较高，总糖、还原糖含量较低，主要在总糖、还原糖含量中位数上1类原料集低于2类原料集；3类原料集烟碱含量高于4类原料集，总糖、还原糖、总氮含量与4类原料集中位数水平相近。

1类、2类原料集粉末有机酸含量高于3类、4类原料集，多酚含量低于3类、4类原料集，4类原料集类胡萝卜素和中性致香成分含量显著低于其他3类原料集（图11-14）。

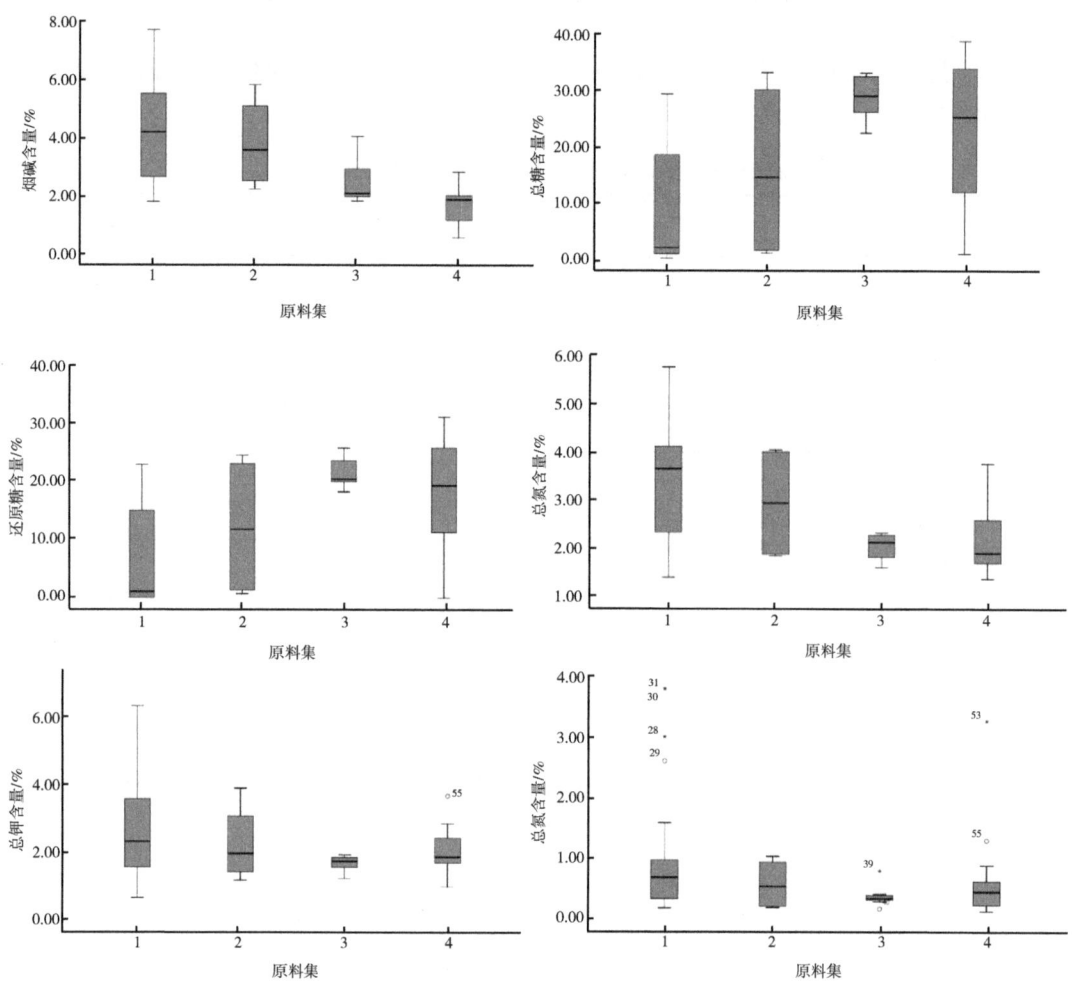

图 11-13　各类原料集的常规化学成分分布

如图 11-15 所示，2 类原料集烟气酚类成分释放量显著高于其他 3 类，而其香气特性显著低于其他 3 类，可能说明烟气酚类成分释放量过高会影响香气特性表现；从 1 类原料集到 4 类原料集，烟气酮类和酸类释放量逐渐升高，含氮化合物释放量逐渐降低，而其口感表现随 1 类原料集到 4 类原料集逐渐变好，生理强度逐渐降低，这与前述分析中烟气含氮化合物释放量与口感表现呈极显著负相关关系一致，表明酮类和酸类释放量提高、含氮化合物释放量降低有利于较好的口感表现呈现。

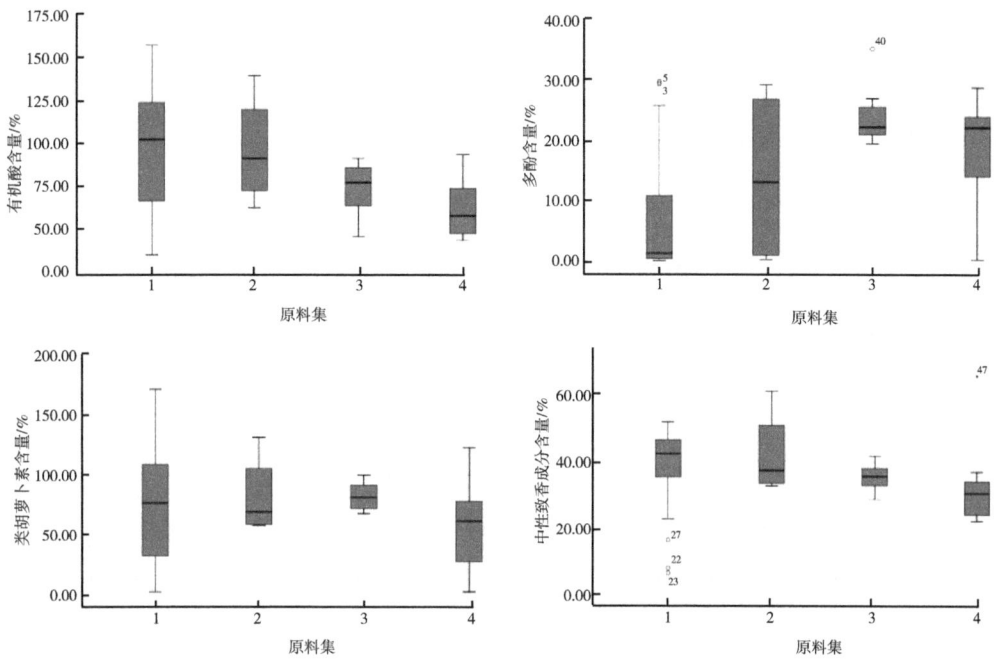

图 11-14 各类原料集的粉末香味成分分布

11.4 基于感官质量和风格特征的加热卷烟原料差异化功能构架

在深入剖析形成的 4 类原料集的化学成分、香味成分、感官质量和风格特征的基础上，明确了 4 类原料集的质量特征，从加热卷烟配方使用的角度，基于上述 4 类原料集的感官质量和风格特征，可进一步归纳各类原料集在配方中的不同功能定位，形成差异化的功能构架：

11.4.1 主体构架——4 类原料集

4 类原料集香气特性中等、口感表现好，各类香韵尤其是酸香、焦甜香、烤甜香香韵特征较鲜明，可以作为核心骨干原料集，用以奠定配方整体基调。

11.4.2 特色构架——1 类原料集

1 类原料集香气特性好，整体香气量充足，集内包含烟草类型最多，呈现香韵最为丰富，可以作为香气特色原料集，用以进一步彰显主体构架的香气特征或丰富香韵，同时 1 类原料集生理强度高，也可以作为生理强度特色原料集，用以提高主体构架的生理强度，在配方中可适当弱化对该类原料集口感表现的要求。

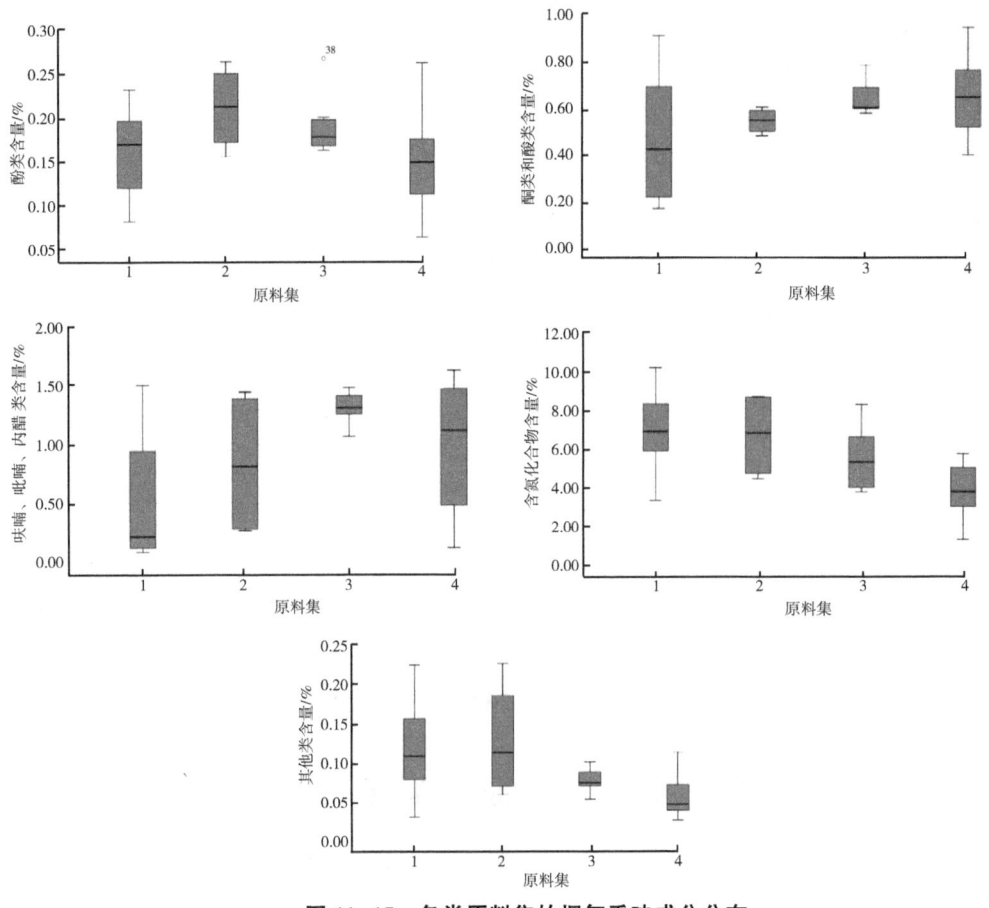

图11-15　各类原料集的烟气香味成分分布

11.4.3　协调构架——2类原料集

2类原料集香气特性跨度大、生理强度与口感表现均为中等，可以作为综合协调香气特性、生理强度与口感表现的原料集，用以修饰主体构架与特色构架的短板。

11.4.4　通用构架——3类原料集

3类原料集香气特性、生理强度与口感表现均为中等，与其他3类原料集均有相似性，可以在不影响整体香气特性和口感表现的前提下灵活应用于各类配方中，用以平衡配方对质量、数量和成本的需求。

通过聚类分析、主成分分析等统计分析方法将收集的样品按照感官质量评价结果划分为4类原料集，筛选出了一批在加热卷烟中特征鲜明、可用性高的优质原料，并基于其不同质量特征形成了适用于加热卷烟配方使用的差异化功能构架，明确了各类原料集的化学成分、香味成分、感官质量特征，为加热卷烟的配方原料使用和优质原料的生产开发提供了技术参考。

参考文献

艾复清, 师会勤, 2004. 变黄环境对烤后烟叶化学成分综合评分的影响 [J]. 西南农业大学学报（自然科学版）, 4 (04): 389-392.

艾复清, 韦谊, 陈丽萍, 2010. 烘烤变黄环境对上部叶蛋白酶活性的影响 [J]. 湖北农业科学, 49 (03): 683-685.

艾明欢, 杨菁, 沈铁, 等, 2019. TG-FTIR联用研究HNB烟草基质在400 ℃以下的热解特性和气相产物 [J]. 中国烟草学报 (25): 1-10.

白晓莉, 霍红, 蒙延峰, 等, 2010. 几种烟草薄片的热性能分析 [J]. 北京师范大学学报（自然科学版）, 46 (06): 696-699.

巴恩斯V.B., 李丹, 陈义坤, 等, 2018. 一种烟草段封闭的低温卷烟烟支: 中国, CN207927776U [P].

常爱霞, 杜咏梅, 付秋娟, 等, 2009. 烤烟主要化学成分与感官质量的相关性分析 [J]. 中国烟草科学, 30 (06): 17-20.

陈超英, 2017. 变革与挑战: 新型烟草制品发展展望 [J]. 中国烟草学报, 23 (3): 14-18.

陈翠玲, 周海云, 孔浩辉, 等, 2011. TGA和Py-GC/MS研究不同氛围下烟草的热失重和热裂解行为 [J]. 化学研究与应用, 3 (02): 153-158.

陈健, 蔡宪杰, 郭文, 等, 2020. 西南部分清甜香型产区烤烟外观特征及其与常规化学成分和感官质量的关系分析 [J]. 烟草科技, 53 (08): 7-14.

陈兴江, 曹务栋, 崔振坤, 2010. 国外烤烟分级标准及其对我国的经验借鉴 [J]. 广东农业科学, 37 (12): 74-75+93.

褚国海, 戴路, 周国俊, 等, 2017. 一种颗粒状加热不燃烧的烟草基体及其制备方法: 中国, CN107307466A [P].

戴玉洁, 2022. 烟草热解行为及燃烧特性实验研究 [D]. 杭州: 浙江大学.

邓其馨, 陈辉, 林艳, 等, 2022. 温度对加热卷烟酸性成分释放的影响 [J]. 烟草科技, 55 (08): 49-56.

邓小华, 周清明, 周冀衡, 等, 2011. 烟叶质量评价指标间的典型相关分析 [J]. 中国烟草学报, 17 (03): 17-22.

邓云龙, 崔国民, 孔光辉, 等, 2006. 品种、部位和成熟度对烟叶淀粉含量及评吸质量的影响 [J]. 中国烟草科学 (04): 18-23.

董宁宁, 2003. 不同温度条件下卷烟的热裂解GC/MS研究 [J]. 质谱学报, 24 (01): 283-286.

董维杰，张忠锋，窦玉青，等，2015. 烤烟烟叶淀粉含量影响因素及其与烟叶质量关系研究进展［J］. 广东农业科学，42（08）：11-16.

窦玉青，王超，赵文涛，等，2024. 基于加热卷烟的国内烟草原料低温热解香气成分差异性分析［J］. 甘肃农业大学学报，59（01）：203-210.

范武，叶远青，谢寄清，等，2021. 不同介质中烟碱的感官作用特征及其影响因素［J］. 烟草科技，54（11）：32-39.

高峥涵，黄洁洁，高洁，等，2022. 电加热卷烟传热传质和关键物质释放规律研究进展［J］. 烟草科技，55（08）：100-112.

高玉珍，王卫峰，张骏，等，2008. 密集烘烤不同变黄温湿条件对烟叶中性致香物质的影响［J］. 云南农业大学学报（02）：215-219.

龚淑果，刘巍，黄平，等，2019. 加热不燃烧卷烟烟气主要成分的逐口释放行为［J］. 烟草科技，52（2）：62-71.

郭春生，王轶群，陈晨，等，2023. 不同部位烤烟香味成分释放行为的影响［J］. 中国烟草科学，44（02）：88-96.

郭小义，钟科军，代远刚，等，2014. 一种非燃烧型低温卷烟：中国，CN103584288A［P］.

过伟民，蔡宪杰，魏春阳，等，2010. 豫中浓香型烤烟感官质量与部分质量指标的关系［J］. 烟草科技（06）：22-27.

韩迎迎，李军，曾健，等，2013. 造纸法烟草薄片纸基的热失重特征及其动力学分析［J］. 林产化学与工业，33（05）：68-70.

胡建军，马明，李耀光，等，2001. 烟叶主要化学指标与其感官质量的灰色关联分析［J］. 烟草科技（01）：3-7.

霍现宽，刘珊，崔凯，等，2017. 加热状态下烟草烟气香味成分释放特征［J］. 烟草科技，50（08）：37-45.

吉松毅，闫洪洋，张志明，等，2012. 云南大理烤烟外观质量与感官质量的相关性研究［J］. 安徽农业科学，40（06）：3539-3543.

蒋捷媛，2023. 世界卫生组织前高级官员呼吁《烟草控制框架公约》改革［R］. 北京：烟草经济研究所（政策研究室）.

孔浩辉，陈茜，周瑢，等，2014. 加糖后白肋烟烟气香气成分的变化［J］. 烟草科技（05）：64-71.

李常军，宫长荣，周义和，等，2001. 烤烟烘烤过程中变黄温度对氮素代谢的影响［J］. 中国烟草学报（02）：31-35.

李传玉，杨辉，王玉平，等，2008. 不同烘烤工艺对烟叶主要质量性状的影响［J］. 贵州农业科学（05）：155-157.

李恩灿，贺玖明，靳洪涛，等，2018. 5-羟甲基糠醛的药理和毒理研究进展［J］. 中国药物警戒，15（04）：210-215.

李巧灵，陈昆淼，刘泽春，等，2017. 基于热重的烟草热解差异度分析［J］. 烟草科技，50（05）：75-79.

李晓辉，甄焕菊，李雪利，等，2021. 不同密集烘烤工艺对引进烤烟品种 NC71 烘烤过程中生理指标及品质的影响 [J]. 山东农业科学，53（07）：51-57.

李秀妮，乔保民，吴创，等，2018. 晾晒烟调制过程中酶促棕色化反应及调控方法 [J]. 天津农业科学，24（02）：76-79.

李奕蓉，汤丹瑜，刘春波，等，2023. 三种新型工艺加热卷烟再造烟叶的对比 [J]. 烟草科技，56（06）：59-68.

李宗平，覃光炯，陈茂胜，等，2015. 不同调制方法对烟草烟碱转化及 TSNA 的影响 [J]. 中国生态农业学报，23（10）：1268-1276.

厉福强，2004. 津巴布韦烤烟生产综述 [J]. 耕作与栽培（06）：7-10.

梁洪波，李念胜，元建，等，2002. 烤烟烟叶颜色与内在品质的关系 [J]. 中国烟草科学（01）：9-11.

林顺顺，张晓鸣，2016. 基于 PLSR 分析烟叶化学成分与感官质量的相关性 [J]. 中国烟草科学，37（01）：78-82.

刘达岸，李鹏飞，刘冰，等，2018. 不同加热非燃烧再造烟叶特性研究 [J]. 食品与机械，34（6）：26-29.

刘峰峰，方欣，李林林，等，2022. 雪茄茄衣深度发酵过程中挥发性成分的变化 [J]. 广东农业科学，49（02）：158-164.

刘华臣，李丹，陈义坤，等，2018. 一种烟草段封闭的低温卷烟烟支：中国，CN207927776U [P].

刘攀，贺磊，欧阳春，等，2013. 造纸法再造烟叶基片干燥过程中的热分析 [J]. 烟草工艺（07）：12-15.

刘佩佩，谭家能，王军，等，2024. 基于加热卷烟的南雄晒黄烟适宜种植密度与施氮量研究初探 [J]. 特产研究（1-6）：886-891.

刘天择，杨菁，汪旭，等，2023. 不同部位烤烟化学成分及热解产物与加热卷烟感官质量的关系 [J]. 中国烟草科学，44（01）：77-84.

刘亚丽，郑新章，洪群业，等，2014. 国外烟草企业新型烟草制品专利技术分析 [M] //中国烟草学会 2014 年学术年会优秀论文汇编.

刘阳，张大纯，刘海轮，等，2018. 环秦岭区域烤烟物理特性及其与评吸质量的关系 [J]. 福建农林大学学报（自然科学版），47（01）：15-20.

刘志莲，李微杰，刘彦中，等，2014. 不同变黄温度对烟叶主要质量性状的影响 [J]. 中国农学通报，30（07）：168-173.

刘钻福，窦玉青，张本强，等，2022. 烘烤工艺对加热卷烟烤烟原料香气成分及感官质量的影响 [J]. 中国烟草科学，43（03）：57-63.

卢乐华，高洁，费菲，等，2023. 不同工艺电加热卷烟再造烟叶主要成分的释放性能 [J]. 烟草科技，56（03）：30-40+77.

罗安娜，张汉千，郑江，等，2009. 巴西烤烟分级标准与实际应用 [J]. 中国烟草科学，30（05）：24-28.

马爱国，宋德伟，孙在明，等，2009. 不同部位烟叶外观特征与内在质量分析研究

[J]．山东农业科学（05）：54-57.

马中青，徐嘉炎，叶结旺，等，2015. 基于热重红外联用和分布活化能模型的樟子松热解机理研究［J］．西南林业大学学报，35（03）：91-96.

牛莉莉，2014. 我国主产烟区烤烟烟叶口感特性状况及与化学成分的关系分析［D］．郑州：河南农业大学．

欧阳一鸣，赵文涛，付秋娟，等，2023. 不同类型烟叶原料加热卷烟化学成分和感官质量评价［J］．中国烟草科学，44（04）：64-70+78.

潘义宏，李佳佳，蒋美红，等，2015. 烟叶外观质量、常规化学成分与其感官质量的典型相关分析［J］．江苏农业科学，43（10）：384-388.

冉法芬，许自成，李东亮，等，2010. 我国主产烟区烤烟钾、氯、钾氯比与评吸质量的关系分析［J］．西南农业学报，23（04）：1147-1150.

任举，谢焰，张锁慧，等，2022. 加热模式对薄荷型加热卷烟中主要成分的转移率及逐口释放行为的影响［J］．中国烟草学报，28（06）：1-10.

沈利臣，卢晓华，刘元德，等，2019. 不同烟区烟叶外观质量与其感官评吸质量的关系分析［J］．安徽农学通报，25（17）：34-37.

舒海燕，杨铁钊，曹刚强，等，2007. 烟叶钾含量与烟株农艺性状和烟碱含量的相关分析［J］．中国农学通报（02）：275-278.

司晓喜，罗萌柔，尤俊衡，等，2022. 加热温度对气溶胶化学成分释放的影响［J］．烟草科技，55（12）：46-58.

司晓喜，唐石云，朱瑞芝，等，2021. 不同原料稠浆法再造烟叶加热卷烟的气溶胶释放特性［J］．中国烟草学报，27（06）：1-9.

苏文静，张思玉，陈戈萍，等，2018. 基于热重-红外联用技术的杉木林下可燃物热解和燃烧烟气成分分析［J］．西北林学院学报，33（06）：159-163.

孙双，赵兵飞，符云鹏，等，2018. 不同调制措施对晒黄烟调制过程中主要含氮化合物变化规律的影响［J］．中国农业科技导报，20（06）：122-128.

唐煌，张军杰，鲁黎明，等，2017. 四川三大烟区烤烟淀粉分解酶类及其基因表达差异分析［J］．南方农业，11（25）：31-36.

王爱华，徐秀红，王松峰，等，2008. 变黄温度对烤烟烘烤过程中生理指标及烤后质量的影响［J］．中国烟草学报（01）：27-31.

王保会，吴健，郭春生，等，2013. 烟叶热裂解产物的分析研究［J］．郑州轻工业学报（自然科学版），28（02）：70-73.

王超，刘艺琳，杨凯，等，2021. 近红外快速检测烤烟等级质量与关键化学指标的关系［J］．中国测试，47（02）：81-86.

王春利，朱文辉，文杰，等，2013. 烟叶糖含量与其感官舒适度的典型相关分析［J］．郑州轻工业学院学报（自然科学版），28（06）：6-8.

王洪波，刘克建，朱先约，等，2022. 通风分配对卷烟主流烟气酮类化合物释放量的影响［J］．烟草科技，55（02）：52-63.

王绍坤，罗华元，王玉，等，2011. 不同烤烟品种主要挥发性香气物质含量的比较

与分析 [J]. 中国烟草科学, 32 (04): 10-13.

王欣, 2008. 湖北烟区烤烟质量综合评价及与国内外优质烤烟的差异分析 [D]. 郑州: 河南农业大学.

王燕, 刘志华, 刘春波, 等, 2011. 不同部位烟叶的热重-红外-气质联用分析研究 [J]. 现代工业, 31 (06): 92-96.

王奕, 张亮, 王冲, 等, 2018. 加热不燃烧状态下温度对不同烟草基体烟气释放的影响 [J]. 湖南文理学院学报 (自然科学版), 30 (01): 33-36.

王颖, 杨文彬, 王冲, 等, 2017. 加热不燃烧卷烟产品主流烟气中香味成分的比较 [J]. 食品与机械, 35 (06): 64-68.

王育军, 王泽理, 刘彦岭, 等, 2019. 甘肃陇南烤烟化学成分特征及可用性评价 [J]. 昆明学院学报, 41 (06): 12-17.

王振宇, 邱墅, 何正斌, 等, 2017. 基于 TG-FTIR 的圆柏心、边材热解研究 [J]. 光谱学与光谱分析, 37 (04): 1091-1094.

吴超, 2021. 全球加热卷烟简况 [R]. 北京: 烟草经济研究所 (政策研究室) (14).

吴佳, 陈晶波, 张建彭, 等, 2016. 适用于低温不燃烧卷烟烟丝的处理方法: 中国, CN105935151A [P].

吴疆, 张广东, 杨兴有, 等, 2014. 四川万源晒烟调制方式对烟叶品质的影响 [J]. 烟草科技 (11): 80-83.

武广鹏, 李许涛, 李钦奎, 等, 2022. 河南烟叶化学成分与感官质量的相关性分析 [J]. 江西农业学报, 34 (10): 25-29.

武圣江, 2020. 烤烟烘烤变黄期优质烟叶形成的蛋白质组学研究 [D]. 贵阳: 贵州大学.

夏冰冰, 梁永江, 张扬, 等, 2015. 遵义烟区上部烟叶化学成分与感官评吸的相关性 [J]. 中国烟草科学, 36 (01): 30-34.

向本富, 2021. 加热卷烟烟气气溶胶理化特性检测及影响因素研究 [D]. 昆明: 昆明理工大学.

肖明礼, 尹智华, 战磊, 2015. 3 种香型风格烟叶化学成分与其感官质量的关系 [J]. 西南农业学报, 28 (06): 2750-2755.

谢永辉, 朱利全, 刘启付, 等, 2013. 温湿度在烤烟烘烤中对烤烟品质影响研究进展 [J]. 农业灾害研究, 3 (09): 60-63.

许春平, 杨琛琛, 郝辉, 等, 2014. 香料烟烟叶多糖的热裂解产物研究 [J]. 轻工科技 (08): 18-21.

许自成, 郑聪, 李丹丹, 等, 2009. 烤烟钾含量与主要挥发性香气物质及感官质量的关系分析 [J]. 河南农业大学学报, 43 (04): 354-358.

薛琳, 朱启法, 季学军, 等, 2016. 皖南烤烟烟叶化学成分与感官品质的相关性 [J]. 烟草科技, 49 (11): 26-32.

闫洪洋, 闫洪喜, 吉松毅, 等, 2012. 河南烤烟外观质量与感官质量的相关性

[J]. 烟草科技（07）：17-23.

闫克玉，王建民，屈剑波，等，2001. 河南烤烟评吸质量与主要理化指标的相关分析 [J]. 烟草科技（10）：5-9.

闫铁军，马俊桃，刘文锋，等，2021. 烟叶外观质量与感官舒适性的相关性分析 [J]. 湖北农业科学，60（23）：109-113.

闫新甫，罗安娜，2008. 美国烟叶分级标准体系中类、型和组的划分 [J]. 中国烟草科学（05）：57-63.

杨继，刘春波，尹志虹，等，2024. 不同烟草制品烟气气溶胶的粒径和成分对比研究 [J]. 中国测试，50（07）：85-90.

杨继，向能军，矢建华，等，2022. 一种应用于加热卷烟能增香减害的低温馏分的制备方法及其在加热卷烟中的用途：中国，CN113349413B [P].

杨继，杨帅，段沅杏，等，2015. 加热不燃烧卷烟烟草材料的热分析研究 [J]. 中国烟草学报，21（6）：7-13.

杨菁，赵文涛，艾明欢，等，2020. 不同类型的加热卷烟原料性能比较 [J]. 中国烟草学报，26（3）：1-8.

尹永强，符云鹏，薛剑波，等，2006. 晒红烟晒制过程中主要化学成分含量变化 [J]. 河南农业大学学报（03）：234-237+278.

张彩云，刘乃云，张威，等，2001. 辊压法烟草薄片加纤方法的研究 [J]. 烟草科技（11）：3-5.

张广东，史宏志，杨兴有，等，2015. 烤烟和白肋烟互换调制方法对烟叶中性香气物质含量及感官质量的影响 [J]. 中国烟草学报，21（04）：34-39.

张丽，王维维，张小涛，等，2019. 加热不燃烧卷烟气溶胶中主要成分的转移行为 [J]. 烟草科技，52（3）：46-55.

张志灵，林隆，张炳辉，等，2022. 不同部位烤烟主要化学成分特征及其与感官评吸质量的关系 [J]. 江西农业学报，34（06）：28-33.

赵光飞，刘静，屠彦刚，等，2019. 气相色谱法同时检测加热不燃烧卷烟芯材中的1,2-丙二醇、烟碱与甘油含量 [J]. 中国测试，45（03）：70-73.

赵国豪，郭国宁，黄龙，等，2021. 自制装置加热下不同烟叶原料香味成分释放差异 [J]. 烟草科技，54（03）：24-30.

赵璐，王丙武，宋中邦，等，2020. 基于感官评价的加热不燃烧卷烟原料品种（系）筛 [J]. 烟草科技，53（01）：21-28.

赵晓军，符云鹏，侯振武，等，2020. 调制方法对吉林晒红烟品质的影响 [J]. 烟草科技，53（10）：10-20.

郑旭川，孙现超，张帅，等，2021. 饼肥施用量与种植密度对"云烟87"品质的影响 [J]. 西南师范大学学报（自然科学版），46（02）：56-61.

郑绪东，李志强，王程娅，等，2018. 不同加热温度下电加热不燃烧卷烟烟气释放特性研究 [J]. 安徽农业科学，46（36）：168-171.

周慧明，华青，陶立奇，等，2019. 加热非燃烧状态下再造烟叶颗粒香味成分的释

放行为 [J]. 烟草科技, 52 (05): 68-76.

朱东来, 巩效伟, 胡巍耀, 等, 2014. 一种加热非燃烧型卷烟烟块的制备方法: 中国, CN103750535A [P].

朱桂华, 2022. 加热烟草制品烟草原料调制关键技术研究 [D]. 昆明: 昆明理工大学.

朱浩, 席辉, 柴国璧, 等, 2017. 温度对加热非燃烧卷烟烟熏香成分释放的影响 [J]. 烟草科技, 50 (11): 33-38.

朱龙杰, 张媛, 曹毅, 等, 2022. 甘油施加比例对加热卷烟水分、烟碱和甘油分布的影响 [J]. 食品与机械, 38 (10): 43-49.

朱瑞芝, 王凯, 蒋薇, 等, 2022. 电子烟烟液中烟碱异构体的分离及感官差异 [J]. 烟草科技, 55 (02): 64-69.

BAASSIRI M, TALIH S, SALMAN R, et al., 2017. Clouds and "throat hit": Effects of liquid composition on nicotine emissions and physical characteristics of electronic cigarette aerosols [J]. Aerosol Science and Technology, 51 (11): 1231-1239.

BENTLEY M C, ALMSTETTER M, ARNDT D, et al., 2020. Comprehensive chemical characterization of the aerosol generated by a heated tobacco product by untargeted screening [J]. Analytical and Bioanalytical Chemistry, 412 (11): 2675-2685.

BLAZSO M, BABINSZKI B, CZEGENY Z, et al., 1998. Comparative studies of DNA adduct formation in mice following dermal application of smoke condensates from cigarettes that burn or primarily heat tobacco [J]. Mutation Research/Genetic Toxicology and Environmental Mutagenesis, 414 (1-3): 21-30.

CHEN J, HE X, ZHANG X Y, et al., 2021. The applicability of different tobacco types to heated tobacco products [J]. Industrial Crops and Products, 168: 1-5.

CROOKS I, NEILSON L, SCOTT K, 2015. Deep eutectic solvent-based microwave-assisted extraction of genistin, genistein and apigenin from pigeon pea roots [J]. Separation and Purification Technology, 150: 63-72.

DEBETHIZY J D, BORGERDING M F, DOOLITTLE D J, et al., 1990. Chemical and biological studies of a cigarette that heats rather than burns tobacco [J]. Journal of Clinical Pharmacology, 30: 755-763.

FARSALINOS K E, YANNOVITS N, SARRI T, et al., 2018. Nicotine delivery to the aerosol of a heat-not-burn tobacco product: comparison with a tobacco cigarette and e-cigarettes [J]. Nicotine & amp; Tobacco Research: Official Journal of the Society for Research on Nicotine and Tobacco, 20 (8): 1004-1009.

GARCIA A, RODRIGUEZJUAN E, RODRIGUEZ G, et al., 2016. Extraction of phenolic compounds from virgin olive oil by deep eutectic solvents (DESs) [J]. Food Chemistry, 197: 554-561.

GONZALEZ M M, OHRA-AHO T, DA SILVA PEREZ D, et al., 2019. Influence of step duration in fractionated Py-GC/MS of lignocellulosic biomass [J]. Journal of Analytical and Applied Pyrolysis, 137: 195-202.

GU Q Y, WU W, JIN B S, 2019. Investigation of thermal characteristics of municipal solid waste incineration fly ash under various atmospheres: A TG-FTIR study [J]. Thermochimica Acta, 681: 178402.

GÓMEZ-SIURANA A, MARCILLA A, BELTRAN M, et al., 2011. Study of the oxidative pyrolysis of tobacco-sorbitol-saccharose mixtures in the presence of MCM-41 [J]. Thermochimica Acta, 8: 53087-53094.

HUANG J, GUO X, XU T, et al., 2019. Ionic deep eutectic solvents for the extraction and separation of natural products [J]. Journal of Chromatography A, 1598: 1-19.

LI H, TANG X Y, WU C J, et al., 2019. Formation of 2,3-dihydro-3,5-Dihydroxy-6-Methyl-4(H)-Pyran-4-One (DDMP) in glucose-amino acids Maillard reaction by dry-heating in comparison to wet-heating [J]. LWT, 105: 156-163.

LIU C, MCADAM K, 2018. Thermo-oxidative degradation of aromatic flavour compounds under simulated tobacco heating product condition [J]. Journal of Analytical and Applied Pyrolysis, 134: 405-414.

PHILLIP MORRIS PRODUCTION COMPANY, 2010. Methods of making reconstituted tobacco sheets: China, CN101631478A [P].

PROCTOR C, 2018. Evaluation of flavourings potentially used in a heated tobacco product: Chemical analysis, in vitro mutagenicity, genotoxicity, cytotoxicity and in vitro tumour promoting activity [J]. Food and Chemical Toxicology, 118: 940-952.

QIAO Y Y, WANG B, ZONG P J, et al., 2019. Thermal behavior, kinetics and fast pyrolysis characteristics of palm oil: Analytical TG-FTIR and Py-GC/MS study [J]. Energy Conversion and Management, 199: 5-7.

ROEMER E, STABBERT R, VELTEL D, et al., 2008. Reduced toxicological activity of cigarette smoke by the addition of ammonium magnesium phosphate to the paper of an electrically heated cigarette: Smoke chemistry and in vitro cytotoxicity and genotoxicity [J]. Toxicology in Vitro, 22 (3): 671-681.

SCHWANZ T G, NESPECA M G, DIAS J C, et al., 2020. GC × GC-TOFMS and chemometrics approach for comparative study of volatile compound release by tobacco heating system as a function of temperature [J]. Microchemical Journal, 159: 105578.

SENNECA O, CIARAVOLO S, NUNZIATA A, 2007. Composition of the gaseous products of pyrolysis of tobacco under inert and oxidative conditions [J]. Journal of Analytical and Applied Pyrolysis, 79 (1): 234-243.

SHAO H F, ZHAO X Y, HUANG W X, et al., 2016. Prediction model of flue-cured tobacco sensory quality based on clustering and generalized radial basis function neural network [J]. Journal of Computational and Theoretical Nanoscience, 13 (9): 105-106.

SON Y, MISHIN V, LASKIN J D, et al., 2019. Hydroxyl radicals in e-cigarette vapor and e-vapor oxidative potentials under different vaping patterns [J]. Chemical Research in Toxicology, 32: 1087-1095.

TAN J N, NA L, XU W, et al., 2021. Influence of natural deep eutectic solvents on the release of volatile compounds from heated tobacco [J]. Industrial Crops & Products, 174: 171-172.

THOMAS E, GRATH M C, ANTHONY P B, et al., 2009. Phenolic compound formation from the low temperature pyrolysis of tobacco [J]. Journal of Analytical and Applied Pyrolysis, 84 (02): 170-178.

TORIKAI K, YOSHIDA S, TAKAHASHI H, 2004. Effects of temperature, atmosphere and pH on the generation of smoke compounds during tobacco pyrolysis [J]. Food and Chemical Toxicology, 42: 1409-1417.

VARHEGYI G, MICHAEL J A, TAMAS S, et al., 1988. Simultaneous thermogravimetric-mass spectrometric studies of the thermal decomposition of biopolymers (2): Sugarcane bagasse in the presence and absence of catalysts [J]. Energy & Fuels, 2 (3): 273-277.

WANG H, MA X, CHENG Q, et al., 2018. Deep Eutectic solvent-based microwave-assisted extraction of baicalin from scutellaria baicalensis georgi [J]. Journal of Chemistry, 2018: 1-10.

WU T N, ZHANG Y W, GONG Z W, et al., 2022. Quantification of Tobacco Leaf Apearance Quality Index Based on Computer Vision [J]. IEEE Access, 10: 120352-120368.

ZENG J, DOU Y Q, YAN N, et al., 2019. Optimizing Ultrasound-Assisted Deep Eutectic Solvent Extraction of Bioactive Compounds from Chinese Wild Rice [J]. Molecules, 24 (15): 17-20.

ZHANG L, LI K, ZHU X, 2017. Study on two-step pyrolysis of soybean stalk by TG-FTIR and Py-GC/MS [J]. Journal of Analytical and Applied Pyrolysis, 127: 91-98.

ZHAO B, XU P, YANG F, et al., 2015. Biocompatible deep eutectic solvents based on choline chloride: Characterization and application to the extraction of rutin from sophora japonica [J]. ACS Sustainable Chemistry & Engineering, 3 (11): 2746-2755.